170 Mal im Jahr
sonnenwarmes Badevergnügen.
Delphis-therm Solartechnik
www.delphis.de

Sonnenwärme für den Hausgebrauch –

Ein Ratgeber für Auswahl und Kauf der eigenen Solaranlage

Dr. Sonne Team

Solarpraxis Supernova AG • Berlin • Oktober 2000

Impressum

Herausgeber: Solarpraxis Supernova AG, Berlin

Autoren: Dr. Sonne-Team: Thomas Delzer, Michaela Fischbach, Jens Luchterhand, Karl-Heinz Remmers, Martin Schnauss

Fachberatung: Karl-Heinz Remmers

Grafik: Sabine Bayer, Christoph Geyer, Stefan Kessels, Kay Neubert, Felix Tymcik, Martina Willnow, Frauke Winkelmann

Layout, Satz: Holger Bedurke, Kay Neubert, Martina Willnow

Lektorat: Antje Großwendt

Druck: Druckhaus Am Treptower Park GmbH

Papier: Hello matt

Schrift: The Sans

Fon: 030-28 38 75 31, Fax: 030-28 38 75 40
Internet: www.solarpraxis.de, E-mail: info@solarpraxis.de
ISBN 3-934595-01-4

Vorwort

Die derzeitige Struktur unserer Energieversorgung ist mit einer Einbahnstraße vergleichbar.

Energie wird in Form von atomaren und fossilen Energieträgern (Kohle, Öl, Gas) aus der Erde abgebaut, weiterverarbeitet, in Nutzenergie umgewandelt und schließlich »verbraucht«. Das heißt, sie entweicht nach kurzem Gebrauch für die Erwärmung eines Gebäudes, die Beleuchtung eines Arbeitsplatzes, dem Antrieb einer Maschine etc. in die Umwelt.

In einem Jahr verbraucht die Menschheit dabei fossile Energie, die in einer Million Jahre entstanden ist.

Zwar sind die Bemühungen um einen effizienten Energieeinsatz durch Wärmedämmung, Kraftwärmekopplung, Energiesparlampen, Wärmepumpen etc. sinnvoll und notwendig, sie verhindern jedoch nicht, dass dieser Weg langfristig in einer Sackgasse endet.

Eine nachhaltige Energiewirtschaft muss sich auf regenerative Energiequellen stützen und die Gesellschaft schrittweise von den schwindenden Ressourcen unabhängig machen.

Die größte regenerative Energiequelle ist die Sonne, ein atomarer Fusionsreaktor von gigantischer Leistung, der seit fünf Milliarden Jahren arbeitet und noch einmal so lange arbeiten wird.

Schon fünf Minuten Sonneneinstrahlung auf die Erde entsprechen dem derzeitigen (atomar/fossilen) Weltenergieverbrauch eines Jahres. Die jährlich eingestrahlte Sonnenenergie übersteigt damit die Summe aller bekannten und geschätzten fossilen Energievorräte der Erde um ein Vielfaches.

Das Potenzial ist also riesig, in unseren Zeiträumen gemessen unerschöpflich und die Nutzungsmöglichkeiten in Form von direkter Sonnenenergie oder Wasserkraft, Windenergie und Biomasse sind vielfältig.

Es steht damit außer Zweifel, dass eine zukünftige nachhaltige Energiewirtschaft, die sich ausschließlich auf Sonnenenergie stützt, machbar ist und auch den Anforderungen eines weltweit wachsenden Energiebedarfs gerecht werden kann.

Die Umstellung der Energiewirtschaft auf regenerative Energiequellen muss innerhalb der für die Nutzung der schwindenden Energien verbleibenden Zeit erfolgen.

Angesichts der Geschichte der Energieversorgung erscheint die Forderung, innerhalb der nächsten 50 bis 100 Jahren eine nachhaltige Energiewirtschaft zu etablieren, auch alles andere als utopisch. Geht man denselben Zeitraum in der Geschichte zurück, wird deutlich, welche Umstellungsprozesse im Bereich der Energieversorgung innerhalb von ein oder zwei Generationen möglich waren. Anfang des 20. Jahrhunderts musste man das Benzin z.B. noch in der Apotheke kaufen.

Bild 0.1 Vor 100 Jahren musste man das Benzin in der Apotheke kaufen

Allein kurzfristiges Denken und fehlende Motivation, so lange (noch) billige Rohstoffe auf dem Markt sind, verhindern derzeit eine konsequente Entwicklung in diese Richtung.

Sie muss jedoch rechtzeitig (also jetzt!), vorausschauend und bewusst durch entsprechende politische Weichenstellungen, aber auch durch die Initiative der Verbraucher eingeleitet werden.

Es werden Milliarden für den Import von Öl, Gas und Kohle ausgegeben, Geld, das man auch in die Erschließung der heimischen Energiequelle Sonne investieren könnte.

»Auch wenn sich viele mit der Erkenntnis schwer tun: Es ist schon entschieden, dass die fossile Energie von der Sonnenenergie wieder abgelöst wird. Die einzige, noch offene Frage ist, ob das so rechtzeitig stattfindet, dass die sich zuspitzenden ökologischen, wirtschaftlichen und politischen Katastrophen fossiler Ressourcennutzung noch abgewendet werden können...

Die Maxime, den Wechsel zur solaren Energie in jedem Fall ohne Aufschub und Einschränkung zu vollziehen, muss über allen anderen wirtschaftlichen Erwägungen stehen.

Jeder weitere Aufschub wird die Gesellschaft mehr kosten als die Einführung solarer Energien und Rohstoffe. Je schneller und umfassender diese die fossilen ablösen, desto mehr spart die Gesellschaft, desto mehr werden die Budgets der Regierungen entlastet, denen immer höhere Folgekosten durch fossile Katastrophen drohen – seien es Sturm – oder Flutschäden oder Energiekriege, sei es der wachsende Entsorgungsaufwand oder der Aufwand für die wachsende Umweltschutzbürokratie. (...)«

Dies schreibt Hermann Scheer, der 1999 mit dem alternativen Nobelpreis ausgezeichnet wurde, in seinem Buch »Solare Weltwirtschaft«.

Man kann nicht die Zukunftsgefahren weiterer fossiler Ressourcennutzung sehen, aber gleichzeitig der Meinung sein, dass sich eine Umorientierung »rechnen« müsse.

Hinweise zur Benutzung dieses Buches:

Zum schnelleren Auffinden wichtiger Passagen des Buches wurden neben dem Text verschiedene Symbole eingefügt. Diese Symbole haben die folgenden Bedeutungen:

Beispiel
Rechenbeispiel aus der Praxis

Faustregel
grobe Regel für eine Überschlagsrechnung

Hintergrund
weiterführende Information

Tipp

Vorsicht
unbedingt beachten

Inhalt

1. Gute Gründe für eine Solaranlage

Das warme Wasser kommt, wie wir alle wissen, aus dem Wasserhahn! Aber wer macht sich schon Gedanken, wie es dort hineinkommt?

Bild 1.1 Das warme Wasser kommt aus dem Wasserhahn

Es beginnt sich herumzusprechen, dass Wasser ein wertvolles Gut ist und Geld kostet. Schließlich ist Wasser ein Lebensmittel und muss entsprechend behandelt und gewonnen werden. Nach dem Gebrauch wird es zu Abwasser, das in Kläranlagen aufbereitet werden muss.

Warmes Wasser bezahlen wir daher gleich dreifach: als Trinkwasser, als Abwasser und in Form der Energie, die zur Erwärmung benötigt wurde.

Viele Menschen haben verinnerlicht, dass man mit Lebensmitteln sorgsam umgeht und sie nicht achtlos wegwirft, weil sie Geld gekostet haben, weil Energie und Arbeit darin steckt und weil so viele Menschen hungern auf der Welt.

Wie aber steht es mit dem sorgsamen Umgang mit Energie? Müssten hier nicht die gleichen Argumente gelten? Ist es nicht sogar so, dass Lebensmittel nachwachsen, der Großteil unserer Energie aber nicht?

Wenn wir Brot oder Speisereste in die Biotonne werfen, können sie kompostiert und in den großen biologischen Kreislauf zurückgeführt werden. Mithilfe der Sonne wächst daraus neues Getreide, Gemüse oder Futter für das Vieh.

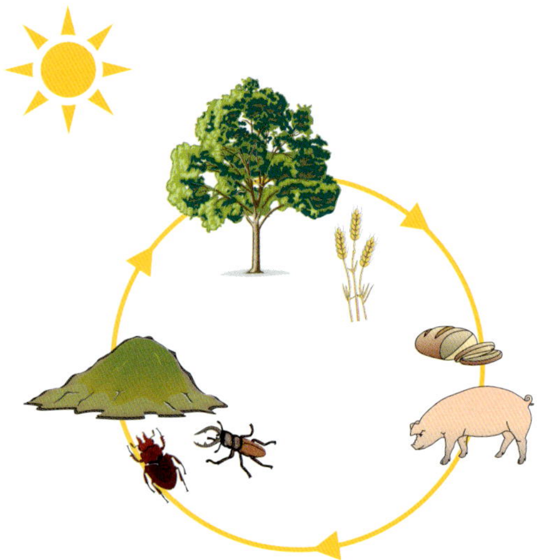

Bild 1.2 Pflanzliche Abfälle können wir in den (biologischen) Kreislauf zurückführen, Energie nicht

Die Energie, die wir aus Kohle, Öl, Gas oder Uran gewinnen, wächst nicht nach! Sie ist, einmal verbraucht, unserem Zugriff entschwunden.

Ist das nicht ein Grund, noch sorgsamer mit Energie umzugehen, als wir es mit Lebensmitteln tun?

Müssten wir uns nicht mehr Gedanken über nutzlos brennendes Licht oder den laufenden Motor vor dem Zeitungskiosk als über ein weggeworfenes Stück Brot machen?

Bei näherer Betrachtung der Reichweiten sicher gewinnbarer Erdölvorräte wird deutlich, dass Industrienationen wie die USA, welche derzeit ca. 25-30% ihres Energieverbrauchs mit heimischem Rohöl abdecken, innerhalb von 10 Jahren ihre Vorräte aufbrauchen werden. Auch das viel beschworene Nordseeöl steht innerhalb der nächsten 13 Jahren vor dem Aus.

Land	Reichdauer* der Ölreserven**
Welt	43 Jahre
EUROPA	13 Jahre
USA	10 Jahre (!)
BRD	19 Jahre
Großbritannien	10 Jahre (Nordseeöl!)
Naher Osten	62 Jahre
Norwegen	13 Jahre (Nordseeöl!)
Kasachstan	109 Jahre
Aserbaidschan	111 Jahre
*auf Basis des Verbrauchs von 1997	**sicher gewinnbare Reserven*

Tabelle 1.1 Reichdauer der Ölreserven (Quelle: BMWI Energiedaten 1999)

Demgegenüber ist die Energie der Sonne unerschöpflich. Die Jährliche Einstrahlung übersteigt alle verfügbaren Energiereserven um ein vielfaches.

Bild 1.3 Jährliche Sonneneinstrahlung auf die Oberfläche der Erde, verfügbare Energiereserven in Form von Kohle, Öl, Gas und Uran und Weltjahresenergieverbrauch im Vergleich.

Das Wachstum des Energieverbrauchs betrug in China und Indien in den letzten Jahren über 50%, in den USA 10% und in Europa immer noch 6%.

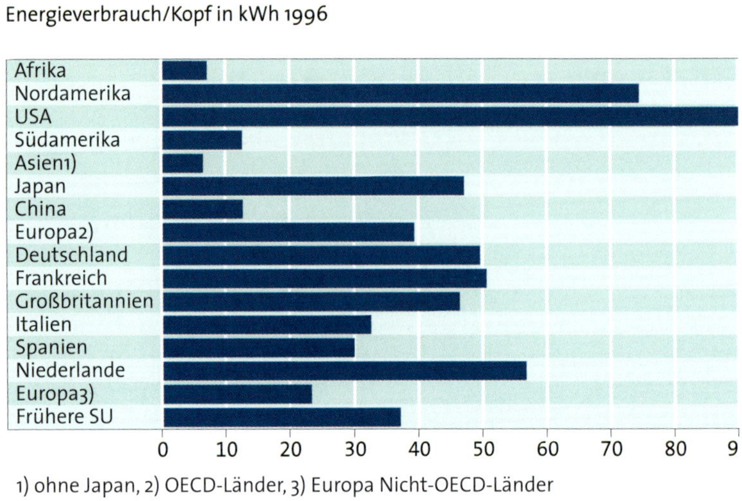

Bild 1.4 Pro-Kopf-Verbrauch der Bevölkerung in verschiedenen Ländern der Erde

Die Energieversorgung für den Hausgebrauch liegt meist in den Händen großer Konzerne.

Die Stromversorgung erfolgt durch die großen Energieversorger, Gas und Öllieferanten schließen sich im Rahmen der Globalisierung zu immer größeren, weltweit agierenden Gesellschaften, den Global-Players, zusammen. Ihnen gehören die Bohrtürme, die Pipelines und Tankerflotten, die Raffinerien und Kraftwerke, Tankstellen und Hochspannungsnetze.

Längst hat die Politik an Einfluss auf diese globalen Energieriesen verloren und ist dadurch, dass diese Konzerne jederzeit ihre Produktion in andere Länder verlagern können, in die Abhängigkeit geraten. Dementsprechend werden dringende Maßnahmen zum Klimaschutz immer wieder hinausgeschoben und die Klimaschutzkonferenzen verkommen zur Farce.

Vergeblich warten wir auf die Entscheidungen der Politik oder eine freiwillige Initiative der Energiewirtschaft, die mehr als nur Feigenblattcharakter hat

Auf den Reißbrettern der Forschungsinstitute entstehen große Solarfarmen in der Sahara, die teuren Wasserstoff erzeugen und mit aufwendigen Systemen in die Industrieländer verteilen. Große Spiegelsysteme im Weltall sollen das Sonnenlicht auf die Erde bündeln, als ob es nicht alleine den Weg dorthin finden würde. Ein Schildbürgerstreich?

Oder der hilflose Versuch der Global-Players den Zugriff und das Monopol über die Energie der Zukunft zu behalten?

Die Ansicht ist weit verbreitet, dass die Nutzung der Sonnenenergie allenfalls in den südlichen Ländern der »Dritten Welt« sinnvoll sei oder dass der Anteil der regenerativen Energien nur wenige Prozent an der gesamten Energiewirtschaft beträgt. Tatsächlich würde ohne die Sonne alles Leben auf der Erde augenblicklich erlöschen. Alle Ölvorräte der Welt könnten nichts daran ändern, dass keine Pflanzen mehr wachsen, keine Flüsse mehr fließen und die Temperaturen weit unter -150°C sinken würden.

Tatsächlich leistet die Sonne bereits über 99% unserer Energieversorgung, nur steht diese Energie in keiner Statistik – weil sie sowieso da ist!

Aus dieser Perspektive erscheint das Potenzial der Sonnenenergie in neuem Licht. Uns wird bewusst, wie sehr unser Bild der Energieversorgung von den Energieträgern Öl, Gas und Strom sowie den Strukturen ihrer Verteilung geprägt ist.

Bild 1.5 Wenn das Dach Ihnen gehört, unter dem Sie wohnen, können Sie die Energie ungehindert nutzen, die darauf scheint. Niemand wird Ihnen eine Rechnung dafür stellen oder Gebühren für die Durchleitung verlangen.

Seit der Liberalisierung des Strommarktes sind Sie nicht mehr auf die Entscheidungen der Politik oder die Einsicht der Energieversorger angewiesen, wenn Sie aus der Atomenergie aussteigen oder den CO_2-Ausstoß reduzieren wollen.

Für die solare Wärmegewinnung stehen ausgereifte Systeme am Markt zur Verfügung und niemand kann Sie hindern, diese Technik anzuwenden.

- Sie machen sich dadurch ein Stück weit unabhängig von den großen Energieversorgern, deren Monopolstellung und Preispolitik.
- Sie entlasten die Umwelt und fördern eine neue, innovative Technologie, die mehr Zukunft haben wird als die Atomenergie.
- Schließlich wird es in Folge knapper werdender Rohstoffe weltweit zu harten Verteilungskämpfen um die Ressourcen kommen. Insofern kann der Einsatz von Solartechnik auch als ein Stück »Friedenspolitik« betrachtet werden.

Was gibt es für Gründe noch zu zögern?

Dieses Buch wird Ihre Fragen beantworten und die letzten Zweifel ausräumen.

Es soll Ihnen Informationen über Funktion und Betrieb, Bauabwicklung und Wartung einer Solarthermieanlage geben und Ihnen bei der Auswahl des Systems und der Dimensionierung helfen.

2. Grundlagen

Die verschiedenen Nutzungsmöglichkeiten der Sonne können nicht ohne die Begriffe **Energie, Arbeit und Leistung** sowie die **Wärmemenge** verstanden werden.

Energie und Arbeit

Energie kann verschiedene Formen annehmen. Bewegungsenergie, Lageenergie, chemische Energie, elektrische Energie und Wärme sind einige davon. Interessant für Anwender der Solarthermie ist die Wärmeenergie, schließlich wollen wir die Sonnenstrahlen in Wärme umwandeln.

Wenn wir nach dem Einkaufen eine Kiste Mineralwasser in die zweite Etage hinauftragen, verrichten wir physikalisch gesehen eine **Arbeit**. Unser Körper muss hierfür **Energie** zur Verfügung stellen. Die Energie wird unserem Körper entzogen, geht aber nicht verloren. Sie wird in eine andere Energieform umgewandelt. In unserem Beispiel wird die Energie des menschlichen Körpers (chemische Energie der Stoffwechselprozesse) in die sogenannte **Lageenergie** der Mineralwasserkiste umgewandelt. Wir fühlen uns in der zweiten Etage vom Hochschleppen der Kiste schlapp, die Kiste jedoch hat physikalisch an Energie gewonnen, da sie jetzt nicht mehr unten auf der Erde steht, sondern in der zweiten Etage. Energie ist also die Fähigkeit, physikalische Arbeit zu verrichten.

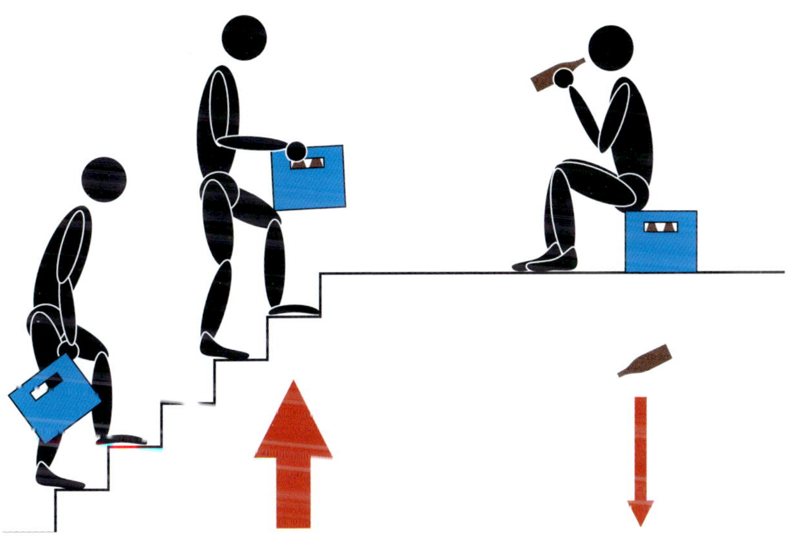

Bild 2.1 Zusammenhang zwischen verrichteter Arbeit und Energie

Die Einheit der Energie oder Arbeit ist die Wattsekunde (Ws) bzw. Wattstunde (Wh; hora = lat. Stunde). Nach neuer Norm wird für die Arbeit oder Energie auch das Joule (J) verwendet.

Die Wattsekunde bzw. Wattstunde kennen wir von der Stromrechnung. Darauf sind die von uns verbrauchten Kilowattstunden (kWh) aufgelistet. Wir bezahlen also die elektrische Energie, die uns der Energieversorger liefert. Man spricht auch vom Arbeitspreis.

Zehnerpotenzen werden durch Buchstaben abgekürzt. Es bedeuten:

k	Kilo	1000	Tausend
M	Mega	1000000	Million
G	Giga	1000000000	Milliarde
T	Tera	1000000000000	Billion

Tabelle 2.1 Für Zehnerpotenzen verwendete Buchstaben

Viele Elektrogeräte wandeln elektrische Energie in Wärme um. Durchaus gewünscht ist dieser Effekt bei Geräten wie dem Föhn, Tauchsieder, Heizlüfter und Elektroherd. Aber auch eine einfache Glühbirne wandelt den größten Teil der ihr zugeführten Elektroenergie (ca. 95%) in Wärme um. Das heißt, bei einer 100 Watt Glühbirne werden nicht einmal 5 Watt für die Beleuchtung genutzt. Die restlichen 95 Watt werden verheizt!

Ein Elektrogerät hat eine Anschlussleistung von 1 Kilowatt (kW). Betreibt man dieses Gerät 1 Stunde lang, wird die elektrische Energie von 1 Kilowattstunde (kWh) verbraucht. Diese 1 kWh stellt uns der Energieversorger in Rechnung.

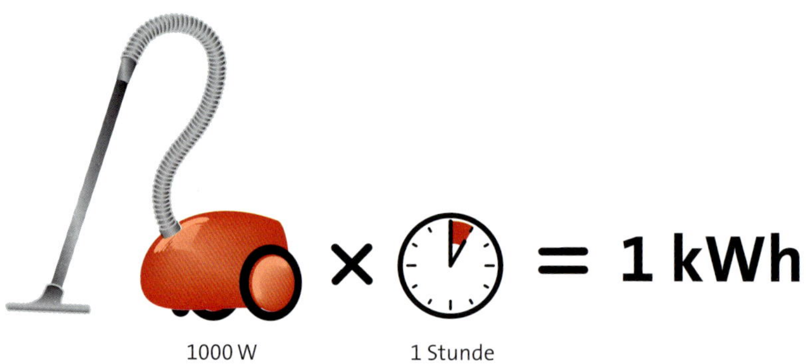

Bild 2.2 Die Zeit ist das Bindeglied zwischen Leistung und Arbeit

Leistung

Mit zunehmendem Alter fällt uns das Hochtragen der Kiste immer schwerer. Wir brauchen immer länger, um die zweite Etage zu erreichen, müssen zwischendurch vielleicht sogar pausieren. Wir sind nicht mehr in der Lage, die gleiche **Arbeit** in der gleichen Zeit wie früher zu verrichten. Unsere Leistungsfähigkeit lässt nach. Das heißt, die Leistung ist gleich der Arbeit, die pro Zeiteinheit verrichtet wird bzw. **Leistung** ist gleich der Energie, die pro Zeiteinheit »verbraucht« wird, um eine bestimmte Arbeit zu verrichten.

Die Einheit der Leistung ist das Watt (W) oder Joule pro Sekunde (J/s).

Wir merken uns:

Energie kann mehrere Formen annehmen, z.B. Bewegungs-, Lage- oder chemische Energie.

Energie geht nie verloren. Es findet immer eine Umwandlung von einer Energieform in eine andere statt. Der Begriff Energieverlust ist physikalisch gesehen also nicht korrekt.

Die Energie ist das Produkt aus Leistung mal Zeit.

Die Leistung ist die Arbeit pro Zeiteinheit

Wärmemenge

Um Körper oder Flüssigkeiten zu erwärmen, muss diesen Energie zugeführt werden. Diese wird als Wärmeenergie oder auch Wärmemenge bezeichnet.

Sie errechnet sich nach der folgenden Formel:

$Q = m \cdot c \cdot \Delta\vartheta$

mit: Q = Wärmemenge/Energie in Wh

m = Masse /Menge in kg

c = spezifische Wärmekapazität in Wh/kgK

$\Delta\vartheta$ = Temperaturdifferenz in K

Die spezifische Wärmekapazität c bezeichnet die Energie, die nötig ist, um 1 kg eines Stoffes um ein °C (oder genauer um ein Kelvin [K]) zu erwärmen. Wasser hat eine spezifische Wärmekapazität von 1,16 Wh/kgK.

Dieser Wert sagt aus, dass für die Erwärmung von 1 Liter Wasser (entspricht etwa 1 kg) um 1 Kelvin (Temperaturerhöhung von z.B. 19 °C auf 20 °C) die Energie von 1,16 Wattstunden aufgebracht werden muss.

Das folgende Beispiel soll noch einmal den Zusammenhang zwischen Energie, Leistung und Wärmekapazität erläutern.

Ein Topf wird mit 10 Liter Wasser aus dem Wasserhahn gefüllt. Das Wasser hat eine Temperatur von 14 °C und soll innerhalb von 60

Minuten zum Kochen gebracht, das heißt auf 100 °C erwärmt werden. Der Temperaturunterschied beträgt also 100 °C – 14 °C = 86 Kelvin.

Gesucht ist die hierfür benötigte Wärmemenge. Nach obenstehender Formel erhalten wir:

$$Q = m \bullet c \bullet \Delta \vartheta$$

$$Q = 10\,\text{kg}^{*}\ 1{,}16\,\text{Wh/kgK}^{*}\ 86\,\text{K} = 997{,}6\,\text{Wh}$$

Der Einfachheit halber rechnen wir mit 1000 Wh, bzw. 1 kWh. Diese Energie muss in 60 Minuten, also 1 Stunde, vom Herd zur Verfügung gestellt werden, um die 10 Liter Wasser zum Kochen zu bringen. Die Leistung der Herdplatte errechnet sich somit:

1 kWh geteilt durch 1 h = 1 kW

Soll das Wasser schneller erwärmt werden, muss die Leistung entsprechend erhöht werden. Eine 2 kW-Platte erwärmt das Wasser in einer halben Stunde. Für eine Viertel Stunde Kochzeit benötigt man eine 4 kW-Platte.

Energieinhalt von gebräuchlichen Brennstoffen

Die untenstehende Tabelle soll verdeutlichen, wie viel Energie in welchen Brennstoffen enthalten ist.

1 kg	Braunkohlenbriketts	5,4 kWh
1 kg	Brennholz	4,1 kWh
1 kg	Flüssiggas (Propan)	12,8 kWh
1 kg	Heizöl / Dieselkraftstoff	11,8 kWh

Tabelle 2.2 Energieinhalt von Brennstoffen

Bild 2.3 Diese Brennstoffe besitzen jeweils den Energieinhalt einer Kilowattstunde. Auch die halbe Getränkedose (ca. 13 g Aluminium) benötigt 1 kWh zu ihrer Herstellung!

2.1 Die Sonne

Wenn wir in den Himmel schauen, sehen wir die Sonne als hellen, gleißenden Ball, der es uns unmöglich macht, die Augen offen zu lassen. Sie ist Motor allen Lebens auf der Erde und gleichzeitig in der Lage, riesige Flächen in lebensfeindliche Wüsten zu verwandeln. Woher kommt diese ungeheure Energie? Im Inneren der Sonne werden unter gewaltigem Druck Wasserstoffatomkerne zu Heliumatomkernen verschmolzen. Die Sonne ist also ein Kernreaktor, der nach dem Prinzip der Kernfusion (Verschmelzung) arbeitet. Dabei werden riesige Energiemengen bei Temperaturen von mehreren Millionen Grad freigesetzt. Die Oberflächentemperatur der Sonne beträgt immerhin noch ca. 5500 °C. Der Fusionsreaktor Sonne arbeitet jetzt bereits seit 5 Milliarden Jahren störungsfrei und wird die Erde nach Schätzungen von Astronomen noch weitere 5 Milliarden Jahre mit Energie versorgen.

Aus der Oberflächentemperatur und der Oberfläche der Sonne lässt sich ihre Strahlungsleistung berechnen. Aus dieser Leistung und dem Abstand der Sonne zur Erde errechnet sich die sogenannte extraterrestrische (außerirdische) Solarkonstante oder einfach nur Solarkonstante. Sie beschreibt, wie viel Leistung die Solarstrahlung auf eine senkrecht zur Strahlung stehende Fläche außerhalb der Erdatmosphäre abgibt, und hat den Wert von 1360 W/m^2.

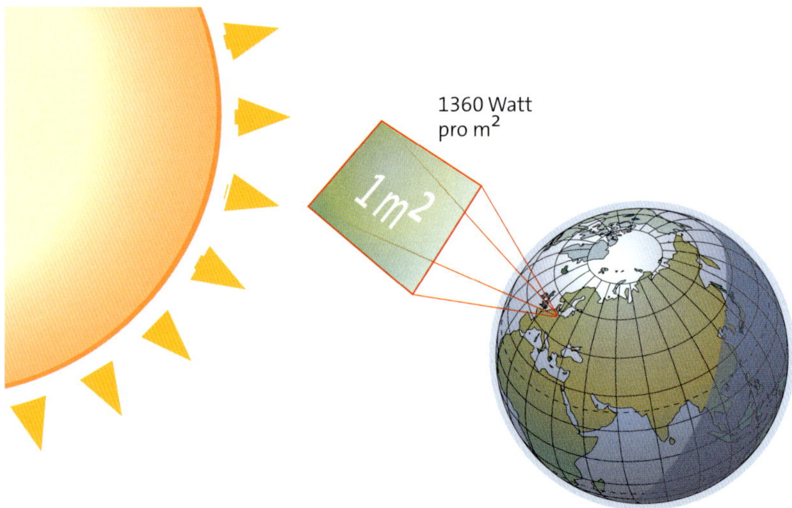

Bild 2.4 Die extraterrestrische Solarkonstante

2.2 Grundlagen der Strahlung

Die Intensität der Sonnenstrahlung wird auf ihrem Weg durch die Erdatmosphäre durch Teilchen in der Luft und durch die Wolken verringert. Im günstigsten Fall, bei hohem Sonnenstand und klarem Wetter, treffen in unseren Breiten noch maximal 1000 W/m² auf der Erdoberfläche auf.

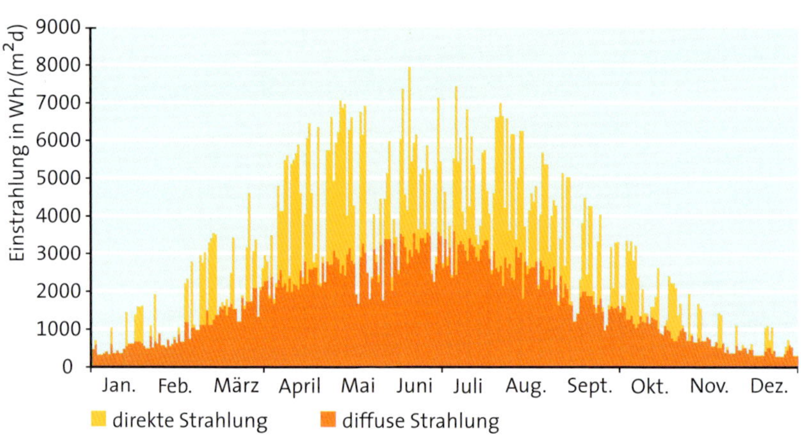

Bild 2.5 Direkte und diffuse Strahlung

Die auf der Erdoberfläche auftreffende Strahlung wird als Globalstrahlung bezeichnet. Diese Strahlung setzt sich aus der direkten und der diffusen Strahlung zusammen. Direkte Strahlung durchquert die Atmosphäre ohne Richtungsänderung. Diffuse Strahlung entsteht durch Reflektion an Wolken und Streuung an Partikeln in der Luft. Die diffuse Strahlung bewirkt, dass auf der Nordseite des Hauses Licht in die Fenster scheint und wir Schatten sehen können, obwohl die Lichtquelle – die Sonne – auf der anderen Seite des Hauses steht. Im Durchschnitt liegt der Anteil der diffusen Strahlung in unseren Breiten je nach Jahreszeit bei ca. 50%–70%. Aber auch der diffuse Anteil der Strahlung ist nutzbar und wertvoll. An einem bewölkten Sommertag mit einem diffusem Anteil von über 80% kann der Wert der Globalstrahlung durchaus noch 300 W/m² betragen.

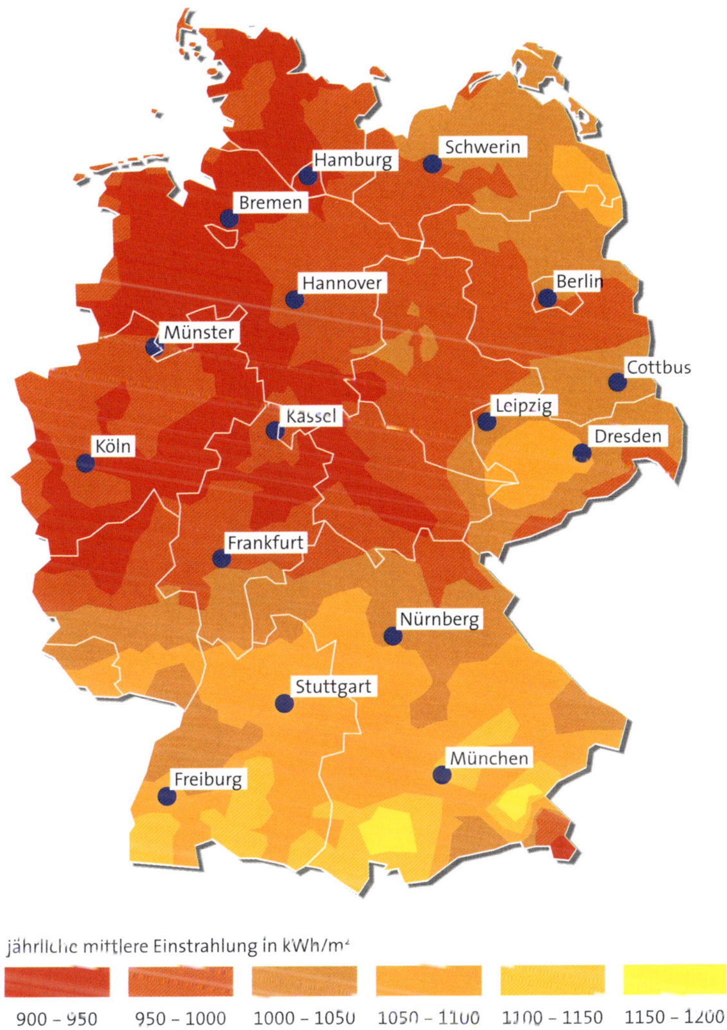

Bild 2.6 Einstrahlungswerte für Deutschland

Summiert man die Globalstrahlung über das Jahr, so ergeben sich für unsere Breitengrade Einstrahlungswerte von ca. 1000 Kilowattstunden pro Quadratmeter und Jahr (1000 kWh/m^{2}a; annum = lat. Jahr) auf einer waagrechten Fläche. Zum Vergleich, in der Sahara ist die eingestrahlte Energiemenge nur etwas mehr als doppelt so groß (ca. 2200 – 2500 kWh/m^{2}a). Das heißt, die Sonne stellt uns jährlich pro Quadratmeter eine Energiemenge kostenlos zur Verfügung, die 100 Litern Heizöl entspricht.

Bild 2.7 Die jährliche Sonneneinstrahlung in Deutschland entspricht 100 l Heizöl auf jeden Quadratmeter

Wir müssen diese Energie der Sonne nur nutzen!

Zwei Dinge dürfen an dieser Stelle allerdings nicht verschwiegen werden:

- ¾ dieser Energiemenge steht im Sommerhalbjahr zur Verfügung. Im Sommer herrscht also das größte Angebot an Sonnenenergie.
- Da die Nutzung der Sonnenenergie, wie jeder technische Prozess, Umwandlungsverlusten unterliegt, kann nur ein Teil der Energie, die uns die Sonne zur Verfügung stellt, genutzt werden.

2.3 Jahreszeiten und ihre Entstehung

Die Intensität der Sonnenstrahlung verändert sich sowohl im Tagesverlauf als auch über das Jahr betrachtet. Im Winter sind die Tage kürzer und die Sonne steht tiefer als im Sommer zur gleichen Tageszeit. Auch die Intensität der Strahlung ist im Winter viel geringer.

Verantwortlich hierfür ist die Erdbewegung. Die Erde umrundet auf einer Ellipse in einem Jahr einmal die Sonne. Gleichzeitig dreht sich die Erde in 24 Stunden einmal um sich selbst. Die Drehachse der Erde ist gegenüber der Ebene, die durch die Ellipsenbewegung gebildet wird, geneigt. Dieser Neigungswinkel beträgt 23,45° und ist verantwortlich für unsere Jahreszeiten mit unterschiedlichen Tageslängen und Sonnenständen sowie für andere Phänomene wie das der Polarnacht und Mitternachtssonne oder die Tatsache, dass die Tage am Äquator immer gleich lang sind. Aus dem Neigungswinkel ergibt sich auch die Lage der Wende- und der Polarkreise.

Die Wendekreise liegen bei 23,45° nördlicher bzw. südlicher Breite. Die Polarkreise bei 66,55° (90° − 23.45°) nördlicher bzw. südlicher Breite. Innerhalb der Wendekreise steht die Sonne mindestens einen Tag im Jahr genau senkrecht. Am 21.6. auf dem nördlichen Wendekreis. Zur gleichen Zeit scheint über dem nördlichen Polarkreis die Mitternachtssonne und unter dem südlichen Polarkreis herrscht Polarnacht. Am 21.12 steht die Sonne über dem südlichen Wendekreis im Zenit. Die Orte von Mitternachtssonne und Polarnacht sind vertauscht. Am 21.3. und am 21.9. steht die Sonne genau über dem Äquator senkrecht am Himmel. In unseren Breitengraden dagegen kann die Sonne nie senkrecht am Himmel stehen!

Bild 2.8 Bewegung der Erde um die Sonne

Der Sonnenhöchststand für die nördliche Halbkugel ist demnach am 21.6., ihr Tiefststand am 21.12. Diese beiden Tage kennzeichnen in unseren Breiten auch den längsten und den kürzesten Tag im Jahr. Das Zusammenspiel von unterschiedlichen Tageslängen und Einfallswinkeln ergibt unsere Jahreszeiten.

2.4 Die Nutzungsmöglichkeiten der Sonnenenergie

Die Nutzungsmöglichkeiten der Sonne werden in direkte und indirekte Nutzung unterteilt. Bei der direkten Nutzung unterscheidet man nochmals zwischen passiver und aktiver Nutzung.

2.4.1 Die indirekte Nutzung der Sonnenenergie

Hierunter fallen alle Nutzungsmöglichkeiten, die auf Folge- oder Begleiterscheinungen der Sonnenstrahlung zurückzuführen sind. Beispiele sind Windkraft, Wasserkraft und die Nutzung von Biomasse.

Windkraft

Die Sonne erwärmt die Luft über Wasser- und Landmassen unterschiedlich stark. Dadurch entstehen innerhalb der Erdatmosphäre Temperatur- und Druckunterschiede, die ständig bestrebt sind, sich auszugleichen. Es entstehen große Luftbewegungen – die Winde.

Man sieht sie immer häufiger – riesige Windräder, die in manchen Gegenden zu ganzen Windparks aufgestellt werden. Doch die Nutzung der Windkraft hat eine lange Tradition. Zum Mahlen von Getreide, Entwässern von tiefliegenden Gegenden, Antrieb von Brunnenpumpen, aber auch zum Antrieb von Schiffen nutzt der Mensch den Wind schon seit ewigen Zeiten.

Bild 2.9 Windkraftanlage

Wasserkraft

Über den Ozeanen verdunsten durch die Sonneneinstrahlung große Mengen Wasser. Es bilden sich Wolken, die sich andernorts als Niederschlag (Schnee, Hagel, Regen) bemerkbar machen. Daher ist auch die Kraft des herabfließenden Wassers der Flüsse eine Form der Sonnenenergie. Auch die Wasserkraft hat eine lange Tradition. Man denke nur an die vielen Mühlen und Sägewerke, die heute noch im Schwarzwald zu sehen sind.

Bild 2.10 Die Nutzung der Wasserkraft

Biomasse

Unter dem Begriff Biomasse sind alle lebenden und toten Organismen, deren Ausscheidungen sowie Zersetzungsprodukte zusammengefasst.

Pflanzen vermögen durch das grüne Chlorophyll ihrer Blätter mit Hilfe von Sonnenlicht aus CO_2 und Wasser Biomasse zu erzeugen. So setzen wir, indem wir Holz verbrennen, über Jahre gesammelte Sonnenenergie frei. Auch unsere fossilen Brennstoffe, Kohle, Öl und Gas sind letztlich über Jahrmillionen gespeicherte Sonnenenergie. Unseren eigenen Energiebedarf decken wir Menschen durch die Ernährung (egal ob tierisch oder pflanzlich) mit Sonnenenergie.

Bild 2.11 Auch das Heizen mit Holz ist eine indirekte Nutzung der Sonnenenergie

2.4.2 Die direkte Nutzung der Sonnenenergie

Wird die Sonnenstrahlung und nicht ihre Folgeerscheinungen genutzt, sprechen wir von direkter Nutzung. Wie schon erwähnt, unterscheidet man hier die passive und die aktive Nutzung.

Die passive Nutzung der Sonnenenergie

Von passiver Nutzung spricht man, wenn ohne Einsatz von technischen Hilfsmitteln Sonnenenergie genutzt wird. Unter technischen Hilfsmitteln sollen an dieser Stelle technische Systeme verstanden werden, die die Haustechnik (Heizung, Lüftung, Stromversorgung) ergänzen oder gar ersetzen.

Das Trocknen von Wäsche

Dieses Beispiel zeigt, mit welch geringem Aufwand die Sonne genutzt werden kann. Pro Trockenvorgang verbrauchen moderne Wäschetrockner bis zu 4 kWh. Auch hier kann die Sonne ihren Beitrag zur Energieeinsparung leisten.

Bild 2.12 Schon auf diese einfache Art kann die Sonne genutzt werden

Das Trocknen von Lebensmitteln

In vielen südlichen Ländern wird heute noch Fleisch haltbar gemacht, indem man es an der Sonne trocknet. Auch Kaffeekirschen werden vor der Weiterverarbeitung oft an der Sonne getrocknet.

Frühbeet, Gewächshaus, Wintergarten

Wenn man eine Kiste zur Sonne hin nur mit einer Glasscheibe abdeckt, treffen die Sonnenstrahlen, die durch die Scheibe scheinen, auf die Wände der Kiste und erwärmen diese und damit auch die Luft innerhalb der Kiste. Der einfachste Anwendungsfall hierfür ist das Frühbeet oder, auf die Gebäudeerwärmung übertragen, der Wintergarten.

Bild 2.13 Im Wintergarten fühlen wir uns auch in der kühleren Jahreszeit wohl. Foto Solvis

Durch geschickte Anordnung von Glasflächen bei gleichzeitiger guter Wärmedämmung eines Gebäudes kann durch passive Nutzung ein großer Teil der Gebäudebeheizung von der Sonne übernommen werden.

Aktive Nutzung der Sonnenenergie

Nutzt man die Sonnenenergie durch Einsatz technischer Hilfsmittel, so spricht man von aktiver Nutzung. Diese wird weiterhin unterteilt in Fotovoltaik und Solarthermie.

Diese beiden Nutzungsmöglichkeiten werden gerne verwechselt oder sogar vermischt. Viele denken, mit der Sonne wird Elektrizität erzeugt und damit dann das Wasser erwärmt. Andere wiederum denken, die Solarzellen erwärmen das Wasser.

Fotovoltaische Nutzung

Bestimmte Materialien haben die Eigenschaft, elektrische Energie freizusetzen, wenn sie mit Licht beschienen werden. Man spricht vom fotovoltaischen Effekt. Ein Material, das sich besonders gut eignet und daher hauptsächlich für Solarzellen eingesetzt wird, ist Silizium. Wird die gewonnene Energie direkt am Ort verwendet, sprechen wir von Inselanlagen. Bekannte Beispiele hierfür sind solarbetriebene Uhren, Taschenrechner oder auch Parkuhren und Straßenleuchten. Wird die Energie in das öffentliche Netz eingespeist, sprechen wir von netzgekoppelten Anlagen.

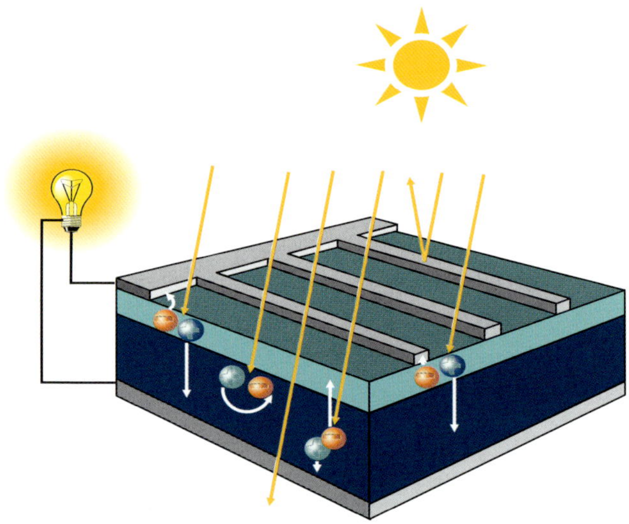

Bild 2.14 Mit Solarzellen wird das Sonnenlicht direkt in elektrische Energie umgewandelt

Solarthermische Nutzung

Bei der solarthermischen Nutzung wird die Strahlung der Sonne mittels sogenannter Kollektoren in Wärmeenergie (Thermie, griechisch = Wärme) umgewandelt. Die solarthermische Nutzung ist Gegenstand dieses Buches.

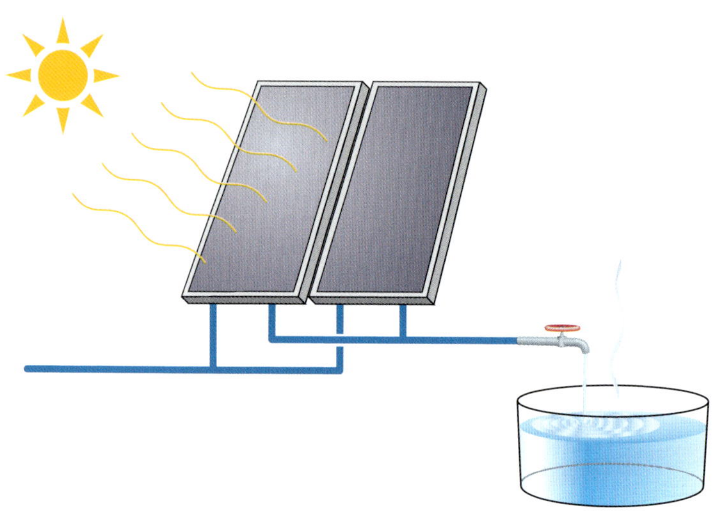

Bild 2.15 Kollektoren wandeln das Sonnenlicht in Wärme um

2.5 Von der Campingdusche zur modernen Solaranlage

2.5.1 Einfache Solaranlagen

Wer kennt sie nicht, die Campingduschen. Schwarze Kunststoffbehälter mit ca. 10 l Inhalt, die im Sommer an einen Baum (natürlich schattenfrei) oder die Teppichstange gehängt werden. Schon nach kurzer Zeit ist das Wasser von der Sonne so erwärmt worden, dass wir damit kurz duschen können. Dies ist die einfachste Form einer Solaranlage. Sie ist billig und kann zu Hause im Garten oder auch auf dem Campingplatz schnell aufgebaut werden. Leider reicht das erwärmte Wasser höchstens für eine Person und kühlt schnell wieder ab, wenn die Sonne nicht mehr scheint.

Bild 2.16 Für die schnelle Dusche an heißen Sommertagen ist die Campingdusche ideal

Eine ähnlich einfache Form von Solaranlagen erhält man, indem man einen schwarzen Schlauch in der Sonne, z.B. auf ein südorientiertes Schuppendach, auslegt. An den Wasserhahn angeschlossen und befüllt, erwärmt sich auch hier das Wasser im Schlauch. Um genügend Warmwasser zur Verfügung zu haben, muss allerdings auch viel Schlauch verlegt werden. Bei einem ¾" – Schlauch benötigt man pro Liter Wasser ca. 3 Meter Schlauch. Der Platzbedarf für 50 Liter ist damit recht groß sowie das Material nicht gerade billig und evtl. einer schnellen Alterung unterworfen.

Schwarze Körper wandeln die Sonnenstrahlung generell besser in Wärme um als helle. So sieht man in Schrebergärten oft schwarze Tonnen auf den Dächern der Gartenhäuschen stehen. An einem sonnigen Tag können mit solch einer Solaranlage durchaus 100 Liter auf eine angenehme Temperatur gebracht werden. Nachts kühlt die Tonne aber wieder aus. Die morgendliche Dusche kann daher nur mit lauwarmem oder kaltem Wasser stattfinden. Eine Wärmedämmung der Tonne würde zwar das Auskühlen über Nacht verhindern, müsste tagsüber aber entfernt werden, wenn die Sonne das Wasser erwärmen soll. Das ist unbequem und nicht praktikabel. Auch ist bei Tonnen das Verhältnis zwischen Oberfläche und Inhalt ungünstig, da mit einer kleinen Fläche, auf die die Sonne auftritt, relativ viel Wasser erwärmt werden muss.

Bild 2.17 In Schrebergärten sieht man häufig diese Form der Sonnenenergienutzung.

Ideal wäre also ein System, bei dem in einem Teil die Sonnenstrahlung in Wärme umgewandelt und in einem anderen Teil die erzeugte Wärme gespeichert wird. Der Wärmeerzeuger sollte ein ausgewogenes Verhältnis von Oberfläche zu Wasserinhalt haben. Je mehr Fläche pro Liter Wasser zur Verfügung stehen, desto schneller wird das Wasser erwärmt und desto eher können kürzere Schönwetterperioden, wie sie an einem bewölkten Tag vorkommen, genutzt werden.

Als einfachen Wärmeerzeuger könnte man einen schwarz lackierten Heizkörper nehmen. Die Tonne, wir sprechen ab jetzt besser von einem Speicher, wird mit Stroh wärmegedämmt. Heizkörper und Speicher werden mit Gartenschläuchen verbunden und das ganze wird mit Wasser befüllt. Wenn jetzt die Sonne auf den Heizkörper scheint, erwärmt sich das Wasser im Heizkörper immer mehr, aber im Speicher bleibt es kalt. Wie kommt nun das warme Wasser in den Speicher? Da hilft uns die Physik.

Stellt man 1 Liter Wasser in einem Messbecher auf eine Waage, so zeigt uns diese ein Gewicht von 1 kg an. Erwärmt man nun das Wasser mit einem Tauchsieder, stellt man fest, dass das warme Wasser immer noch 1 kg wiegt. Dabei weiß doch eigentlich jedes Kind, dass warmes Wasser leichter als kaltes ist. Warum zeigt die Waage dann nicht weniger an? Schaut man sich den Messbecher genauer an, stellt man fest, dass die Wasseroberfläche gestiegen ist und nun über dem Anzeigestrich 1 Liter steht. Das bedeutet, dass das Wasser sich bei Erwärmung ausdehnt. 1 kg Wasser hat dann nicht mehr das Volumen von 1 Liter sondern etwas mehr. Man sagt, sein spezifisches Gewicht bzw. seine Dichte wird mit zunehmender Temperatur kleiner. Dieser Dichteunterschied von kaltem zu warmen Wasser bewirkt auch, dass warmes Wasser nach oben steigt und kaltes Wasser absinkt.

Stellen wir unseren Speicher nun so auf, dass er über dem höchsten Punkt des Heizkörpers steht, und verlegen wir die Verbindungsschläuche so, dass sie überall steigen, kann das warme Wasser aus dem Heizkörper in den Speicher steigen während kälteres Wasser aus dem Speicher in den Heizkörper nachfließt. Es stellt sich eine Schwerkraftzirkulation ein. Dieses System wird daher Schwerkraft- oder Thermosiphonanlage genannt. In südlichen Ländern sieht man diese Anlagen oft auf den Hausdächern. Sie sind einfach, billig und kaum störanfällig, da sie keiner aufwendigen Installation bedürfen.

Bild 2.18 Einfache Schwerkraftanlage mit 0,6m² »Kollektorfläche« und 100 Liter Speichervolumen

Doch haben auch diese Anlagen, wie alle zuvor erwähnten Systeme einen entscheidenden Nachteil. In unseren Breiten können diese System nur im Sommer betrieben werden. Im Winter bzw. bei Frostgefahr müssen solche Anlagen komplett entleert werden, da sie sonst einfrieren und zerstört werden. Im Frühjahr muss die Anlage dann wieder in Betrieb genommen werden.

2.5.2 Zweikreisanlagen

In unseren Breiten kommen daher Zweikreisanlagen zum Einsatz. Alle frostgefährdeten Anlagenteile werden dabei von einem Wasser-Frostschutzmittelgemisch als Wärmeträger durchströmt, wie wir es auch von der Autokühlanlage kennen. Dieses Gemisch kann natürlich nicht mehr als Trinkwasser verwendet werden. Das Solarsystem muss daher um einen zweiten Kreislauf, den sogenannten Kollektorkreis, erweitert werden. Dieser besteht, vereinfacht ausgedrückt, aus dem Heizkörper, einem Wärmetauscher und den – steigend verlegten! – Verbindungsschläuchen. Der Kollektorkreis wird mit dem Wasser- Frostschutzmittelgemisch befüllt, der Speicher wiederum mit Wasser. Erwärmt die Sonne nun den Wärmeträger, steigt dieser in einem Schlauch nach oben und gibt über den Wärmetauscher seine Wärme an das Trinkwasser im Speicher ab. Dabei kühlt er sich ab und sinkt im zweiten Schlauch wieder nach unten in den Heizkörper, wo er wieder von der Sonne erwärmt wird. Es entsteht eine Zirkulation im Kollektorkreis. Diese bleibt so lange, wie der Temperaturunterschied zwischen Heizkörper und Speicher groß genug ist, in Gang.

Bild 2.19 Typische Schwerkraftanlage mit über dem Kollektor angeordnetem Speicher, wie sie häufig in südlichen Ländern eingesetzt wird.

2.5.3 Anlagen mit Zwangsumwälzung

Am sinnvollsten wäre es allerdings, den Wärmeerzeuger auf dem Dach zu montieren, wo er nicht stört und wahrscheinlich weniger verschattet wird als im dicht bepflanzten Garten. Unsere Speicher stellen wir in den Heizungskeller. Da eine Schwerkraftzirkulation nun nicht mehr möglich ist, muss der Wärmeträger mit einer Pumpe zur Zirkulation gezwungen werden. Man spricht von Zwangsumwälzung. Die Pumpe sorgt also dafür, dass die Wärme vom Dach in die Speicher im Heizungskeller kommt.

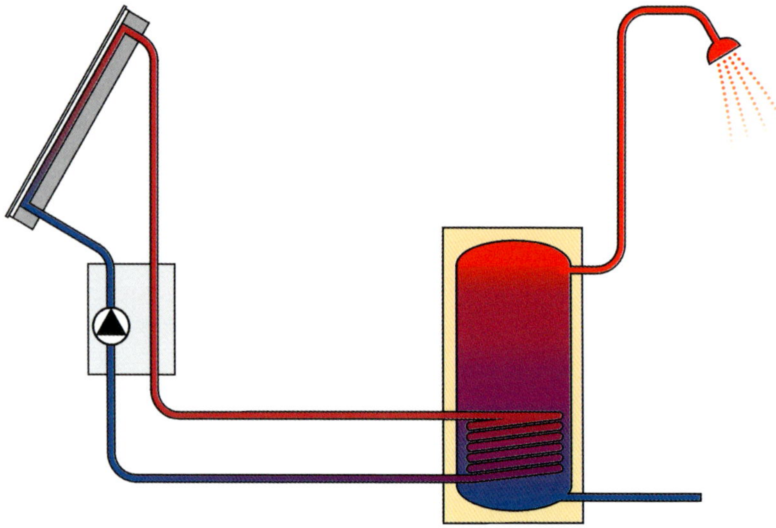

Bild 2.20 Solaranlage mit Zwangsumwälzung

Aber auch dieses System entspricht nicht unseren Vorstellungen von einer perfekten Solaranlage, denn irgendwann ist der Warmwasservorrat im Speicher einfach erschöpft. Im Sommer reicht die Sonne meistens aus, um den Warmwasserbedarf zu decken. In den kälteren Jahreszeiten bleibt der Speicher lauwarm oder gar ganz kalt. Natürlich muss jetzt nicht kalt geduscht werden. Der Heizkessel sorgt bei entsprechender Installation dafür, dass auch in längeren Schlechtwetterperioden genügend Warmwasser zur Verfügung steht. Man bezeichnet dies als Nachheizung. Falls keine Öl- oder Gasheizung im Haus installiert ist, kann die Nachheizung auch elektrisch über eine eingebaute Heizpatrone erfolgen.

2.5.4 Die Trinkwarmwasser – Solaranlage

Das vereinfachte Funktionsprinzip einer Solaranlage kennen wir also. Nun gilt es, die Anlagenkomponenten mit ihren eigentlichen Namen einzuführen.

Den Wärmeerzeuger nennt man Kollektor (lat. Sammler) und er unterscheidet sich ganz erheblich von einem schwarz lackierten Heizkörper.

Auch eine Regentonne stellt sich niemand in den Keller. Wir sprechen hier von Speichern oder besser Solarspeichern. Diese sind meist aus Stahl und zur Vermeidung von Wärmeverlusten wärmegedämmt. Im unteren Bereich des Solarspeichers ist ein Wärmetauscher, der sog. Kollektorkreiswärmetauscher, bei einigen Solarspeichern im oberen Bereich ein zweiter Wärmetauscher eingebaut. Mit ihm soll das Wasser von der konventionellen Heizungsanlage in Zeiten mit wenig Sonneneinstrahlung nachgeheizt werden.

Der Kollektor (meist werden mehrere zu einem Kollektorfeld verschaltet) und der untere Wärmetauscher sind mit Rohrleitungen verbunden. Man spricht von Vor- und Rücklauf. Der Vorlauf transportiert den erwärmten Wärmeträger vom Kollektor zum Kollektorkreiswärmetauscher. Er ist bei Betrieb der Anlage also wärmer als der Rücklauf, der den abgekühlten Wärmeträger wieder zum Kollektor transportiert. Dieser Kreis wird als Kollektorkreis bezeichnet.

Die Solarstation ist zwischen Kollektorfeld und Kollektorkreiswärmetauscher in Vor- und Rücklauf eingebaut. Sie besteht aus einer Umwälzpumpe und einigen Armaturen, die zum Füllen und zum Betrieb der Anlage erforderlich sind.

Der Kollektorkreis ist ein abgeschlossenes System. Er ist mit einem Wasser-Frostschutzmittel-Gemisch gefüllt. Dieses Gemisch dient als Wärmeträger und ist durch den Wärmetauscher vom Trinkwasser getrennt. Der von der Temperaturerhöhung verursachte Druckanstieg wird von einer Sicherheitsgruppe aufgefangen. Sie besteht aus einem Sicherheitsventil und einem Ausdehnungsgefäß.

Den selbstständigen Betrieb übernimmt eine Steuerung. Im einfachsten Fall ist das eine sogenannte Temperaturdifferenzsteuerung. Sie besteht aus zwei Temperaturfühlern und dem Steuergerät. Ein Fühler misst die Temperatur im Kollektor, der zweite die Wassertemperatur im Speicher. Die Steuerung vergleicht ständig die Temperatur im Kollektor und im Solarspeicher. Ist die Kollektortemperatur um einen eingestellten Wert höher als die Speichertemperatur, schaltet die Steuerung die Pumpe ein. Die Wärme wird vom Kollektor in den Speicher transportiert. Unterschreitet die Temperaturdifferenz einen bestimmten Wert, wird die Pumpe ausgeschaltet.

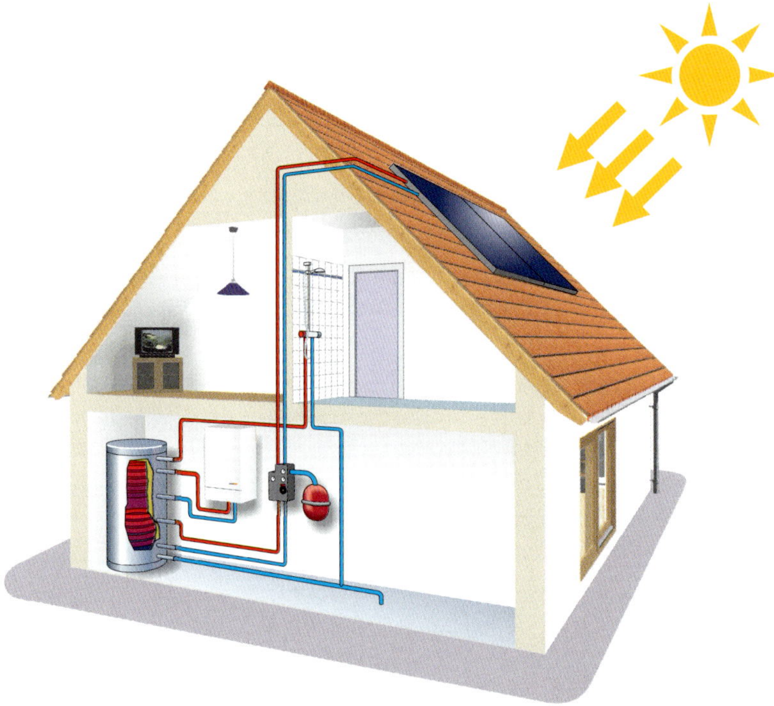

Bild 2.21 Solaranlage zur Warmwasserbereitung mit Nachheizung durch den Heizkessel

Im Einfamilienhausbereich kommen hauptsächlich Solarsysteme dieser Art zum Einsatz. Die einzelnen Komponenten dieses Systems werden in Kapitel 3 näher erläutert.

3. Die Komponenten von Solaranlagen

Um die Funktionsweise einer Solaranlage verstehen zu können werden in diesem Kapitel die einzelnen Komponenten vorgestellt.

3.1 Sammler für das Sonnenlicht

Grundsätzlich gibt es drei Möglichkeiten, das Sonnenlicht einzufangen, zu sammeln und in Wärme umzuwandeln. Je nach Anwendungsfall kommen folgende Sammler zum Einsatz:

Schwimmbadabsorber

Flachkollektoren

Vakuumröhrenkollektoren

3.1.1 Schwimmbadabsorber

Diese funktionieren im einfachsten Fall nach dem Gartenschlauchprinzip. Ein schwarzer Schlauch liegt in der Sonne und erwärmt sich, da er die Sonnenstrahlung absorbiert und in Wärme umwandelt. Wird dieser Schlauch vom Wasser durchströmt, gibt er seine Wärme an das Wasser ab. Heutzutage werden oft sogenannte Absorbermatten eingesetzt.

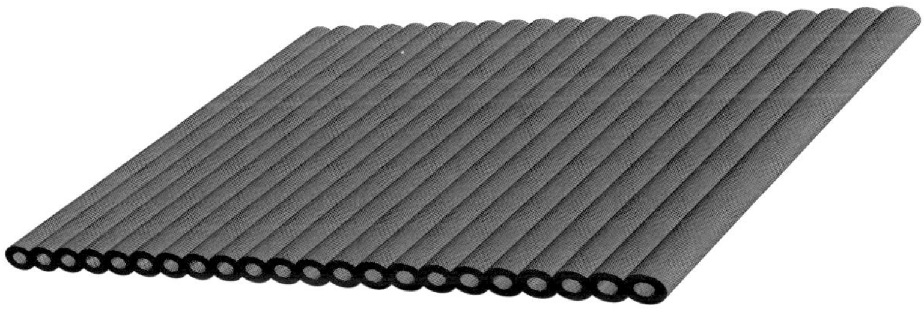

Bild 3.1 Absorbermatten für die Schwimmbadbeheizung

Absorbermatten werden aus Kunststoff gefertigt. Polypropylen (PP) oder Ethylen-Propylen-Dien-Monomer (EPDM) sind die bevorzugten Materialien. Sie sind UV-und witterungsbeständig, begehbar und häufig auch in gefülltem Zustand frostsicher. Auch gegen chlorhaltiges Wasser – die Absorber werden vom Schwimmbadwasser durchströmt – sind diese Materialien langzeitbeständig.

3.1.2 Kollektoren

Wir alle kennen diese Erscheinung. Lassen wir unser Auto eine Zeit lang in der Sonne stehen, heizt sich der Innenraum je nach Jahreszeit und Intensität der Sonnenstrahlen unterschiedlich stark auf. Im Sommer werden Lenkrad und Armaturenbrett oft so heiß, dass man sich die Hände verbrennt. Diese aufgeheizten Teile erwärmen die Luft im Innenraum. Im Sommer kann die Lufttemperatur so ansteigen, dass wir erst einmal alle Türen öffnen, um den Dunst abziehen zu lassen, bevor wir einsteigen. Ähnliches spielt sich im Sonnenkollektor ab. Die Sonnenstrahlen werden in Wärme umgewandelt. Diese Wärme staut sich jedoch nicht wie im Auto, sondern wird vom Wärmeträger abgeführt und an den Speicher abgegeben. Die Energieumwandlung und die Wärmeabfuhr übernimmt das wichtigste Element des Kollektors, der Solarabsorber.

Der Absorber

Der Absorber ist das wichtigste Element eines Kollektors. Die Wärmedämmung kann noch so gut, die Glasscheibe noch so lichtdurchlässig sein, wenn der Absorber nicht vernünftig arbeitet, erzielt der Kollektor auch wenig Wirkung.

Der Absorber hat vier Aufgaben:

Er soll die Sonnenstrahlen »einsammeln«.

Das gesammelte Licht in Wärme umwandeln.

Die Wärme festhalten.

Die Wärme an den Wärmeträger abgeben.

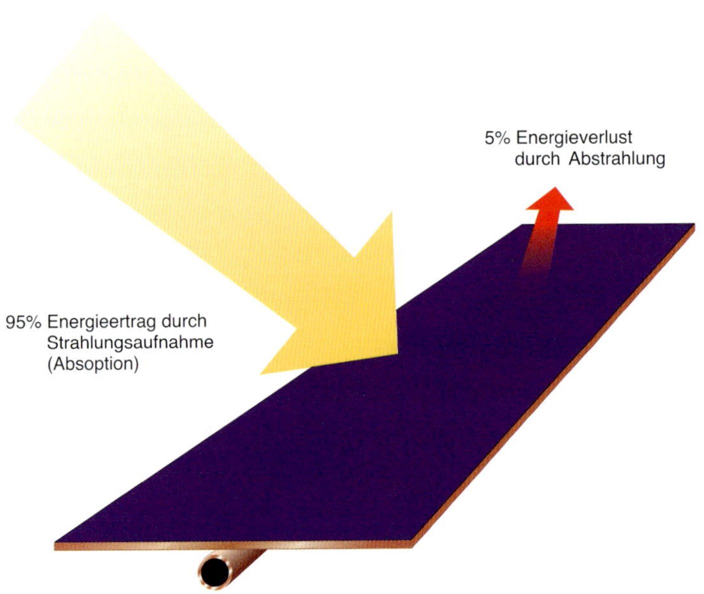

Bild 3.2 Funktionsweise eines Absorbers

Jeder Gegenstand, der eine Zeit lang in der Sonne steht, erwärmt sich. Abhängig von Farbe, Material und Oberfläche wird der Körper jedoch unterschiedlich heiß.

Dunkle Gegenstände erwärmen sich stärker als helle, sie absorbieren die Sonnenstrahlen besser. Körper mit glatten, spiegelnden Flächen erwärmen sich nicht so stark wie solche mit matten Oberflächen, da spiegelnde Flächen die einfallenden Strahlen stärker reflektieren.

Der Absorber muss diesen Prinzipien Rechnung tragen und ist im Flachkollektor daher folgendermaßen aufgebaut: Ein dünnes Blech wird an der Unterseite mit dünnen Röhrchen versehen. Auf der Oberseite wird das Blech dunkel eingefärbt. Die Röhrchen werden vom Wärmeträgermedium durchströmt und die Wärme somit vom Absorber wegtransportiert. Heutzutage werden hauptsächlich Kupferabsorber eingesetzt. Kupfer ist sehr korrosionsbeständig, lässt sich leicht verarbeiten und die Verbindung zwischen Absorberblech und Röhrchen kann sehr schnell und dauerhaft mit gängigen Verbindungstechniken hergestellt werden. Zudem hat Kupfer eine sehr gute Wärmeleitfähigkeit, was einen schnellen Abtransport der Wärme bewirkt. Die Verrohrung des Absorbers kann entweder als Harfe oder Mäander bzw. Serpentine erfolgen. Serpentinenabsorber haben grundsätzlich einen höheren Druckverlust, was bei Kleinanlagen jedoch von untergeordneter Bedeutung ist.

Bild 3.3 Verschiedene Möglichkeiten der Absorberverrohrung: Harfenabsorber (links) und Serpentinenabsorber (rechts)

Die Leistungsfähigkeit des Absorbers wird entscheidend von der Beschichtung der Oberfläche beeinflusst. Moderne Absorberbeschichtungen sind hauchdünn und können, um es einmal einfach zu formulieren, Sonnenlicht von Wärmestrahlung unterscheiden. Diese Beschichtungen werden daher selektive (auswählende) Schichten genannt.

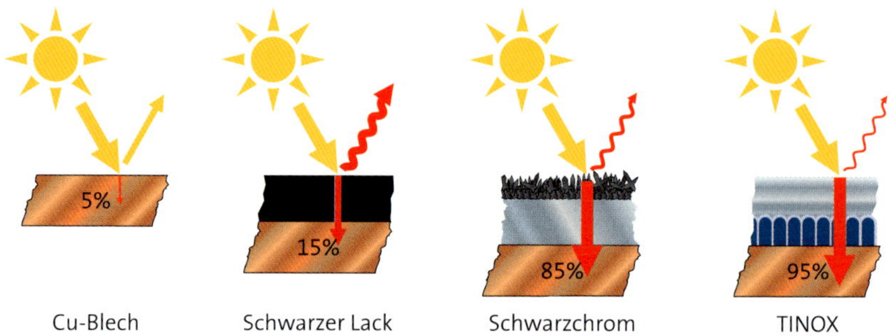

Bild 3.4 Wirkungsweise einer selektiven Beschichtung

Erwärmt sich der Absorber, ist er bestrebt, seine Wärme wie ein Kachelofen an die kühlere Umgebung abzugeben. Die Beschichtung verhindert diese Wärmeabgabe (Emission) in starkem Maße. Die Beschichtung wählt praktisch aus, welche Art von Strahlung sie absorbiert und emittiert. **Selektive Schichten** erreichen Absorptionsgrade von über 95%. Die Emissionswerte liegen teilweise bei 5%, das heißt, es werden nur 5% der physikalisch möglichen Wärmeabstrahlung abgestrahlt.
Moderne Beschichtungsverfahren, bei denen die selektive Schicht im Hochvakuum auf das Absorberblech aufgedampft oder »gesputtert« wird (z.B. Tinox, Interpane), sind umweltfreundlicher und weniger energieaufwendig als galvanische Prozesse (Schwarzchrom).
Zudem sind diese Schichten leistungsfähiger. Untenstehende Tabelle verdeutlicht dies.

Beschichtung	Herstellungsverfahren	Absorption	Emission
Solarlack	div. Lackierverfahren	95%	>80%
Schwarzchrom	galvanisch	95%	12%
Tinox	PVD	95%	5%
Interpane	Sputter	95%	5%

Tabelle 3.1 Vergleich von Absorberbeschichtungen

Flachkollektoren

Flachkollektoren werden in den unterschiedlichsten Bauformen und Größen zwischen 0,5m^2 und 10m^2 angeboten. Je nach Anwendung, vorhandenen Montagemöglichkeiten und architektonischen Gegebenheiten variiert ihr Erscheinungsbild zwischen edlem Edelstahlkasten, farbigem Aluminium und ökologischem Holzrahmen. Allen gemein ist der Aufbau: Gehäuse mit transparenter Abdeckung und Wärmedämmung sowie dem Absorber. Bevorzugtes Material für das Gehäuse ist Aluminium, wobei auch Stahl, Holz und Kunststoff verwendet werden. Nach oben wird das Gehäuse mit einer transparenten Abdeckung versehen. Nachdem in den Anfangszeiten der Solartechnik Plexiglas, einfaches Fensterglas oder gar lichtdurchlässige Folien verwendet wurden, kommt heutzutage fast ausschließlich Solarglas zum Einsatz. Solarglas ist ein sehr eisenarmes und damit stark lichtdurchlässiges Glas, das durch thermische Behandlung (Härten) äußerst bruchsicher ist. Bei Zerstörung zerspringt die Scheibe in viele kleine, ungefährliche Scherben, ähnlich der Sicherheitsglasscheiben im Auto.

Zur Vermeidung von Wärmeverlusten ist der Kollektor nach unten und oft auch zur Seite mit einer Wärmedämmung versehen.

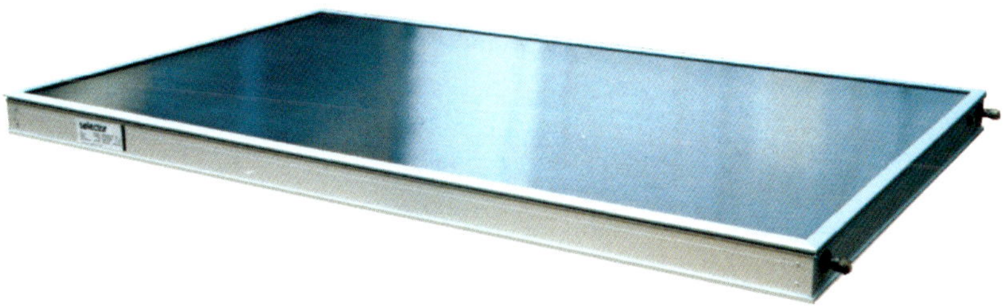

Bild 3.5 Moderner Flachkollektor

Die Wärmeverluste im Kollektor entstehen auf drei Arten:

Konvektion

Wärmeleitung

Wärmestrahlung

Von **Konvektion** spricht man, wenn Wärme durch das Darüberströmen eines Mediums wegtransportiert wird. Einfaches Beispiel: Ist uns die Suppe zu heiß, blasen wir darüber, um sie abzukühlen. Im Kollektor erwärmt sich der Absorber mit zunehmender Sonneneinstrahlung. Die Luftschicht über dem Absorber erhitzt sich ebenfalls. Diese wärmere und damit auch leichtere Luftschicht drängt aufwärts, verdrängt kältere Luft, die nach unten abfließt, und transportiert so einen Teil der Wärme vom Absorber nach außen zum Gehäuse und zur Glasscheibe.

Durch **Wärmeleitung** gelangt die Wärme an die Außenflächen des Kollektors. Wärmeleitung kann nur in einem festen Stoff, einem Gas oder einer Flüssigkeit stattfinden, im Vakuum dagegen nicht. Dies macht man sich bei den weiter unten beschriebenen Vakuumkollektoren zu Nutze. Die Wärmeleitungsverluste durch das Gehäuse können durch die rückseitige und seitliche Wärmedämmung stark vermindert werden. Nach oben, zur Glasscheibe hin, kann der Kollektor nicht gedämmt werden, da sonst keine Sonnenstrahlung auf den Absorber fallen würde. Daher geht beim Flachkollektor auch die meiste Wärme über die Glasscheibe verloren.

Wie der Kachelofen strahlt jeder heiße Körper Wärme ab. So auch der Absorber. Durch selektive Schichten können die Verluste durch **Wärmestrahlung** minimiert werden.

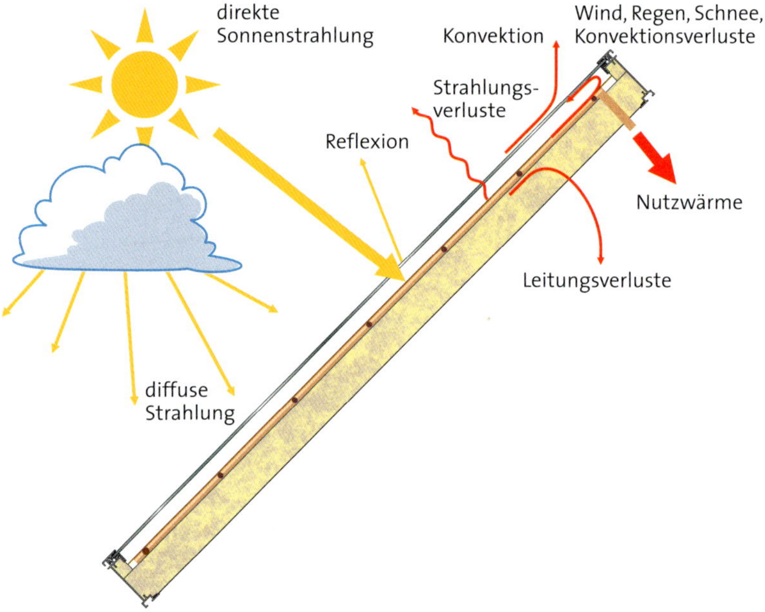

Bild 3.6 Gewinne und Verluste am Kollektor

Vakuumröhrenkollektoren

Sowohl Wärmeleitung als auch Konvektion ist an das Vorhandensein von Materie gebunden. Dies macht man sich in den Vakuumröhrenkollektoren zu Nutze. Erzeugen wir im Kollektorgehäuse ein Vakuum, kann weder Konvektion noch Wärmeleitung stattfinden. Die Wärmeverluste sind damit fast ausschließlich auf die Abstrahlverluste des Absorbers beschränkt. Das Vakuum ersetzt die Wärmedämmung. Vakuumröhrenkollektoren werden in unterschiedlichen Bauformen angeboten. Gemeinsam ist ihnen der evakuierte Glaskörper, der als Gehäuse und transparente Abdeckung dient. Vakuumröhrenkollektoren sind leistungsfähiger als Flachkollektoren, dafür aber auch erheblich teuerer. Man unterscheidet die direktdurchströmte Röhre, die Sydney-Röhre und die Heat-Pipe-Röhre.

Direktdurchströmte Vakuumröhren

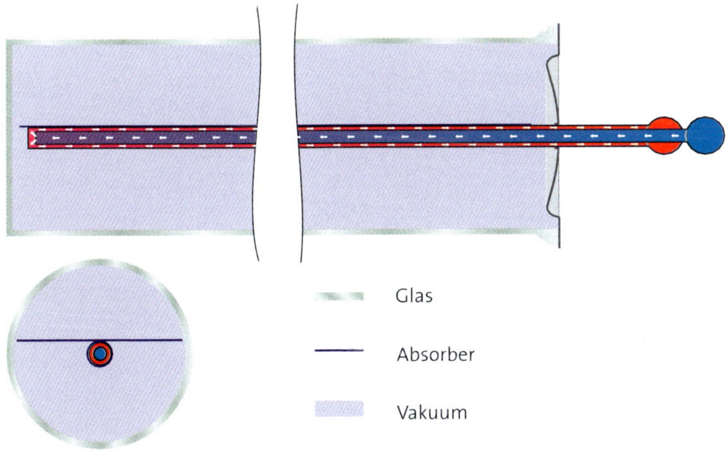

Bild 3.7 Direktdurchströmte Vakuumröhre mit koaxialem Wärmeträgerrohr

In einer evakuierten Glasröhre befindet sich ein beschichtetes Absorberblech. Unter dem Absorberblech ist ein U-förmiges Kupferrohr befestigt. Durch dieses Rohr strömt der Wärmeträger und nimmt die Wärme vom Absorber auf. Manche Hersteller verwenden auch koaxiale Röhrchen. Im inneren Rohr strömt der Wärmeträger zum Absorberende und im äußeren Rohr zurück. Die Rohrdurchführung aus dem Vakuum muß sehr sorgfältig ausgeführt sein, um ein dauerhaftes Vakuum zu gewährleisten. Über Sammelleitungen werden die einzelnen Röhren zu Modulen zusammengeschaltet. Direktdurchströmte Röhren können horizontal auf ein Flachdach aufgelegt werden.

Die Sydney-Röhre

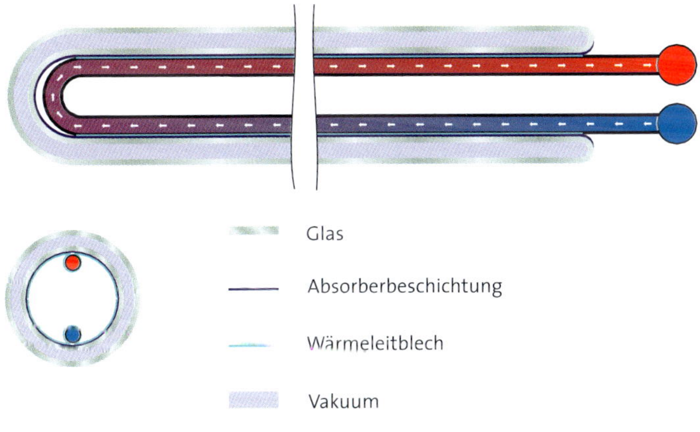

Bild 3.8 Vakuumröhre nach dem »Sydney«-Prinzip

Um mögliche Vakuumverluste durch die Metall/Glasverbindung der anderen Röhrenkollektorkonstruktionen zu vermeiden, wurde die Sydney-Röhre als doppelwandige, evakuierte Glasröhre, ähnlich einer Thermoskanne, entwickelt. Die Absorberschicht ist direkt auf dem inneren Glasrohr aufgebracht. Durch den runden Absorber ist zur Nutzung der von der Sonne abgewandten Absorberfläche ein Reflektor sinnvoll. Die erforderlichen Reflektoren werden häufig als Konzentratoren eingesetzt und die gesamte Kollektoreinheit als sogenannter CPC-Kollektor (CPC = Compound Parabolic Concentrator) vertrieben.

Die Wirkung der Reflektoren außerhalb einer Abdeckung kann im Laufe der Zeit durch die Witterungseinflüsse nachlassen, weshalb diese bei Wartungsarbeiten überprüft und gereinigt werden sollten.

Die Bauart gewährleistet jedoch ein langzeitstabiles Vakuum. Die kritische Abdichtung des Absorberrohres gegenüber dem Glaskörper entfällt bei dieser Konstruktion.

Vakuumröhren nach dem Heat-Pipe-Prinzip

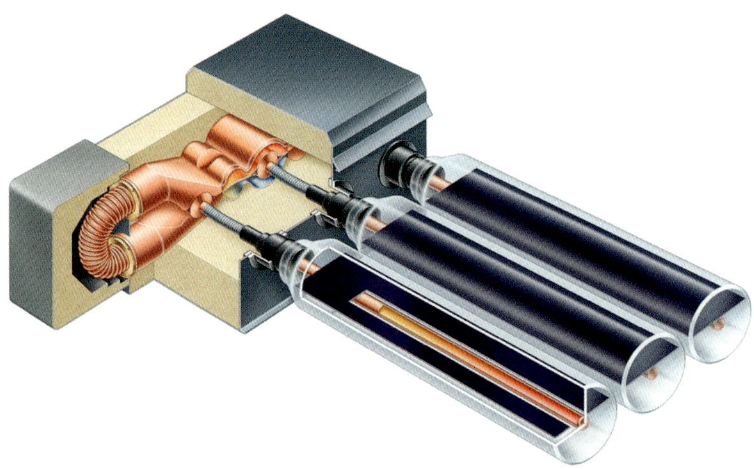

Bild 3.9 Heat-Pipe-Kollektor der Firma Viessmann

Bei der Heat-Pipe ist das Röhrchen auf der Rückseite des Absorbers mit Wasser bei Unterdruck gegenüber der Umgebung gefüllt und in sich geschlossen. Aufgrund der geringen Füllmenge und des Unterdrucks kann das Wasser bei Frost keine Schäden anrichten. Bei Sonneneinstrahlung stellt sich folgender Kreisprozess ein:

Bedingt durch den Unterdruck verdampft das Wasser bei ausreichender Sonneneinstrahlung schon bei sehr geringen Temperaturen. Der so entstandene Dampf steigt nach oben, wo die Wärme über einen »Kondensator« an den Kollektorkreis abgegeben wird. Dabei wird der Dampf verflüssigt, fließt zurück nach unten in den Solarabsorber und kann dort erneut von der Sonne erwärmt werden. Voraussetzung für den Prozess ist eine Mindestneigung der Röhren von 30°.

Vakuumröhrenkollektoren haben besonders im Bereich hoher Temperaturunterschiede zwischen Absorber und Umgebung deutlich geringere Wärmeverluste als Flachkollektoren. Vergleiche mit Flachkollektoren in diesem Temperaturbereich sind jedoch irreführend, da sie nicht den realen Betriebszustand widerspiegeln. Vakuumröhren erreichen sehr viel höhere Stillstandstemperaturen als Flachkollektoren.

3.1.3 Kollektorkenngrößen

Flächen

Die **Bruttofläche** wird bestimmt durch die Außenmaße des Kollektors. Dieses Maß ist für die Kollektormontage sowie für die Ermittlung des Flächenbedarfs wichtig.

Unter der **Aperturfläche** wird die Lichteintrittsfläche verstanden. Beim Flachkollektor wird diese von der durchsichtigen Glasfläche gebildet. Die Glasauflage auf dem Rahmen wird nicht mitgerechnet, da hier keine Strahlung in den Kollektor eintritt. Die Aperturfläche wird bei der DIN- Prüfung als sogenannte **Bezugsfläche** genommen, das heißt, alle gemessenen Werte wie Wirkungsgrad und Wärmeverlustwerte beziehen sich auf diese Fläche.

Die (effektive) **Absorberfläche** ist die Fläche, auf der im Absorber die Strahlung der Sonne in Wärme umgewandelt wird. Sie ist in der Regel kleiner als die Aperturfläche. Bei Kollektoren mit Stegen zur Befestigung von Glasscheiben, die die Absorberfläche überqueren, kann sie allerdings auch größer sein. Auch bei stark gewellten oder profilierten Absorbern kann die Absorberfläche größer sein als die Aperturfläche. Unabhängig von der Größe der Absorberfläche kann jedoch nur das durch die Aperturfläche einfallende Licht der Sonne in Wärme umgewandelt werden.

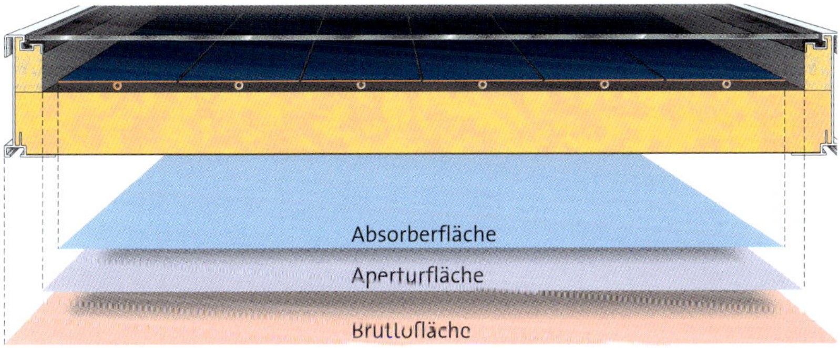

Bild 3.10 Flächen am Kollektor

Stillstandstemperatur

Kann die Wärme im Kollektor nicht abgeführt werden, erwärmt sich der Absorber stetig. Mit steigender Temperatur steigen aber auch die Wärmeverluste. Nach einer Weile stellt sich ein Gleichgewicht zwischen eingestrahlter Energie und den Wärmeverlusten ein. Die dann erreichte Temperatur wird **Stillstandstemperatur** genannt. Dieser Fall tritt zum Beispiel dann auf, wenn die Sonne scheint, der Speicher schon bis zur eingestellten Maximaltemperatur geladen ist und der Regler die Pumpe ausgeschaltet hat oder aber die Pumpe defekt ist. Flachkollektoren erreichen Stillstandstemperaturen von 160 bis 220 °C, Vakuumröhren von 300 °C, mit Spiegel (CPC) sogar bis zu 350 °C. Grundsätzlich sind die Kollektoren so konstruiert, dass sie diesen hohen Temperaturen standhalten. Trotzdem sind dies Extremzustände, die sich auf die Lebensdauer auswirken. Durch eine sinnvolle Dimensionierung der Anlage können Anlagenstillstände auf ein Minimum reduziert werden. Ganz vermeiden lassen sie sich – besonders im Einfamilienhausbereich – nie. (Siehe »Dimensionierung des Speichers« auf Seite 112)

Der Kollektorwirkungsgrad

Der Wirkungsgrad gibt an, welcher Anteil der zugeführten Energie in Nutzenergie umgewandelt wird. Auf einen Kollektor bezogen gibt der Wirkungsgrad an, wieviel von der eingestrahlten Sonnenenergie als Wärmeenergie abgeführt werden kann. Viele Anbieter rühren mit ihm die Werbetrommel. Mit Wirkungsgradangaben von 80% und mehr werden die Produkte angepriesen bzw. mit denen anderer Hersteller verglichen. Leider wird oft verschwiegen, dass der Kollektorwirkungsgrad von mehreren Faktoren abhängt und daher nicht konstant ist. Oft wird als Kollektorwirkungsgrad der sogenannte Konversionsfaktor oder optische Wirkungsgrad genannt. Der liegt bei guten Flachkollektoren eben im Bereich von 80%. Dieser optische Wirkungsgrad ist das Maximum, das ein Kollektor erreichen kann. Er wird von der Lichtdurchlässigkeit der Glasscheibe und dem Absorptionsvermögen des Absorbers bestimmt und hat das Formelzeichen η_0(sprich Eta-Null). Die Null steht dabei für eine Temperaturdifferenz zwischen Absorber und Umgebung von 0 K. Das heißt, Absorber und Umgebung haben die gleiche Temperatur, der Kollektor hat damit keine Wärmeverluste, was ja eigentlich sehr schön ist. Nur, im realen Betrieb der Solaranlage ist der Absorber fast immer wärmer als seine Umgebung. Genau dann aber kommen die Wärmeverluste zum tragen und die Spreu trennt sich vom Weizen. Die Wärmeverluste werden durch die Koeffizienten k_1 und k_2 ausgedrückt.

k_1, der einfache Wärmedurchgangskoeffizient, beschreibt die Wärmeverluste durch Wärmeleitung und Konvektion im Kollektor.

k_2, der quadratische Wärmeverlustfaktor, beschreibt die Verluste durch Wärmestrahlung.

Aus diesen drei Werten (η_0, k_1, k_2) ergeben sich die Wirkungsgradkennlinien in Abhängigkeit von der Bestrahlungsstärke und der Temperaturdifferenz zwischen Absorber und Umgebung. Sie werden von den Prüfinstituten bei der Messung der Kennlinien bestimmt und sind in der Regel auf den Kollektordatenblättern angegeben. Anhand dieser Kennwerte lassen sich Kollektoren untereinander vergleichen. Dabei ist darauf zu achten, dass die Werte nach den gleichen Prüfverfahren ermittelt wurden.

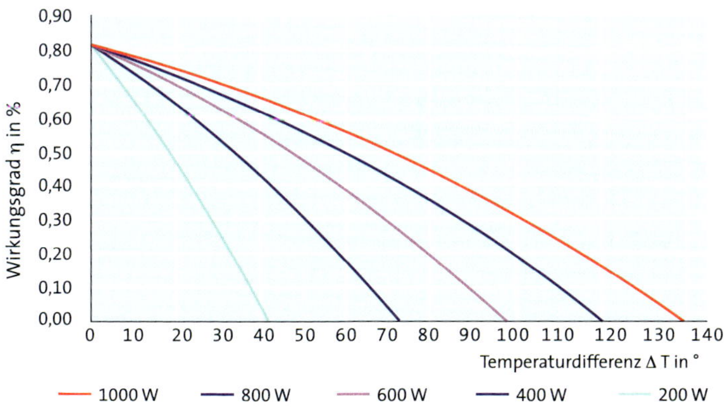

Bild 3.11 Kollektorwirkungsgradkennlinien bei unterschiedlichen Einstrahlungen

Zur vollständigen Beschreibung eines Kollektors fehlen noch zwei Werte:

Der Winkelkorrekturfaktor K(f)

Die oben abgebildeten Wirkungsgradkurven gelten grundsätzlich für den senkrechten Einfall der Sonnenstrahlung auf die Absorberfläche. Da auch dies ein eher seltener Betriebszustand ist, wird zusätzlich der Winkelkorrekturfaktor ermittelt. Dieser gibt an, um wie viel Prozent sich der Wirkungsgrad verändert, wenn der Einstrahlwinkel aus der Senkrechten abweicht. In den Datenblättern der Kollektoren ist meist der Korrekturfaktor für einen Einstrahlwinkel von 50° angegeben.

Die Wärmekapazität

Sie ist ein Maß für die Trägheit des Kollektors und wird im Wesentlichen vom Flüssigkeitsinhalt des Absorbers bestimmt. Je größer die Wärmekapazität des Kollektors, desto mehr Energie muss auf ihn einstrahlen, bis er die Einschalttemperatur der Pumpe erreicht.

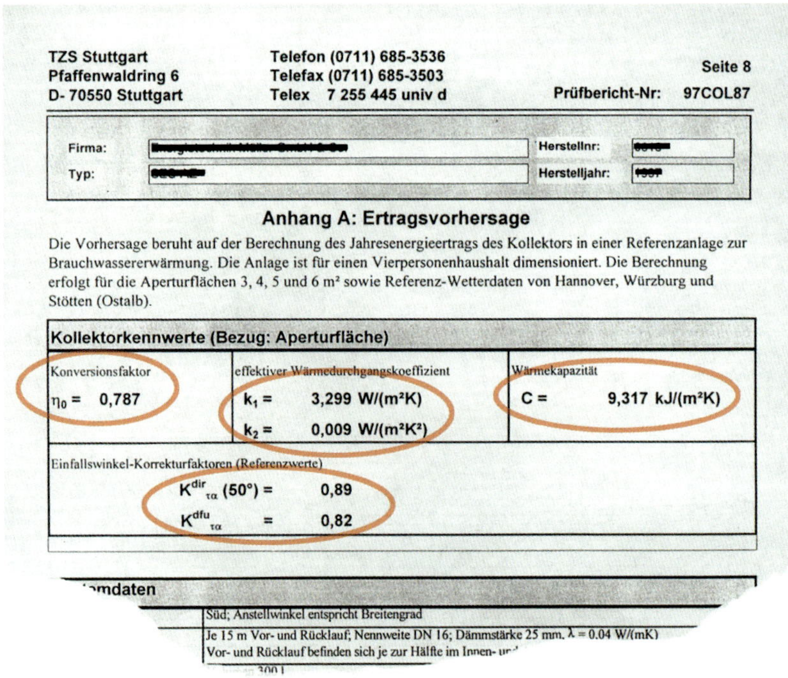

TZS Stuttgart
Pfaffenwaldring 6
D- 70550 Stuttgart

Telefon (0711) 685-3536
Telefax (0711) 685-3503
Telex 7 255 445 univ d

Seite 8
Prüfbericht-Nr: 97COL87

Firma:	[redacted]	Herstellnr:	[redacted]
Typ:	[redacted]	Herstelljahr:	[redacted]

Anhang A: Ertragsvorhersage

Die Vorhersage beruht auf der Berechnung des Jahresenergieertrags des Kollektors in einer Referenzanlage zur Brauchwassererwärmung. Die Anlage ist für einen Vierpersonenhaushalt dimensioniert. Die Berechnung erfolgt für die Aperturflächen 3, 4, 5 und 6 m² sowie Referenz-Wetterdaten von Hannover, Würzburg und Stötten (Ostalb).

Kollektorkennwerte (Bezug: Aperturfläche)		
Konversionsfaktor	effektiver Wärmedurchgangskoeffizient	Wärmekapazität
η_0 = 0,787	k_1 = 3,299 W/(m²K) k_2 = 0,009 W/(m²K²)	C = 9,317 kJ/(m²K)
Einfallswinkel-Korrekturfaktoren (Referenzwerte)		
$K^{dir}_{\tau\alpha}$ (50°) = 0,89 $K^{dfu}_{\tau\alpha}$ = 0,82		

…mdaten

Süd; Anstellwinkel entspricht Breitengrad
Je 15 m Vor- und Rücklauf; Nennweite DN 16; Dämmstärke 25 mm. λ = 0.04 W/(mK)
Vor- und Rücklauf befinden sich je zur Hälfte im Innen- u…

Bild 3.12 Aus dem Prüfprotokoll eines Kollektors sollten diese Werte hervorgehen

Was sagen die Wirkungsgradkennlinien aus?

Untenstehende Grafik zeigt Wirkungsgradkennlinien verschiedener Kollektortypen. Man sieht deutlich, welcher Kollektortyp für welchen Anwendungsfall geeignet ist. Schwimmbadabsorber zur Trinkwassererwärmung oder gar zur Heizungsunterstützung zu verwenden ist nicht möglich. Dafür sind sie für die Schwimmbadbeheizung, aufgrund der fehlenden Abdeckung und dem damit verbundenen besseren optischen Wirkungsgrad, besser geeignet als die wesentlich teueren Flach- oder Vakuumkollektoren. Da sie ohne Gehäuse und Wärmedämmung auskommen müssen, sind ihre Wärmeverluste bei steigender Absorbertemperatur natürlich enorm. Da Schwimmbadwasser aber ohnehin nur geringfügig erwärmt werden muss, kommt dieser Nachteil kaum zum Tragen. In diesem Temperaturbereich sind daher Absorbermatten die optimale Lösung.

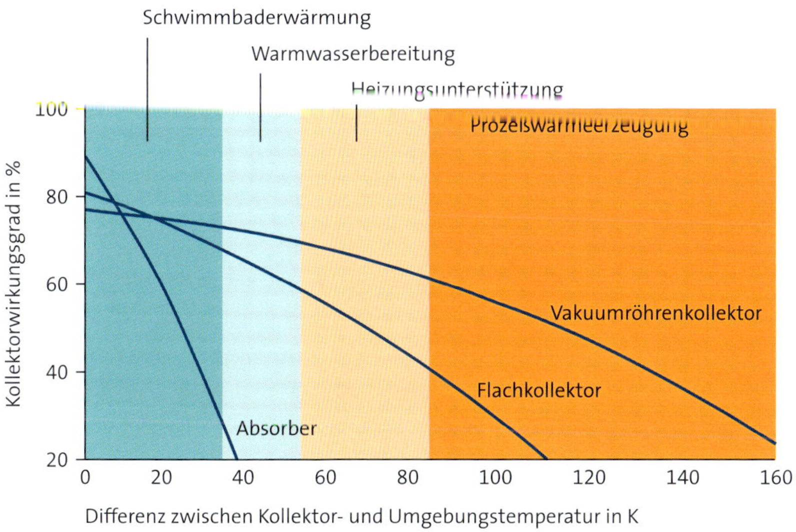

Bild 3.13 Wirkungsgradkennlinien und Einsatzgebiete verschiedener Kollektortypen

Ein bestimmter **Kollektorertrag** und ein daraus resultierender **Mindestertragsnachweis** wird vielerorts für die Gewährung einer Förderung vorausgesetzt. Zudem ist der Mindestertragsnachweis zur Erlangung des »Blauen Engels« für Kollektoren erforderlich. Hierbei unterscheiden sich die mindestens geforderten Erträge.

Der im Prüfbericht zu findende Kollektorertrag wird auf folgende Weise ermittelt.

Die bei der Prüfung nach DIN 4757 T4 ermittelten Werte werden in einem Computerprogramm in ein Kollektormodell eingegeben. Der Modellkollektor gehört zu einer Modellsolaranlage im Computer. Die Modellsolaranlage steht in einem Modellhaus mit einem Modellwarmwasserbedarf an einem definierten Standort. In Deutschland ist dies meist Würzburg. Der Warmwasserbedarf ist konstant (z.B. 200 Liter pro Tag) und wird an jedem Modelltag zu den gleichen Zeiten abgenommen. Um das Ganze vollständig zu beschreiben, wird zudem ein solarer Dekkungsgrad von 40% zur Dimensionierung der Solaranlage vorgegeben. So kann jeder geprüfte Kollektor anhand des gleichen Rechenverfahrens mit anderen Kollektoren verglichen werden.

Zur Erlangung von Fördermitteln wird ein Mindestertrag in Höhe von 350 kWh/m^{2}a (350 Kilowattstunden pro Quadratmeter und Jahr), für den »Blauen Engel« ein Mindestertrag von 525 kWh/m^{2}a verlangt. Beide Werte werden unter Nutzung unterschiedlicher (Computermodell-) Solaranlagen ermittelt, weshalb für den gleichen Kollektor unterschiedliche Erträge errechnet werden. Mit den entsprechenden Umrechnungen können die Ergebnisse der unterschiedlichen Verfahren ebenfalls verglichen werden, was jedoch in der Praxis normalerweise nicht gemacht wird.

Berechnungsresultate			
Standort	Hannover	**Würzburg**	Stötten
Einstrahlung [kWh/(m²a)]	1022	**1212**	1354
Aperturfläche [m²]	Jährlicher Kollektorertrag¹⁾ [kWh/(m²a)]		
3	501	602	660
4	463	554	605
5	428	**507**	548
6	396	460	493

¹⁾ Ertrag des Kollektors ohne die Wärmeverluste in den Rohrleitungen und des Warmwasserspeichers

Bild 3.14 Erträge in Abhängigkeit von der Kollektorfläche und dem Anlagenstandort

Die in Abb. 3.14 dargestellten Werte zeigen für verschiedene Größen des Kollektors in einer ansonsten identischen Solaranlage die pro Jahr und m^2 Kollektorfläche erreichbaren Erträge. Wie deutlich zu sehen ist, ist dieser Ertrag erheblich von der Dimensionierung der Kollektorgröße und dem Standort der Anlage abhängig (Siehe »Welche Größen sind für die Auslegung von Solarsystemen wichtig?« auf Seite 98, »Welche Erträge kann ich von meiner Solaranlage erwarten?« auf Seite 181)

Systemdaten	
Dachausrichtung:	Süd; Anstellwinkel entspricht Breitengrad
Kollektoranbindung:	Je 15 m Vor- und Rücklauf; Nennweite DN 16; Dämmstärke 25 mm, λ = 0,04 W/(mK) Vor- und Rücklauf befinden sich je zur Hälfte im Innen- und Außenbereich
Speicher:	Volumen 300 l Wärmeverluste 2,2 W/K; Umgebungstemperatur im Innenbereich 15°C Volumen des Bereitschaftsteils 135 l; Solltemperatur 60 °C Schichtungskennzahl 100; effektive vertikale Wärmeleitfähigkeit 2 λ_{Wasser}
Wärmeübertrager:	eingetauchter Wärmeübertrager, $(kA)_{WT}$ = 9 W/(m²K) · Aperturfläche · $\Theta^{0,6}$; (Θ = Mittelwert aus WT-Eintrittstemperatur und lokaler Speichertemperatur in °C)
Warmwasser-verbrauch:	200 l/Tag (7^{00}: 80 l; 12^{00}: 40 l; 19^{00}: 80 l); Kaltwassertemperatur 10 °C; Warmwassertemperatur 45 °C; Jahresverbrauch 2936 kWh/a

Bild 3.15 Systemdaten für die Ertragsberechnung

Sollen Werte aus obenstehender Tabelle verglichen werden, müssen sowohl die Systemdaten als auch die jeweiligen Dimensionierungen bzw. Standorte übereinstimmen. Allerdings können die ermittelten kWh-Erträge aufgrund des Modellcharakters nicht verallgemeinert werden und gelten nur für diese Modellanlage. Reale Anlagen funktionieren anders und sind anders dimensioniert.

3.1.4 Montagemöglichkeiten des Kollektors

Bei der Wahl der Montageart spielen neben der für die Kollektoren günstigen Ausrichtung und Neigung auch optische und architektonische Gesichtspunkte eine Rolle.

Auch wenn z.B. die Dachfläche zur Montage nicht in Frage kommt, bestehen im Einzelfall meist doch Möglichkeiten wie Fassadenmontage, Teilüberdachung einer Veranda oder eines Wintergartens oder etwa die Freiaufständerung auf der Garage.

Aufdachmontage – montagefreundlich und preisgünstig

Bei der Aufdachmontage werden die Kollektoren mittels Schienen und Sparrenankern fest mit der Dachkonstruktion verbunden. Die Kollektoren werden einige Zentimeter über der Dacheindeckung montiert. Die Dacheindeckung wird nur vorübergehend an den für die Montage notwendigen Stellen aufgenommen. Die Dachhaut ist nach der Montage vollständig geschlossen und Undichtigkeiten sind kaum möglich. Obwohl die Dachkonstruktion durch das Gewicht der Kollektoren zusätzlich belastet wird, sind statische Nachrechnungen nur in Ausnahmefällen nötig.

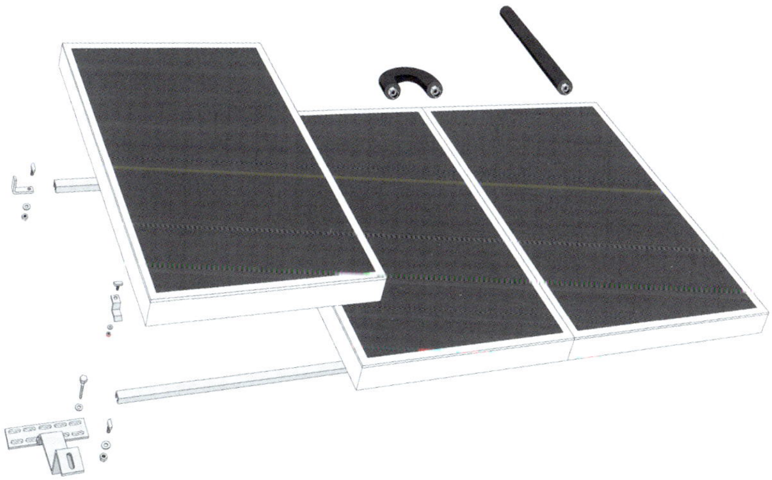

Bild 3.16 Aufdachmontage eines Flachkollektors

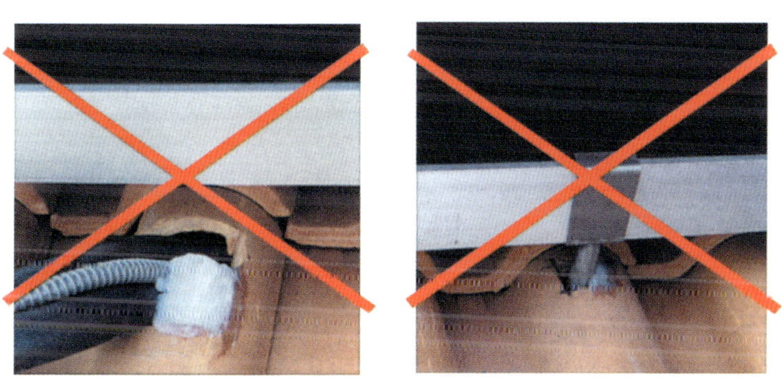

Bild 3.17 So sollte eine Aufdachmontage nicht aussehen

Dachintegration – Qualität hat ihren Preis

Bei der Dachintegration werden die Kollektoren direkt auf die Dachlattung bzw. -schalung montiert und dort fest verschraubt. Optisch ist der Kollektor ähnlich wie eine Dachfenster in das Dach integriert und wird mit einem Eindeckrahmen auch genauso eingefasst. Die Dacheindeckung wird an vorgesehener Stelle entfernt, bzw. entfällt beim Neubau oder Neueindekkung und kann somit eingespart werden. Der Montageaufwand ist deutlich höher als bei der Aufdachmontage. Um eine dauerhafte Dichtheit des Daches gewährleisten zu können dürfen nur qualitativ hochwertige Eindeckrahmen eingesetzt werden, was natürlich seinen Preis hat. Misstrauisch sollten Sie werden, wenn man Ihnen eine Indachmontage zum gleichen Preis wie eine Aufdachmontage anbietet. Einige Firmen bieten auch im Einfamilienhausbereich, wenn großflächige Kollektoren mit über 6 Quadratmeter Fläche eingesetzt werden, eine Kranmontage des Kollektors an. Ob dies finanziell günstiger ist, ist im konkreten Fall zu prüfen. Für Vakuumröhren wird zur Zeit keine Indachmontage angeboten.

Flachkollektoren haben in gefülltem Zustand ein Gewicht von ca. 25 kg/m^2. Da bei der Dachintegration das sehr viel größere Gewicht der Dachsteine entfällt, ist eine statische Nachrechnung der Dachkonstruktion nur in Ausnahmefällen notwendig.

Bild 3.18 Dachintegrierter Kollektor nach Solvis

Freiaufstellung – Die Lösung für das Flachdach

Die Freiaufstellung kann auf einem Flachdach, auf der Garage, aber auch auf einer Freifläche erfolgen. Die richtige Ausrichtung und Neigung des Kollektors werden hier durch eine entsprechende Unterkonstruktion erreicht.

Bei einer Freiaufstellung auf einem Flachdach sollte darauf geachtet werden, dass das Dach mindestens so lange hält, wie die Solaranlage

(20 Jahre!). Steht also eine Dachsanierung an, so sollte diese unbedingt vor der Installation der Kollektoren erfolgen. Die nötigen Dachdurchdringungen für Rohrleitungen und Befestigungen sind mit größter Sorgfalt auszuführen, um auch langfristig Undichtigkeiten zu vermeiden.

Bild 3.19 Freiaufstellung von Flachkollektoren

Fassadenmontage

Seltener, aber durchaus machbar, ist die Befestigung der Kollektoren an der Gebäudefassade. Dabei können die Kollektoren im solartechnisch günstigen Winkel mit einer Dreieckskonstruktion, wie ein Vordach, an der Fassade befestigt oder als Fassadenelemente integriert werden.

Bild 3.20 Auch an der Fassade können Kollektoren montiert werden.

3.2 Speicher

3.2.1 Trinkwasserspeicher

Das Energieangebot der Sonne unterliegt starken zeitlichen Schwankungen. Die Sonne scheint nicht jeden Tag gleich lang und intensiv. Warmes Wasser soll aber immer zur Verfügung stehen. Um diese Schwankungen und Unregelmäßigkeiten von Energieangebot und Energiebedarf auszugleichen, muss die vom Kollektor erzeugte Wärme gespeichert werden, denn wer will schon genau dann duschen, wenn die Sonne scheint. Die Zeiträume der Wärmespeicherung umfassen dabei wenige Stunden bis hin zu mehreren Tagen.

Im Ein- und Zweifamilienhausbereich sind Speicher von 300 bis 500 Litern Inhalt üblich. Das entspricht etwa dem 1,5-2fachen täglichen Warmwasserbedarf.

Der für die Warmwasserbereitung gebräuchlichste Speicher ist in untenstehender Abbildung dargestellt. Über zwei interne Wärmetauscher kann dem Speicher Energie zugeführt werden. Die Wärmetauscher sind nötig, um die unterschiedlichen Medien voneinander getrennt zu halten. Im Speicher befindet sich das zu erwärmende Trinkwasser, im Kollektorkreis der Wärmeträger, ein Gemisch aus Frostschutzmittel und Wasser, im Heizkreis der Nachheizung schließlich Heizungswasser.

Die Solaranlage ist also nichts anderes als eine zweite, der konventionellen Heizung vorgeschaltete Wärmequelle. Nur, dass die Energie nicht aus fossilem Brennstoff, sondern direkt von der Sonne kommt!

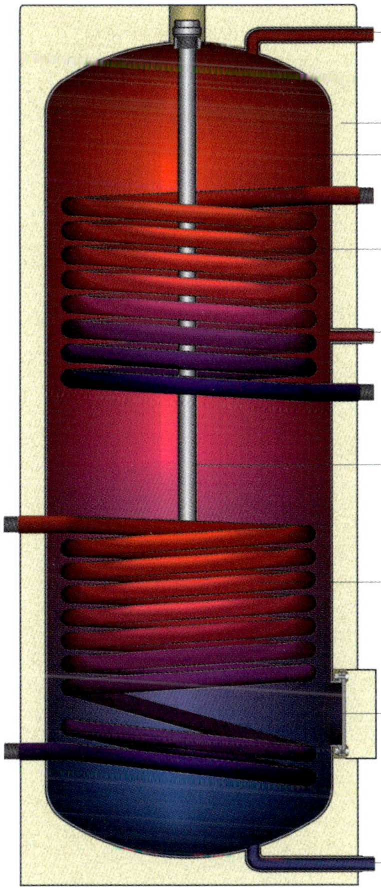

Bild 3.21 Solarspeicher mit zwei Wärmetauschern für den Kollektorkreis (unten) und die Nachheizung (oben)

Was passiert in einem Solarspeicher?

Beladevorgang

Sobald der Regler die Pumpe einschaltet, wird der Wärmeträger umgewälzt. Dabei findet eine vollständige Durchmischung des Speichers statt, da der Wärmetauscher seine Wärme über Konvektion an das Trinkwasser abgibt.

Entladevorgang

Wird warmes Wasser oben aus dem Speicher gezapft, fließt kaltes Wasser in den unteren Bereich des Speichers nach. Es stellt sich eine Temperaturschichtung ein, die um so ausgeprägter ist, je höher und schlanker der Speicher gebaut ist.

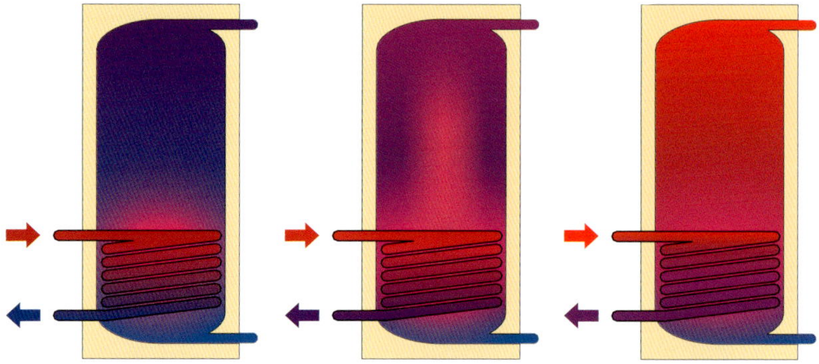

Bild 3.22 Beladevorgang im Solarspeicher

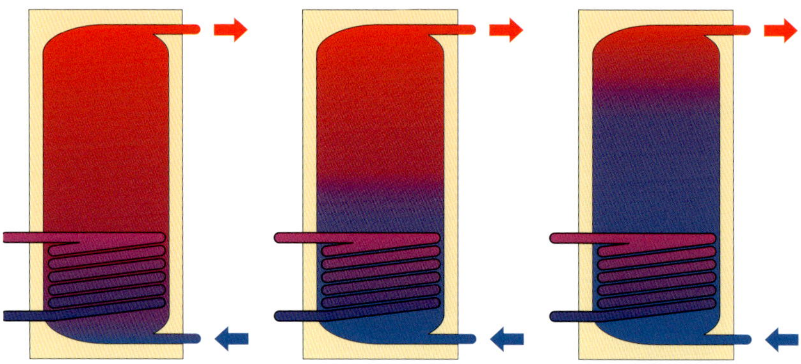

Bild 3.23 Entladevorgang im Solarspeicher

Die Konstruktion des Speichers sollte eine Durchmischung (Zerstörung der Temperaturschichtung) bei Warmwasserentnahme möglichst vermeiden. Je ausgeprägter die Temperaturschichtung im Speicher, desto besser arbeitet das gesamte System. Ein Speicher, der in seinem gesamten Volumen 30 °C warmes Wasser bevorratet, hat den gleichen Energieinhalt wie ein Speicher mit ausgeprägter Schichtung, der im oberen Bereich 45 °C warmes Wasser, im mittleren Bereich 30 °C und im unteren Bereich 15 °C warmes Wasser enthält.

Bild 3.24 Speicher mit gleichem Energieinhalt mit und ohne Wärmeschichtung

Der rechte Speicher weist zwei Vorteile auf:

Das Trinkwasser im oberen Speicherbereich ist sofort nutzbar, da es bereits auf 45 °C erwärmt ist. Dieser Speicherbereich wird Bereitschaftsteil genannt.

Das Wasser im unteren Bereich des Solarspeichers, wir sprechen hier vom Solarteil, ist mit 15 °C noch sehr kühl. Daher kann auch bei geringen Einstrahlungen und damit verbundenen niedrigen Kollektortemperaturen Energie über den Kollektorkreis an den Speicher abgegeben werden. Die Verluste im Kollektorkreis können so gering gehalten werden und die gesamte Anlage arbeitet effektiver.

Sollte die Sonne einmal längere Zeit nicht scheinen, erwärmt die Heizungsanlage über den Nachheizwärmetauscher nur den Bereitschaftsteil des Speichers auf Solltemperatur. Die Warmwasserversorgung ist somit immer gewährleistet. Da nur der obere Teil von der Nachheizung erwärmt wird, kann die Solaranlage immer noch ihren Beitrag zur Warmwasserbereitung leisten.

Solarspeicher sollten außerdem über eine gute Wärmedämmung verfügen, um Wärmeverluste gering zu halten. Diese sollte nach oben hin geschlossen sein, eng am Speicher anliegen und die Anschlüsse mit einbeziehen.

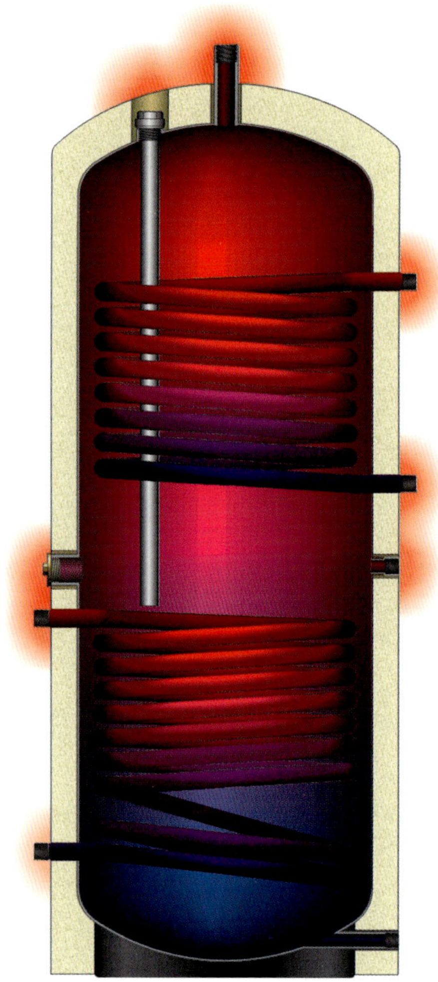

Bild 3.25 Wärmeverluste am Solarspeicher

Korrosionsschutz des Speichers

Mit dem Trinkwasser, das ständig erneuert wird, gelangt neben Mineralien und eventuell beigemengtem Chlor auch ständig Sauerstoff in Form von kleinsten Bläschen in den Speicher.

In Solaranlagen werden häufig Speicher aus Stahl eingesetzt. Stahl besteht zum größten Teil aus Eisen, das bei Kontakt mit Wasser und Sauerstoff zu rosten beginnt. Dagegen muss der Speicher geschützt werden.

Korrosionsschutz mit Emaille

Emaille ist eine Art Glas, das durch Einbrennen mit dem Stahl der Speicherinnenwand verbunden wird. Wir alle kennen das Material in ähnlicher Form von Kochtöpfen oder Badewannen. Emaille ist die gebräuchlichste Art des Korrosionsschutzes, da emaillierte Stahlspeicher durch Massenproduktion günstig herzustellen sind. Bei Herstellung und Transport treten immer wieder Fehlstellen in Form von kleinen Haarrissen oder abgeplatzten Emaillestellen auf. Daher Vorsicht beim Transport, die Speicher sind sehr stoßempfindlich. An diesen Fehlstellen muss der Stahl zusätzlich vor Korrosion geschützt werden. Dies erfolgt über sogenannte Schutzanoden, wobei man Opferanoden und Fremdstromanoden unterscheidet.

Opferanoden

Beim Einsatz von Opferanoden nutzt man die Tatsache aus, dass sich zwischen zwei unterschiedlichen Metallen, die in eine elektrisch leitende Flüssigkeit getaucht werden, eine elektrische Spannung aufbaut. Verbindet man die Metalle außerhalb der Flüssigkeit mit einem Kabel, fließt ein Strom vom unedleren Metall zum edleren. Dieser Strom bewirkt, dass sich das unedlere Metall mit der Zeit auflöst, also geopfert wird. Das edlere Metall dagegen wird durch den Strom geschützt. Als Material für die Opferanoden wird Magnesium, welches auch völlig ungiftig ist, verwendet. Je noch Zustand des Speichers hält die Magnesiumanode 5-10 Jahre. Sie sollte aber alle 1-2 Jahre überprüft werden.

Fremdstromanoden

Teurer, dafür aber wartungsfrei sind sogenannte Fremdstromanoden (weit verbreiteter Markenname: Correx-Anode). Hier wird durch dauerhaftes Anlegen einer elektrischen Spannung (im völlig ungefährlichen Milli-Volt-Bereich) der gleiche Effekt wie bei der Opferanode erzielt. Die Anode besteht aus dem sehr korrosionsbeständigen Material Titan und muss nicht erneuert werden. Ihr Verbrauch an elektrischer Energie liegt bei wenigen kWh pro Jahr.

Korrosionsschutz durch Kunststoffbeschichtungen

Je nach Aufbau des Kunststoffs werden hier drei Beschichtungsarten unterschieden: Duroplaste, Kautschuk und Thermoplaste. Die innere Beschichtung des Stahlspeichers mit Kunststoff ist preisgünstiger und unempfindlicher als Emaille. Die Dauerhaftigkeit des Korrosionsschutzes ist jedoch umstritten. Vom Einsatz in Solaranlagen ist bei diesen Speichertypen daher dringend abzuraten.

Speicher aus Edelstahl

Spricht man von Edelstahl, ist meist ein hochlegierter Chrom-Nickelstahl gemeint. Oft hört man auch die Bezeichnungen Nirosta, V2A, V4A. Dies alles sind Herstellerbezeichnungen, die sich eingebürgert haben. Die normgerechte Bezeichnung verwendet die Werkstoffnummern:

1.4301 oder 1.4541 für V2A

1.4571 für V4A

Diese Stähle sind unempfindlich gegenüber Korrosion durch Sauerstoff. Der Einbau von Opfer- oder Fremdstromanode entfällt. Edelstahlspeicher sind erheblich teurer als herkömmliche Stahlspeicher, besitzen aber, bei richtiger Verarbeitung insbesondere der Schweißnähte, eine wesentlich längere Lebensdauer.

Vorsicht ist beim Einbau von Edelstahlspeichern bei hohen Chlorkonzentrationen im Trinkwasser angebracht. Chlor wird häufig zur Desinfektion des Wassers von den Wasserwerken beigemischt. Bevor Sie sich für einen Edelstahlspeicher entscheiden, sollte Ihr Heizungsbauer das Wasserwerk nach dem Chlorgehalt in Ihrem Trinkwasser befragen. Die maximal zulässigen Konzentrationen sind 50 mg/Liter bei Speichen aus V2A und 125 mg/Liter bei Speichern aus V4A.

3.2.2 Speicher zur Heizungsunterstützung

Soll die Solaranlage auch einen Anteil an der Gebäudebeheizung erbringen, muss noch zusätzlich Sonnenenergie eingefangen werden. Bei gleicher Kollektorbauart ist dies nur über eine größere Kollektorfläche zu erreichen. Allerdings reichen dann auch die kleinen Solarspeicher nicht mehr aus. Für die Heizungsunterstützung muss also weitere Speicherkapazität geschaffen werden. Hier bestehen zwei Möglichkeiten:

Pufferspeicher

Zusätzlich zum Solarspeicher wird ein Pufferspeicher in das System integriert. Da er mit Heizungswasser, das im Gegensatz zu Trinkwasser nicht ständig erneuert wird, gefüllt ist, besteht für ihn keine Korrosionsgefahr. Er kann somit aus unbeschichtetem Stahl gefertigt sein, was sich positiv auf den Preis auswirkt.

Kombispeicher

Ein Kombispeicher ist ein mit Heizungswasser gefüllter Pufferspeicher, in den ein Trinkwasserboiler integriert ist. Die Wand des Trinkwasserboilers dient als Wärmetauscher für das Trinkwasser. Ist der Trinkwasserboiler aus Edelstahl gefertigt, ist kein Korrosionsschutz nötig.

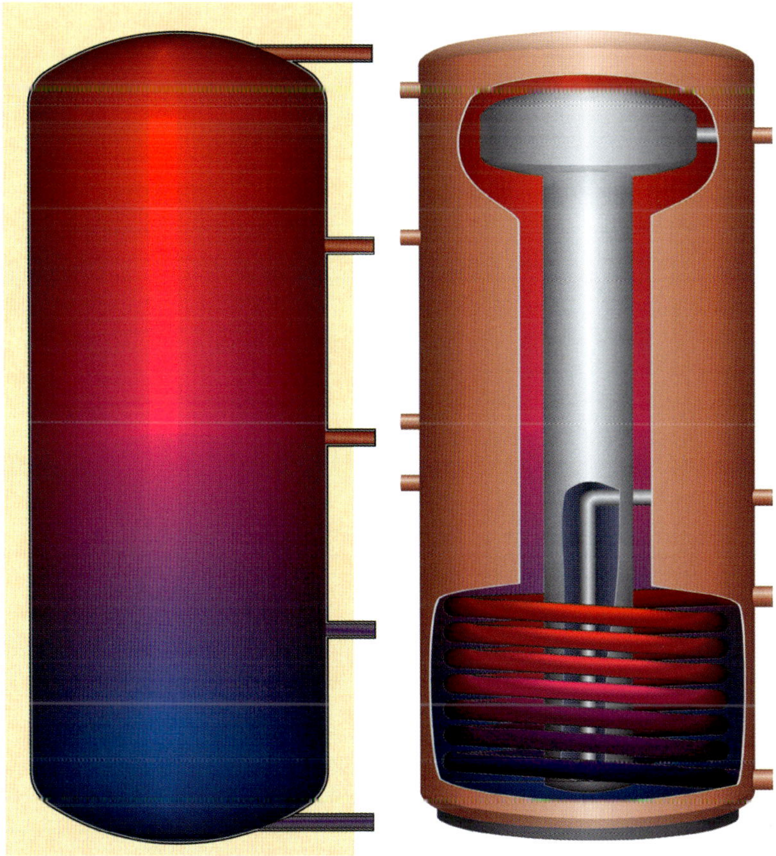

Bild 3.26 Pufferspeicher (links) und Kombispeicher für Trinkwarmwasser und Heizungsunterstützung (rechts)

Schichtenspeicher

Sogenannte Schichtenspeicher kommen in unterschiedlichen Ausführungen auf den Markt. Zielsetzung bei der Entwicklung ist es, die Durchmischung des Speichers bei der Be- und Entladung weitestgehend zu unterbinden und damit die Temperaturschichtung im Speicher konsequenter auszubilden.

Selbstregulierende Ladesysteme speisen das erwärmte Wasser temperatur- und damit dichteabhängig in Schichten gleicher Temperatur in den Speicher ein. Dadurch wird im Gegensatz zu konventionellen Speichern schon bei der Beladung eine sehr ausgeprägte Temperaturschichtung erreicht. Dies hat die Vorteile, dass schon nach kurzer Zeit Wasser mit Bereitschaftstemperatur zur Verfügung steht und dass das ganze System viel sensibler auf unterschiedlich starke Einstrahlungen reagieren kann, was den Ertrag steigert.

Bild 3.27 Funktionsweise der Schichtenladung; das Warmwasser (eingefärbt) wird in Schichten gleicher Temperatur eingebracht (System Solvis)

3.3 Sonstige Komponenten

3.3.1 Die Solarstation

Zum Betrieb der Solaranlage sind neben der Pumpe noch einige Armaturen notwendig. Die meisten Hersteller von Solaranlagen bieten diese vormontiert und isoliert als sogenannte Pumpengruppe oder Solarstation an.

Was muss eine Solarstation mindestens beinhalten?

- eine **Pumpe** zum Umwälzen des Wärmeträgers
- eine Rückschlagklappe als **Schwerkraftbremse**. Diese ist dann notwendig, wenn die Kollektoren kälter als der Speicher sind, nachts beispielsweise. Das warme Wasser würde sonst nach oben steigen und die Wärme aus dem Speicher über den Kollektor abführen.
- zwei **Absperrhähne** (Kugelhähne), jeweils einer direkt vor und einer hinter der Pumpe. Falls die Pumpe einmal getauscht werden muss, kann dies ohne Entleeren der gesamten Anlage erfolgen.
- ein **Manometer** zur optischen Kontrolle des Anlagendrucks

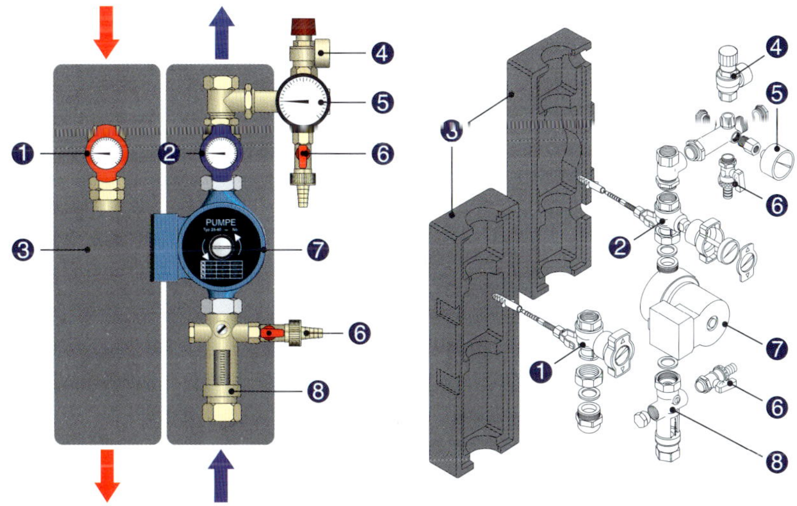

1. Absperrarmatur mit Thermometer (Vorlauf) 2. Absperrarmatur mit Thermometer und Schwerkraftbremse (Rücklauf) 3. Isolierung 4. Sicherheitsventil 5. Manometer 6. KFE-Hahn (Kessel-Füll-und Entleerungshahn) 7. Pumpe 8. Taco-Setter (Flowmeter)

Bild 3.28 Solarstation

- ein **Ausdehnungsgefäß**. Dies ist ein mit Stickstoff gefüllter Metallbehälter. Eine Gummimembran dichtet den Gasraum nach außen ab. Man spricht daher auch von Membranausdehnungsgefäßen (MAG). Sinn eines MAGs ist es, Druckänderung aufgrund von Temperaturänderung des Wärmeträgers aufzunehmen. Steigt der Druck in der Anlage infolge Erwärmung, dehnt sich der Wärmeträger aus und komprimiert über die Gummimembran das Stickstoffpolster. Kühlt sich der Wärmeträger ab, zieht sich der Wärmeträger zusammen und das Stickstoffpolster wird wieder entlastet.

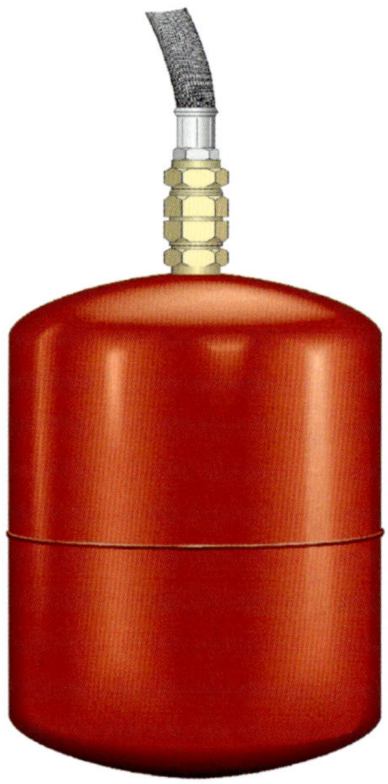

Bild 3.29 Membranausdehnungsgefäß

- ein **Sicherheitsventil**, welches bei Überschreiten eines bestimmten Anlagendrucks öffnet (wie beim Schnellkochtopf). Der austretende Wärmeträger ist sehr heiß und muss so in einen Behälter geleitet werden, dass keine Personen gefährdet werden.

Zwischen Kollektorfeld und Sicherheitsventil darf kein Absperrhahn montiert werden. Das Sicherheitsventil könnte sonst nicht ansprechen und der Druck würde unzulässig hoch ansteigen.

Weiterhin sinnvoll sind:

- ein **Durchflussmesser** zur Kontrolle des Volumenstroms
- **Füll- und Entleerungshähne**
- eine zweite **Schwerkraftbremse** zur Verhinderung von Schwerkraftzirkulation im Vorlauf
- je ein **Thermometer** im Vor- und im Rücklauf zur einfachen Betriebskontrolle der Solaranlage. Im Betrieb, also wenn die Pumpe läuft, sollte der Vorlauf immer wärmer sein als der Rücklauf. Die Temperaturdifferenz hängt vom Anlagentyp ab.

3.3.2 Regler

Immer wenn genügend Wärme im Kollektorfeld zur Verfügung steht, soll die Pumpe den Wärmeträger umwälzen und die Wärme von den Kollektoren in den Speicher transportieren. Das Einschalten der Pumpe wird vom Solarregler übernommen. Hierbei handelt es sich im einfachsten Fall um eine Temperaturdifferenzsteuerung. Über zwei Temperaturfühler wird die Temperatur an der heißesten Stelle im Kollektorfeld und im unteren kalten Bereich des Solarspeichers gemessen. Übersteigt diese Temperaturdifferenz einen eingestellten Wert, z.B. 8 Kelvin, wird die Pumpe eingeschaltet. Unterschreitet die Temperatur wieder einen gewissen Wert, wird die Pumpe ausgeschaltet. Ein dritter Temperaturfühler im oberen Bereich des Speichers kann zur Ansteuerung der Nachheizung oder aber zur Kühlung (zur Vermeidung von Anlagenstillstand) über den Heizkessel verwendet werden.

Die meisten Standardregler verfügen über eine Speichertemperaturbegrenzung. Sinnvollerweise sollte der Regler, je nach Kalkgehalt des Trinkwassers, bei 60°-65°C Speichertemperatur die Pumpe abschalten. Steigt die Speichertemperatur darüber hinaus, fällt vermehrt Kalk aus, die Wärmetauscher verkalken und das System kann nicht mehr einwandfrei arbeiten.

Manche Regler sind mit einer Drehzahlregelung für die Pumpe ausgestattet. Dabei wird der Durchfluss im Kollektorkreis in Abhängigkeit von der Sonneneinstrahlung geregelt.

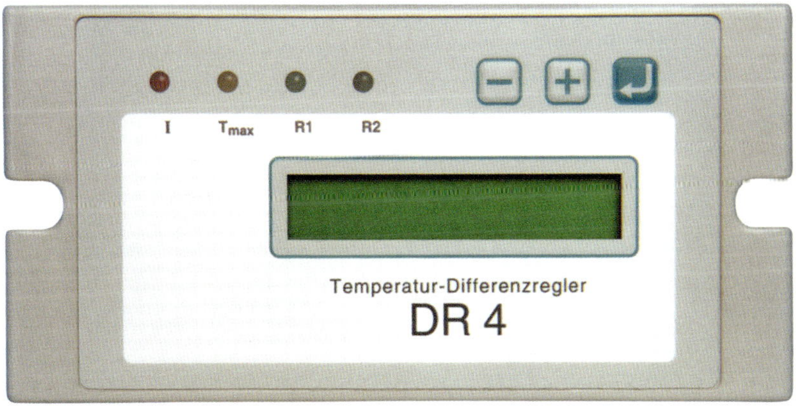

Bild 3.30 Moderner Solarregler

Je nach Anlagentyp können vom Regler auch die Regelung der Nachheizung, die Beladung eines eventuell vorhandenen zweiten Speichers, die zeit- und temperaturabhängige Zirkulationsregelung, die Kontrolle der Temperaturfühler auf Schäden und noch weitere Funktionen übernommen werden.

3.3.3 Wärmemengenzähler

Eine sinnvolle Ergänzung einer Solaranlage ist die Wärmemengenerfassung. Je ein Temperaturfühler im Vor- und Rücklauf des Kollektorkreises sowie ein Durchflussmessgerät sind unabdingbar, um eine sichere Kontrolle über die Funktion der Solaranlage zu bekommen. Der

Wärmemengenzähler errechnet aus diesen Daten die Wärmemenge in kWh und summiert sie auf. Per Knopfdruck kann man dann die Werte für bestimmte Zeitspannen abrufen. Die Förderung von Solaranlagen wird in Zukunft immer mehr an die Wärmemengenerfassung geknüpft sein. Oft ist die Wärmemengenerfassung in den Regler integriert oder als Option erhältlich. (Siehe »Möglichkeiten der Erfolgskontrolle« auf Seite 200)

3.3.4 Temperaturfühler

Temperaturfühler, die im Kollektorfeld eingesetzt werden, sind bei Stillstand der Anlage Temperaturen >200 °C ausgesetzt. Sie müssen daher dieser Temperatur standhalten. Auch die Isolation der Kabel muss temperaturbeständig sein. Meist werden sogenannte Silikonkabel verwendet. Es dürfen nur die vom Reglerhersteller empfohlenen Fühler verwendet werden, da es sonst zu Messfehlern und Störungen an der Anlage kommt.

3.3.5 Überspannungsdose

Diese schützt die Temperaturfühler vor Überspannungen durch elektrostatische Aufladung (Gewitter in der Nähe).

3.3.6 Brauchwassermischer

Im Speicher können Temperaturen >90 °C auftreten, so dass bei Wassernutzung die Gefahr besteht sich zu verbrühen. Daher wird zwischen Heißwasserabgang am Speicher und der ersten Zapfstelle ein sogenannter Brauchwassermischer eingebaut. Dies ist ein thermostatisch geregeltes Dreiwegeventil. An ihm stellt man die gewünschte Brauchwassertemperatur ein (ca. 45 °C). Der Mischer mischt dann immer soviel kaltes Wasser zu, dass diese Temperatur nicht überschritten wird.

3.3.7 Wärmeträgermedium

Da in unseren Breitengraden im Winter mit Frost zu rechnen ist, müssen alle frostgefährdeten Anlagenteile, in unserem Fall der Kollektorkreis, vor Einfrieren geschützt werden. Daher wird der Kollektorkreis mit einem Gemisch aus Wasser und Frostschutzmittel befüllt. Als Frostschutzmittel kommt Propylenglykol zum Einsatz, das lebensmittelverträglich und daher unbedenklich ist, auch wenn ein Vermischen des Wärmeträgers mit dem Trinkwasser ziemlich ausgeschlossen ist. Ein Mischungsverhältnis von 60% Wasser zu 40% Glykol verhindert sicher die Beschädigung der Anlage. Bis ca. -21 °C ist die Anlage betriebsbereit, bei tieferen Temperaturen entsteht ein zäher Eisbrei ohne Sprengwirkung.

3.3.8 Rohrleitungen

Im Kollektorkreis können Kupferrohre nach DIN EN 1057 (DIN 1786), Stahlrohre nach DIN 2448, Edelstahlrohre sowie Edelstahlwellrohre eingesetzt werden.

Kunststoffrohre dürfen im Kollektorkreis nicht verwendet werden, da sie noch nicht mit einer Freigabe für Solaranlagen angeboten werden. Ebensowenig dürfen verzinkte Stahlrohre verwendet werden, da Zink von Glykol angelöst wird.

Besonders für die Verbindung innerhalb des Kollektorfelds eignen sich Edelstahlwellrohre hervorragend. Für die Kollektorkreisverrohrung sind am Markt fertig isolierte Vor- und Rücklaufrohre als Meterware aus Edelstahlwellrohr oder weichem Kupferrohr erhältlich. Meist ist ein Kabel zum Anschluss des Temperaturfühler in die Isolation mit eingearbeitet.

3.3.9 Entlüfter

Die Solaranlage braucht Entlüfter, damit Luft aus dem System entweichen kann. Dies ist insbesondere beim und direkt nach dem Befüllen der Anlage wichtig. Auch im Wärmeträger ist Luft gebunden, welche erst nach eine gewissen Zeit entweicht. Standard bei kleineren Anlagen waren lange Zeit Automatikentlüfter mit vorgesetztem Kugelhahn (Absperrhahn). Mittlerweile haben sich Handentlüfter in Verbindung mit Lufttöpfen durchgesetzt. Dabei ist zu beachten, dass die Entlüfter eine Temperaturbeständigkeit von mindestens 150 °C aufweisen.

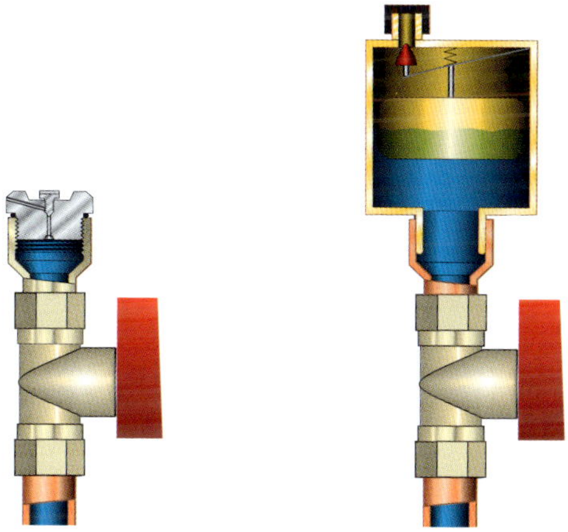

Bild 3.31 Hand-/Automatikentlüfter mit Lufttopf

3.3.10 Wärmedämmung

Laut DIN-Vorschrift muss die Wärmedämmung der Rohrleitung mindestens der Dicke der Rohrleitung entsprechen. Ein Kupferrohr mit einem Außendurchmesser von 18mm wird demnach bei einer 20mm starken Dämmung einen Gesamtaußendurchmesser von 58mm haben.

Kollektoren erreichen bei abgeschalteter oder defekter Pumpe und starker Sonneneinstrahlung Stillstandstemperaturen deutlich über 170 °C (Vakuumröhren bis 300 °C). Setzt sich nach einem solchen Stillstand die Anlage wieder in Betrieb, können im gesamten Kollektorkreis Temperaturen bis zu 130 °C auftreten. Die im Heizungsgewerbe übliche Rohrisolierung ist meist nur bis ca. 90 °C dauertemperaturbeständig, eine Zerstörung also vorprogrammiert. Daher darf in Solaranlagen nur temperaturbeständige Rohrisolation verwendet werden.

Bild 3.32 Wärmedämmung aus dem Heizungsbau hält den Temperaturen im Kollektorkreis nicht stand.

3.3.11 Wärmetauscher

Die Wärmeübertragung vom Kollektorkreis an das Trinkwasser erfolgt über einen Wärmetauscher. Bei Kleinanlagen im Ein- bis Zweifamilienhausbereich kommen aus Kostengründen in den Speicher integrierte, daher interne Wärmetauscher zum Einsatz. Dies sind Rohrschlangen aus Kupfer oder Stahl, die vom Wärmeträger durchströmt werden. Man unterscheidet Rippen- oder Glattrohrwärmetauscher. Rippenrohrwärmetauscher benötigen für die gleiche Übertragsleistung eine größere Oberfläche, dafür sind sie kompakter.

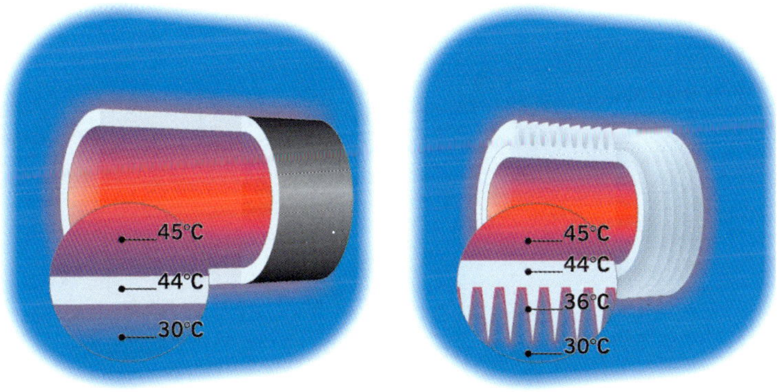

Bild 3.33 Schnitt durch einen Glattrohr- und einen Rippenrohrwärmetauscher

Interne Wärmetauscher übertragen die Wärme an das Trinkwasser über Konvektion. Das hat zur Folge, dass beim Beladevorgang der gesamte Speicher durchmischt und damit die Temperaturschichtung zerstört wird. Soll dies vermieden werden, werden externe Wärmetauscher, sogenannte Plattenwärmetauscher, eingesetzt. In ihnen wird die Wärme des Kollektorkreises im Gegenstrom an das Trinkwasser abgegeben. Dies ermöglicht hohe Übertragungsleistungen, wie sie in Großanlagen gefordert werden. Zudem können mit einen externen Wärmetauscher mehrere Speicher beladen werden.

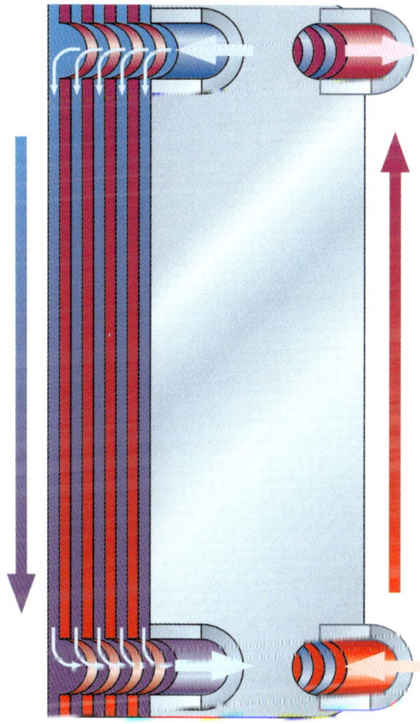

Bild 3.34 In Plattenwärmetauschern wird die Wärme im Gegenstrom übertragen.

Solarstation FlowCon Pro
mit integrierter Regelung

4. Wie sind Solaranlagen aufgebaut und was können sie leisten?

Eine thermische Solaranlage liefert – aus Sonnenlicht – Wärme. Diese Wärme kann überall da im Haushalt eingesetzt werden, wo sie gebraucht wird.

Da Warmwasser zum Duschen, Baden, Putzen etc. das ganze Jahr über – also auch im Sommer – gebraucht wird, kann die Sonnenenergie für die Trinkwarmwasserbereitung besonders effektiv eingesetzt werden.

Neben der Trinkwassererwärmung werden Solaranlagen auch zur Heizungsunterstützung eingesetzt. Ist ein Schwimmbad vorhanden, so kann auch dieses durch eine Solaranlage erwärmt werden.

4.1 Wasser als Lebensmittel

Das warme Wasser, das im Haushalt zum Duschen, Baden, Putzen und Waschen benutzt wird, wurde früher auch als »BRAUCHWASSER« bezeichnet. Da man das Wasser aus dem Warmwasserhahn aber auch trinken kann und einem beim Duschen unter Umständen auch Wasser in den Mund läuft, wird auch das Warmwasser, genauso wie das Kaltwasser, als ein Lebensmittel betrachtet und es werden entsprechende Anforderungen an Qualität und Hygiene gestellt. Deshalb lautet der korrekte Begriff heute »Trinkwarmwasser«, auch wenn sich die Bezeichnung »Brauchwasser« eingebürgert hat.

Ein wichtiger Aspekt der Trinkwarmwasserbereitung ist die Wasserhygiene. In vielen (fernen) Ländern dient das Leitungswasser zum Waschen, Putzen und gegebenenfalls zum Kochen, während das Trinkwasser im Laden käuflich erworben werden muss.

Anders in Deutschland:

Hier gilt das Leitungswasser als Lebensmittel und zwar gleichermaßen das Kalt- und das Warmwasser (Trinkwarmwasser).

Bild 4.1 Auch das warme Wasser ist ein Lebensmittel.

Um die Lebensmittelqualität von Trinkwasser sicherzustellen, gibt es eine ganze Reihe von Vorschriften, die unter anderem die zu verwendenden Rohr- und Dichtmaterialien, Lot und Flussmittel sowie die Spülung der Rohrleitungen nach der Montage vorschreiben (z.B. die DIN 1988).

Besondere Beachtung erfordert die Hygiene bei der Warmwasserbereitung, denn die Temperatur und die bei Speichersystemen auftretenden langen Verweilzeiten begünstigen das Bakterienwachstum.

Das gilt natürlich auch für thermische Solaranlagen zur Warmwasserbereitung, da sie große Speicherkapazitäten erfordern und keine konstanten Temperaturen gewährleisten können.

Legionellen (legionella pneumophilla) sind Bakterien, die überall im Wasser in Spuren vorhanden sind und sich im Warmwasser bei günstigen Temperaturen (um 35 °C) stark vermehren können.

Diese Legionellen stellen im Magen und Darm des Menschen keine Gefahr dar, können aber in kleinsten Wassertröpfchen (als Aerosol) in der Lunge, zum Beispiel unter der Dusche eingeatmet, Krankheitsbilder ähnlich einer Lungenentzündung hervorrufen, die bis zum Tod führen können. Kranke und alte Menschen sind besonders gefährdet, daher ist beispielsweise in Altenheimen und Krankenhäusern besonders auf die Wasserhygiene zu achten.

Der Begriff »Legionellen« ist entstanden, weil diese Krankheit erstmals 1976 bei amerikanischen Legionären beobachtet wurde, die sich in einem Hotel getroffen hatten, dessen Klimaanlage verkeimt war.

Die Bakterien wurden über die Belüftung in die Räume verteilt und von 4000 Teilnehmern erkrankten 220, von denen 30 verstarben.

Nach dieser Katastrophe wurden entsprechende Richtlinien aufgestellt.

Für Kleinanlagen in Ein- und Zweifamilienhäusern und bis zu einem Speichervolumen von 400 Litern besteht keine Gefahr, daher werden für Kleinanlagen keine speziellen Maßnahmen gefordert.

Die DVGW-Richtlinie W 551 befasst sich dagegen mit »Trinkwassererwärmungs- und Leitungsanlagen« und empfiehlt »Maßnahmen zur Verminderung des Legionellenwachstums« bei Großanlagen.

In Mehrfamilienhäusern und bei Speichern über 400 Liter Inhalt wird empfohlen den gesamten Speicherinhalt einmal am Tag auf 60 °C aufzuheizen (Thermische Desinfektion).

4.2 Solaranlagen zur Wassererwärmung

Eine Solaranlage leistet einen wesentlichen Beitrag zur Trinkwassererwärmung im Haushalt. Im Ein- und Zweifamilienhaus sind 60 Prozent solarer Anteil am Gesamtenergieaufwand für die Trinkwarmwasserbereitung mit einer typischen Anlage leicht zu erreichen und eine sinnvolle, anzustrebende Größenordnung. (Siehe »Der Deckungsgrad« auf Seite 104)

Das **Standardsolarsystem** sieht noch einmal kurzgefasst folgendermaßen aus:

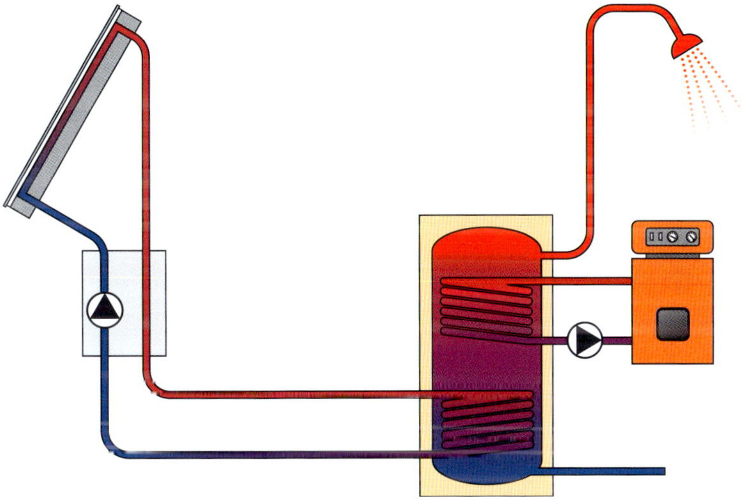

Bild 4.2 Der Aufbau einer Standardsolaranlage

Der Kollektor sammelt das Sonnenlicht und erwärmt den Wärmeträger im Absorber. Im Kollektorkreis wird der Wärmeträger umgewälzt und transportiert die Wärme in den Speicher, wo über den Kollektorkreiswärmetauscher das Trinkwasser erwärmt wird. Der Speicher sorgt dafür, dass die Wärme auch dann noch verfügbar ist, wenn die Sonne nicht mehr scheint.

Den Kreislauf hält die Pumpe in Gang. Die Pumpe wird vom Solarregler immer dann eingeschaltet, wenn am Kollektorfühler eine höhere Temperatur als am Speicherfühler gemessen wird. Da sich der Wärmeträger im Kollektorkreis bei Temperaturerhöhung ausdehnt, ist ein Ausdehnungsgefäß vorzusehen, das die Volumenänderung aufnimmt.

Um die Anlage bei Störfällen zu schützen, ist (vorschriftsmäßig) ein Sicherheitsventil vorhanden, aus dem bei Überdruck der Wärmeträger in einen Auffangbehälter fließt.

Der Wärmeträger in der Anlage ist ein Frostschutzmittel und enthält in einem bestimmten Mischungsverhältnis Wasser und (meist 40% - 45%) Propylenglykol.

Über die »Füll- und Entleerungsventile« (KFE-Hähne) kann der Kollektorkreis befüllt und entleert werden. Durch einen Entlüfter wird die Anlage bei der Inbetriebnahme entlüftet.

Wenn die Sonnenwärme nicht ausreicht, wird das Wasser im oberen Teil des Speichers durch den Wärmetauscher von Ihrem Heizkessel auf Solltemperatur gebracht. Der obere Teil des Speichers ist also – unabhängig von der Sonneneinstrahlung – immer warm, wenn der Heizkessel eingeschaltet ist.

4.3 Systemvarianten

Solaranlagen funktionieren zwar alle nach dem gleichen Prinzip und sind auch grundsätzlich gleich aufgebaut, doch unterscheiden sie sich im Detail durch eine Fülle von Varianten. Die Hersteller sind ständig bemüht, ihre Anlagen zu optimieren, und kommen mit immer neuen Systemen und Verbesserungen auf den Markt.

Die wichtigsten Merkmale sollen hier erläutert, ihre Vor- und Nachteile aufgezeigt werden, ohne sie grundsätzlich bewerten zu wollen. Die Entscheidung für ein spezielles Anlagenkonzept ist und bleibt immer eine individuelle und kann an dieser Stelle nicht generell getroffen werden.

Solaranlagen können speziell auf die Anforderungen des Verbrauchers zugeschnitten werden, aber viele Qualitätsunterschiede (Edelstahlspeicher, selektive Beschichtungen etc.) schlagen sich auch deutlich im Preis nieder.

Natürlich gibt es auch bei Solaranlagen für den, der es (auch bezahlen) mag, gewisse Extras, die die Erträge erhöhen (Schichtenspeicher), die Verluste reduzieren (Konvektionsbremse), den Komfort steigern (Digitalanzeige im Wohn- oder Badezimmer) oder die Optik verbessern (Dachintegration). All diese Dinge haben ihren Preis und müssen beim Vergleich von Angeboten berücksichtigt werden.

4.3.1 Die Standardanlage mit hohem Durchfluss (High-Flow-System)

Der Durchfluss durch die Kollektoren beträgt bei den üblichen Systemen ca. 30 - 50 Liter pro m^2 Kollektorfläche und Stunde. Man spricht von High-Flow (Englisch = hoher Durchfluss).

Bei diesem Volumenstrom wird der Wärmeträger im Kollektor bei kräftiger Sonneneinstrahlung um ca. 10 Kelvin erwärmt. Hat der Speicher also im unteren Bereich eine Temperatur von 20 °C und fließt der Wärmeträger mit annähernd dieser Temperatur in den Kollektor, wird er bei einer Einstrahlung von 800 - 1000 W/m^2 mit ca. 30 °C aus dem Kollektor herauskommen und den Speicher entsprechend erwärmen. Hat der untere Speicherbereich diese Temperatur erreicht, wird der Wärmeträger (unter konstanten Bedingungen) mit 30 °C zum Kollektor fließen und mit 40 °C zurückkommen und so fort.

Im Laufe eines Sonnentages steigt so die Temperatur im Speicher kontinuierlich an und wird vielleicht mittags oder nachmittags die Solltemperatur erreicht haben.

4.3.2 Die Anlage mit niedrigem Durchfluss (Low-Flow-System)

Setzt man den Durchfluss im Kollektorkreis auf 15-20 Liter pro m^2 Kollektorfläche und Stunde herab, so wird weniger Wärmeträger in der gleichen Zeit erwärmt, aufgrund der längeren Verweildauer im Kollektor aber auf eine höhere Temperatur gebracht. Wenn er, wie in dem vorigen Beispiel mit 20 °C in den Kollektor fließt, kommt es jetzt mit 40 oder sogar 50 °C heraus. Es steht also sofort, wenn auch nur eine kleinere Menge, Wasser mit der gewünschten Temperatur zur Verfügung.

Dieses Prinzip nennt sich Low-Flow (Englisch = niedriger Durchfluss).

Nun muss das heiße Wasser nur noch möglichst schnell in den oberen Bereich des Speichers gelangen, damit es nicht mit dem kühleren Wasser vermischt wird. Am besten gewährleisten dies externe Wärmetauscher und Schichtenspeicher (Siehe »Regler« auf Seite 66, »Wärmetauscher« auf Seite 70, »Systeme mit Schichtenspeichern« auf Seite 85).

Vorteile:

- Die Solltemperatur wird früher erreicht.

Nachteile:

- höhere Kosten durch einen externen Wärmetauscher und einen Schichtenspeicher

4.3.3 Anlagen mit drehzahlgeregelter Pumpe (matched- flow)

Die Pumpe im Kollektorkreis kann drehzahlgeregelt ausgeführt werden. Das hat den Vorteil, dass je nach Sonneneinstrahlung immer genauso viel Wärmeträger umgewälzt wird, wie von der Sonne erwärmt werden kann. Das Steuersignal für die Pumpe kommt vom Solarregler, der anhand der Temperaturdifferenz zwischen Kollektor und Speicher eine Pumpendrehzahl vorgibt.

Vorteile:

- Die Solltemperatur wird früher erreicht.
- Die Pumpe taktet weniger.

Einschränkung:

- Die Vorteile einer drehzahlgeregelten Pumpe kommen erst durch den Einsatz eines externen Wärmetauschers in Verbindung mit einem Schichtenspeicher zur Geltung.

4.3.4 Anlagen mit fotovoltaisch betriebener Pumpe

Es besteht auch die Möglichkeit, die Pumpe über ein Fotovoltaikmodul anzutreiben, das immer dann Strom liefert, wenn die Sonne scheint. Das System ist vom Stromnetz unabhängig und eventuell kann auf einen Regler verzichtet werden. Allerdings hat diese sehr elegante Lösung auch ihren Preis: ein 100 W Fotovoltaik–Modul kostet um die 1000 DM und es muss eine Gleichstrompumpe eingesetzt werden, die ca. doppelt so teuer, aber nicht so langlebig ist wie eine herkömmliche Wechselstrompumpe.

Die Stromeinsparung ist dagegen mit 30-50 DM im Jahr relativ gering, so dass diese Systeme hauptsächlich in Gebieten zum Einsatz kommen, in denen kein Stromnetz zur Verfügung steht.

Vorteile:

- Es wird kein Stromanschluss benötigt.
- Eventuell kann auch auf den Regler verzichtet werden.

Nachteile:

- hohe Kosten
- anfällige Gleichstrompumpe

Bild 4.3 Bei dieser Anlage sind neben den Kollektoren zwei Fotovoltaik–Module für den Betrieb einer Gleichstrompumpe installiert.

4.3.5 Schwerkraftanlagen

Die Schwerkraftanlage kommt ganz ohne Pumpe, ohne Regler und daher auch ohne Strom aus.

Diese Anlagen nutzen den Dichteunterschied zwischen warmem und kaltem Wasser. Das von der Sonne erwärmte Wasser steigt von selbst, ohne Hilfe einer Pumpe, in den über dem Kollektor angeordneten Speicher auf, während das kalte Wasser nach unten fällt und in den Kollektor strömt. Ein sehr einfaches Prinzip, welches in südlichen Ländern gern angewendet wird. Da dort keine Frostgefahr besteht, kann der Speicher ohne Probleme auf dem meist flachen Dach angeordnet werden. In unseren Breitengraden sind diese Anlagen dagegen nur als Kleinanlagen (in Schrebergärten und im saisonalen Betrieb) gebräuchlich.

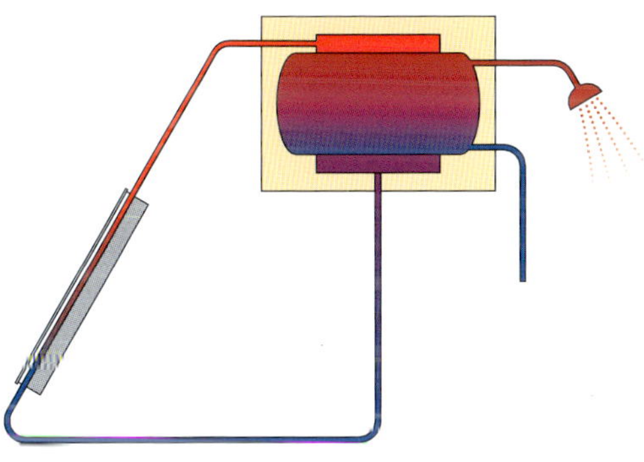

Bild 4.4 Schema einer Schwerkraftanlage mit über dem Kollektor angeordnetem Speicher

Vorteile:

- keine Pumpe
- kein Regler
- unabhängig vom Strom
- Stromeinsparung

Nachteile:

- Der Speicher muss über dem Kollektor angeordnet sein.
- Die Rohrleitungen müssen möglichst kurz sein, einen großen Querschnitt haben und steigend verlegt werden.
- träges System
- niedrigerer Ertrag

4.3.6 Drain-Back–Anlagen

Einige Hersteller bieten sogenannte Drain-Back-Anlagen an.

Bei diesen Systemen ist der Kollektor bei ausgeschalteter Pumpe entleert. Der Wärmeträger befindet sich in einem geschlossenen Auffangbehälter. Wird der Kollektor durch die Sonne erwärmt, schaltet sich die Pumpe ein und drückt den Wärmeträger in den Kollektor. Schaltet die Pumpe aus, entleert sich der Kollektor wieder.

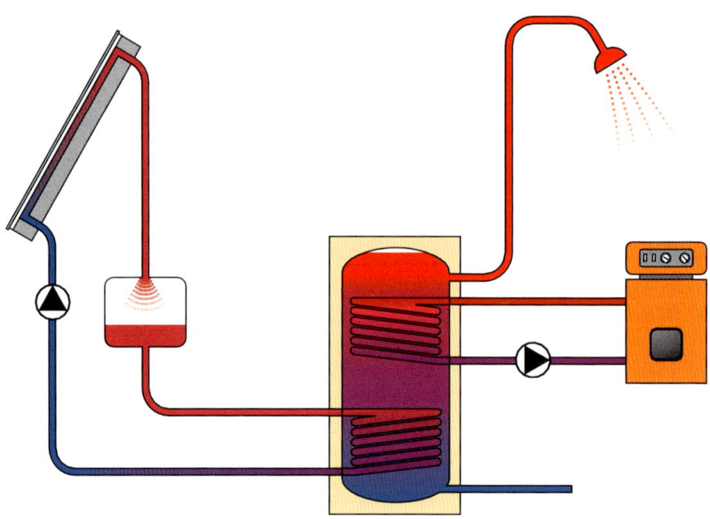

Bild 4.5 Drain-Back-System im Betrieb

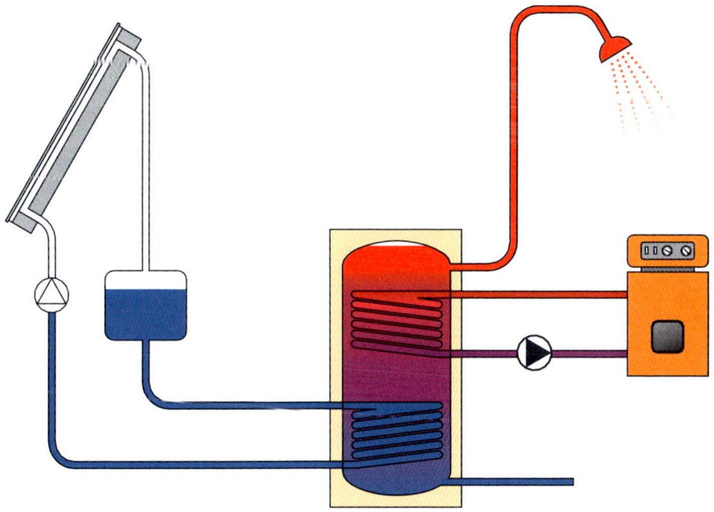

Bild 4.6 Drain-Back-System bei ausgeschalteter Pumpe entleert sich der Kollektor

Vorteile:

- Der Kollektor wird nur gefüllt, wenn er warm ist. Für den Wärmeträger besteht daher keine Frostgefahr und es kann bedenkenlos Wasser eingesetzt werden.
- Auch bei Anlagenstillstand (z.B. wenn die maximale Speichertemperatur erreicht ist), wird der Kollektor entleert und es kommt nicht zur Dampfbildung.

Nachteile:

- Es werden leistungsfähige Pumpen mit großer Förderhöhe gebraucht, meist werden Zahnradpumpen eingesetzt. Diese Pumpen sind generell lauter als die sonst üblichen Kreiselpumpen.
- Kollektoren und Zuleitungen müssen sehr sorgfältig mit dem nötigen Gefälle verlegt werden, damit beim Befüllen die gesamte Luft aus den Kollektoren gedrückt werden kann und beim Entleeren keine Wassertaschen zurückbleiben. Wird die Montage der Rohrleitungen zum Kollektor nicht mit äußerster Sorgfalt ausgeführt, besteht die Gefahr, dass die Anlage nicht richtig arbeitet oder Frostschäden auftreten.

4.3.7 Einsatz unterschiedlicher Wärmetauscher

Unterschiedliche Anlagenkonzepte erfordern unterschiedliche Wärmetauscher (Siehe »Wärmetauscher« auf Seite 70).

Neben den internen Wärmetauschern, die als aufgewickelte Heizschlange in den Speicher getaucht werden, gibt es sogenannte externe Wärmetauscher, in denen die Wärme aus dem Kollektorkreis im Gegenstrom an das Speicherwasser abgegeben wird.

Der interne WT ist in den kleinen Standardanlagen meist gebräuchlich und ermöglicht einfache Systeme. Bei größeren Systemen, besonders bei Anlagen mit mehreren Speichern oder Schichtenspeichern, bringen externe Wärmetauscher Vorteile.

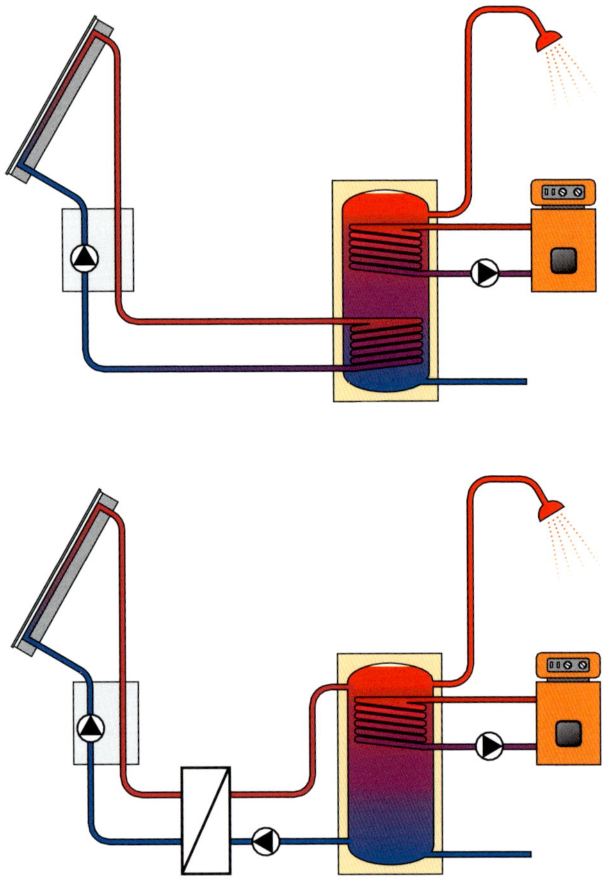

Bild 4.7 Solaranlage mit internem und externem Wärmetauscher

Vorteile externer Wärmetauscher:

- Im Speicher ist eine bessere Schichtung möglich.
- Es können größere Wärmeleistungen übertragen werden, daher kommen sie bei größeren Anlagen zum Einsatz.
- Bei mehreren Speichern ersetzt ein einziger externer Wärmetauscher die internen Wärmetauscher in jedem Speicher.

Nachteile:

- Es wird eine weitere Pumpe benötigt.
- Die Anlage wird komplizierter und teurer.

4.3.8 Der Einsatz mehrerer Speicher

Die kleinen Solarsysteme zur Trinkwarmwasserbereitung haben in der Regel nur einen Speicher, der zwei Funktionen übernimmt: der untere Teil nimmt die Sonnenwärme auf, der obere »Bereitschaftsteil« wird vom Heizkessel immer auf Solltemperatur gehalten.

Es gibt nun verschiedene Gründe, diese beiden Funktionen voneinander zu trennen bzw. mehrere Speicher einzusetzen:

- Die Türbreite oder Raumhöhe lässt die Installation eines Speichers mit der erforderlichen Größe nicht zu, so dass das Volumen auf zwei oder mehrere Speicher aufgeteilt werden muss.
- Es ist bereits ein Speicher vorhanden, der weiter genutzt werden soll.
- Bei großen Anlagen werden meist mehrere Speicher eingesetzt. Sie sind einfacher zu montieren und kostengünstiger.

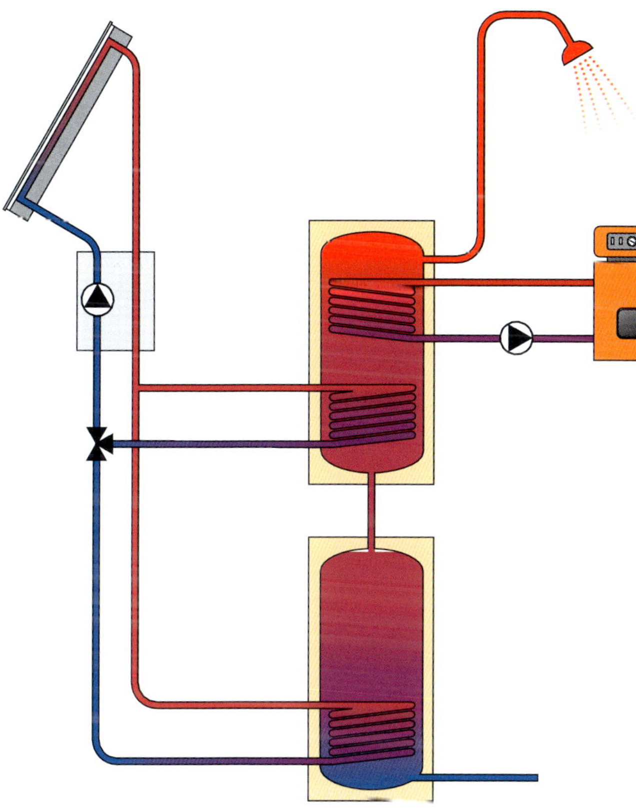

Bild 4.8 Solaranlage mit zwei Speichern

4.3.9 Nachrüstung bestehender Systeme

Oft soll eine bestehende Anlage mit einem Solarsystem nachgerüstet werden. Meist ist dann auch schon ein Speicher für die Warmwasserbereitung vorhanden. Dieser vorhandene Speicher ist jedoch für das Solarsystem zu klein und verfügt auch nicht, wie erforderlich, über zwei Wärmetauscher.

Zum einen ist es möglich, den vorhandenen Speicher durch einen Solarspeicher zu ersetzen. Oft will der Nutzer oder Bauherr aber den Speicher behalten, weil er noch neu ist oder der Monteur für das komplette System noch Gewährleistung übernimmt. In einem solchen Fall wird der vorhandene Speicher mit dem neuen Speicher, der dadurch etwas kleiner ausfallen kann, in Reihe geschaltet. Beide werden im unteren Teil vom Solarsystem erwärmt und der obere Wärmetauscher des neuen Speichers wird an den Heizkessel angeschlossen.

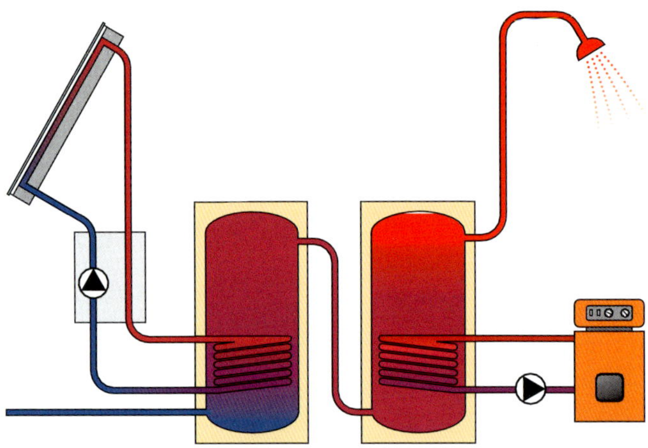

Bild 4.9 Bei dieser Anlage wurde ein bereits vorhandener Speicher weiter verwendet.

Der neue Speicher wird dann mit dem vorgewärmten Wasser aus dem vorhandenen Speicher gespeist (Zwei-Speicher-System). Bei zwei Speichern sind allerdings auch die Verluste größer als bei einem.

Planen Sie eine »konventionelle« Trinkwassererwärmung, tragen sich aber mit dem Gedanken später eine Solaranlage nachzurüsten, so kann es sinnvoll sein, schon gleich einen passenden Speicher vorzusehen, der für das Solarsystem groß genug und mit zwei Wärmetauschern ausgestattet ist. Bei einem Neu- oder Umbau empfiehlt es sich, zumindest einen Schacht oder auch die Steigeleitungen bereits vorzusehen, um später eine Solaranlage ohne großen Aufwand nachrüsten zu können.

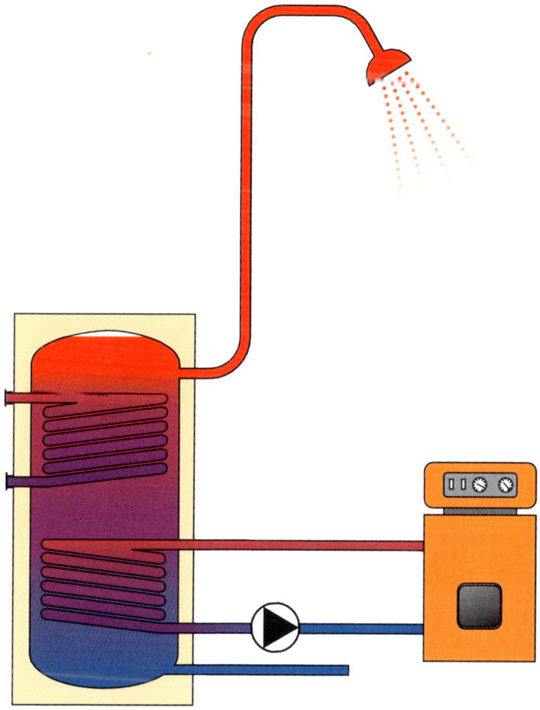

Bild 4.10 Dieser Speicher mit zwei Wärmetauschern kann später auch für die Solaranlage genutzt werden

4.3.10 Systeme mit Schichtenspeichern

Sogenannte Schichtenspeicher kommen vermehrt und in unterschiedlichen Ausführungen auf den Markt.

Zielsetzung bei der Entwicklung von Schichtenspeichern ist, die Durchmischung des Speichers bei der Beladung weitestgehend zu unterbinden und damit die Temperaturschichtung im Speicher konsequenter auszubilden. Dadurch können die Erträge der Anlage gesteigert und vor allem die häufige Nachheizung durch den Kessel unterbunden werden. Es wird gegenüber dem Standardsystem ca. 10 % mehr Energie eingespart.

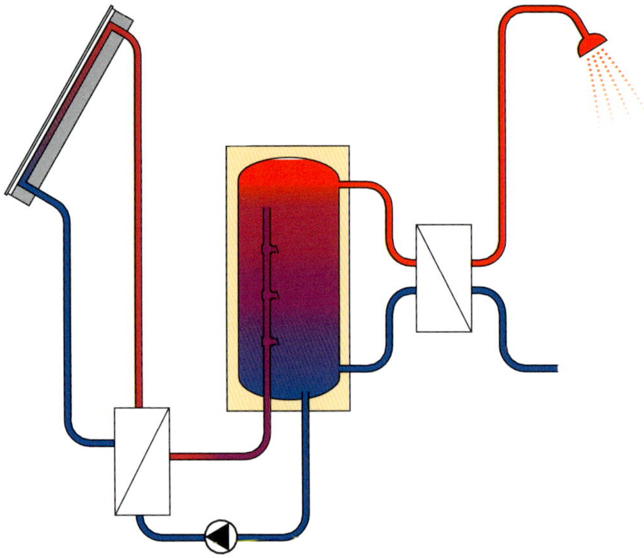

Bild 4.11 System mit Schichtenladevorrichtung. Das Wasser wird immer in der Ebene mit der gleichen Temperatur eingeschichtet (Quelle: SOLVIS).

In der Regel wird bei Schichtenspeichern der Durchfluss des Wärmeträgers im Kollektorkreis deutlich reduziert. Wir sprechen von »Low-Flow«-Anlagen (Siehe »Die Anlage mit niedrigem Durchfluss (Low-Flow-System)« auf Seite 77)

Da bei diesen Anlagen die gleiche Wärmeenergie wie bei High-Flow-Anlagen abgeführt wird, stellt sich zwangsläufig eine wesentlich höhere Temperatur ein (die transportierte Energie ist ein Produkt des Massenstroms und der anfallenden Temperaturdifferenz).

Das bringt mehrere Vorteile mit sich:

- Die gewünschte Solltemperatur im oberen Speicherbereich wird, bedingt durch die geschichtete Beladung, sehr schnell erreicht.
- Die Einschaltfrequenz der Nachheizung wird deutlich vermindert.
- Es können zusätzlich 5-10 % der Nachheizenergie eingespart werden.
- Die geringen Volumenströme benötigen einen kleineren Rohrquerschnitt im Kollektorkreis, was die Kosten und die Wärmeverluste der Verrohrung reduziert.

Nachteile:

- eine technologisch anspruchsvolle Lösung, die eine sorgfältige Dimensionierung der Komponenten und Einstellung des Volumenstromes erfordert

Es wird ein externer Wärmetauscher und meist eine weitere Pumpe benötigt, dadurch wird das System aufwendiger und teurer.

4.3.11 Systeme mit Pufferspeichern

Solarsysteme erfordern relativ große Speicherkapazitäten, um die Wärme eines oder mehrerer Sonnentage für ein paar Schlechtwettertage zu speichern. Bei größeren Anlagen (in Mehrfamilienhäusern oder über 400 l Speicher wird aus hygienischen Gründen die tägliche Aufheizung des gesamten Trinkwasservolumens auf 60 °C empfohlen (thermische Desinfektion nach DVGW Richtlinie 551). Dies senkt jedoch den Ertrag der Solaranlage, weil ein bereits aufgeheizter Speicher keine Wärme mehr aufnehmen kann.

Deshalb geht man bei diesen Anlagen dazu über, die Solarwärme in Pufferspeicher (Siehe »Speicher zur Heizungsunterstützung« auf Seite 62) zu laden, die kein Trinkwarmwasser enthalten und daher auch nicht desinfiziert werden müssen.

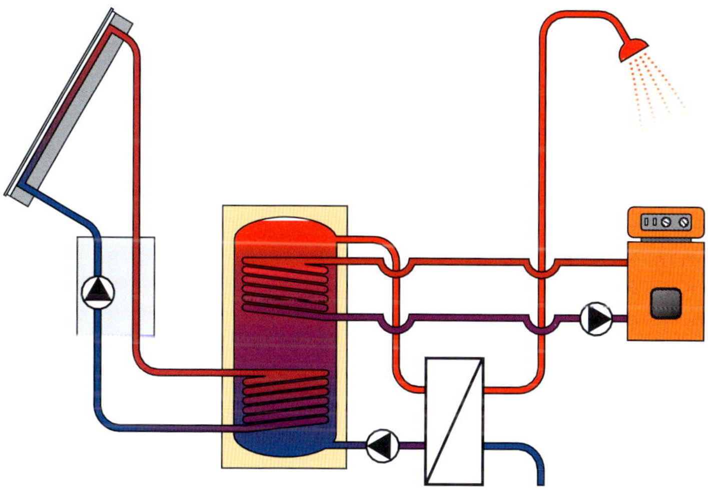

Bild 4.12 Anlage mit einem Pufferspeicher

Die Wärme muss bei diesem System vom Wärmeträger im Kollektorkreis durch einen Wärmetauscher an den Pufferspeicher abgegeben und durch einen weiteren Wärmetauscher an das Trinkwasser übertragen werden. Für jeden Kreis ist natürlich eine Pumpe und eine Steuerung notwendig.

Nachteile:

- Es wird ein zusätzlicher Wärmetauscher und eine weitere Pumpe benötigt.
- Das System ist teurer und aufwendiger.

4.3.12 Systeme mit Kombispeichern

Kombispeicher werden eingesetzt, um auch bei großen Speichern das Trinkwasservolumen klein (unter 400 l) zu halten. Allerdings ist bei dieser Kombination aus Trinkwarmwasser- und Pufferspeicher ein sehr leistungsfähiger Wärmetauscher für die Trinkwassererwärmung erforderlich, da ansonsten bei wechselnden Zapfmengen Temperaturschwankungen wie bei einem Durchlauferhitzer auftreten (Siehe »Speicher zur Heizungsunterstützung« auf Seite 62)

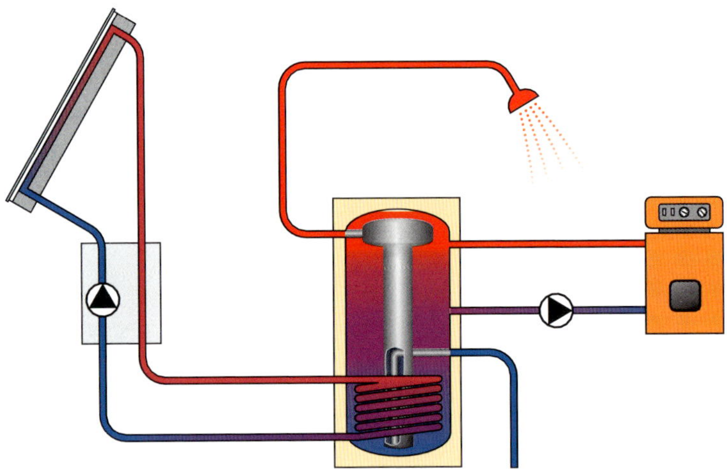

Bild 4.13 Solarsystem mit einem Kombispeicher

Vorteile:

- Durch das geringe Trinkwasservolumen erübrigt sich eine thermische Desinfektion.

Nachteile:

- Etwas teurer als ein konventioneller Speicher.

4.3.13 Systeme mit Zirkulationsleitung

Liegen lange Leitungswege zwischen Warmwasserspeicher und Entnahmestelle, so dauert es unter Umständen sehr lange, bis warmes Wasser aus dem Hahn kommt. Dabei geht viel Wasser ungenutzt verloren. Nach dem Zapfvorgang steht heißes Wasser in der Leitung und ist bis zum nächsten Gebrauch meist wieder abgekühlt.

In diesem Fall ist der Einsatz einer Zirkulationsleitung sinnvoll, durch die das warme Wasser mithilfe einer Pumpe an der Zapfstelle vorbei umgewälzt wird.

Vorteile der Zirkulationsleitung:

- Durch die Zirkulation ist gewährleistet, dass an den Zapfstellen ohne größere Verzögerung warmes Wasser zur Verfügung steht.
- Die Zirkulationsleitung trägt also zum Wassersparen bei (da andernfalls das Wasser ungenutzt wegfließt) und erhöht den Komfort.
- Nachteile der Zirkulationsleitung:
- In der Zirkulationsleitung entstehen, wie in jeder Rohrleitung, Wärmeverluste.
- Durch die ständige Entnahme und Rückführung des Wassers wird die Temperaturschichtung im Solarspeicher erheblich gestört.
- Die Zirkulationspumpe verbraucht elektrische Energie.
- Die Zirkulation ist immer ein »Energiefresser«, außerdem zerstört sie die Temperaturschichtung im Speicher, da in kürzester Zeit große Mengen Wasser umgewälzt werden.

Will man trotzdem nicht auf die Zirkulation verzichten, sollte man zumindest alle Maßnahmen zur Reduzierung der Verluste wahrnehmen (gute Isolierung, Zeitschaltuhr, minimaler Durchfluss etc.) und den Zirkulationsrücklauf an der richtigen Stelle, nämlich in mittlerer Höhe, in den Speicher zurückführen. Je kleiner die Strömung an dieser Stelle gehalten wird, um so weniger wird die Schichtung im Speicher zerstört. (Siehe »Möglichkeiten zur Verringerung von Zirkulationsverlusten« auf Seite 205)

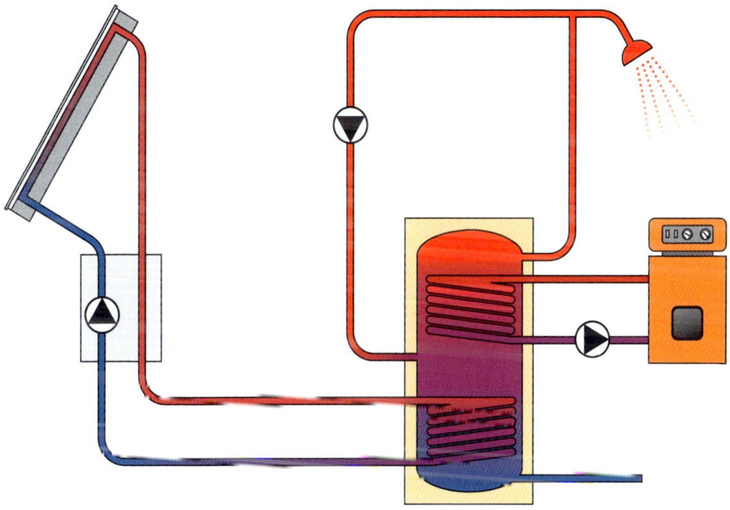

Bild 4.14 Warmwasserspeicher mit Zirkulationsleitung

4.3.14 Möglichkeiten der Nachheizung

Auch bei der Nachheizung gibt es feine Unterschiede. Sie kann – das ist der Regelfall – durch den Heizkessel und einen zweiten Wärmetauscher im oberen Bereich des Speichers erfolgen. Der obere Bereich des Speichers wird dann immer auf Solltemperatur gehalten. Sind mehrere Speicher vorhanden, so wird einer davon – der dem Verbraucher am nächsten gelegene – als Bereitschaftsspeicher genutzt und auf Solltemperatur gehalten, während das Solarsystem die anderen Speicher vorwärmen kann.

Es kann aber auch ein elektrischer oder ein Gasdurchlauferhitzer hinter den Solarspeicher geschaltet werden. Allerdings sind nur wenige Geräte in der Lage ihre Leistung genau anzupassen und das bereits vorgewärmte Wasser aus dem Solarspeicher exakt auf die gewünschte Temperatur zu bringen. Wenn Sie sich für diese Systemvariante entscheiden, sollten Sie unbedingt darauf achten, dass Sie ein geeignetes Gerät verwenden.

Eine Liste der einsetzbaren Geräte ist im Anhang beigefügt.

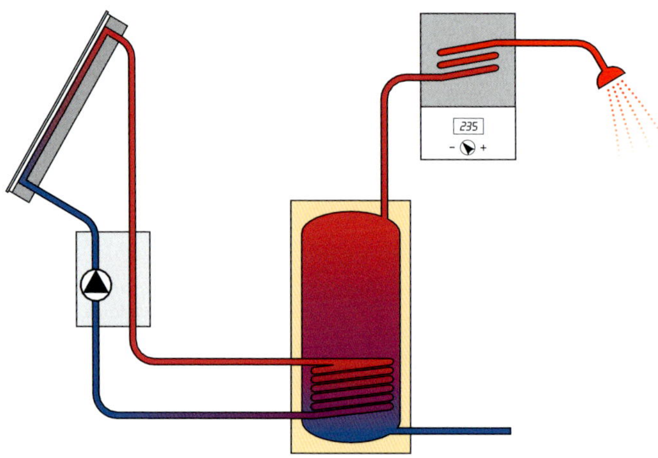

Bild 4.15 Bei dieser Anlage ist ein Durchlauferhitzer in Reihe geschaltet um das Wasser bei Bedarf nachzuheizen.

4.4 Anlagen für die Schwimmbaderwärmung

Sonnenenergie kann hervorragend zur Erwärmung eines Schwimmbades eingesetzt werden. Gerade bei Freibädern oder Pools, die nur im Sommer genutzt werden, sind die Bedingungen für eine Solaranlage ideal, da die Sonneneinstrahlung während dieser Zeit hoch ist.

Es können drei Anlagentypen unterschieden werden:

4.4.1 Anlagen zur Schwimmbaderwärmung mit Absorbern

Soll nur das Schwimmbad solar erwärmt werden, können, da keine hohen Temperaturen erforderlich sind (meist reichen 24 °C), preisgünstige Absorbermatten eingesetzt und in den vorhandenen Filterkreislauf eingebunden werden. Diese Bäder werden hauptsächlich an »schönen« Tagen genutzt, an denen die Anlagen sehr schnell eine angenehme Badetemperatur erzielen, so dass auf ein konventionelles System zur Nachheizung meist vollständig verzichtet werden kann (Siehe »Schwimmbadabsorber« auf Seite 39)

Absorbersysteme für die Erwärmung von Freibädern sind kostengünstig und effektiv und amortisieren sich in der Regel innerhalb weniger Jahre.

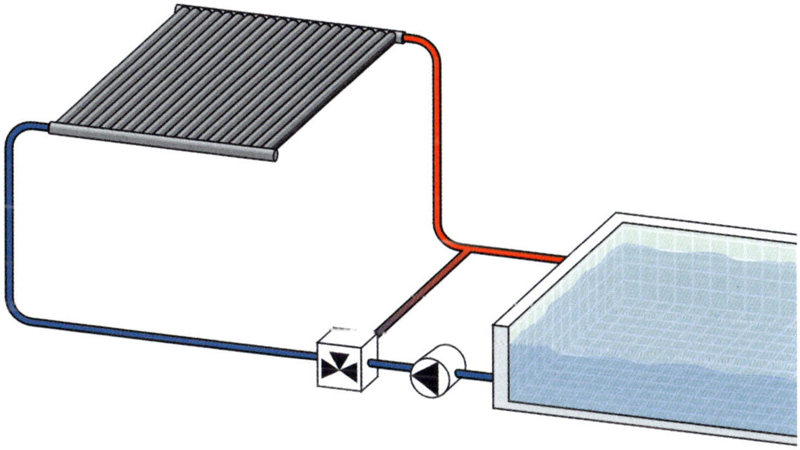

Bild 4.16 Schwimmbadsolaranlage mit Absorbermatten

4.4.2 Solaranlagen für die Trinkwasser- und Schwimmbaderwärmung

Anders liegt der Fall, wenn das Schwimmbad ganzjährig genutzt oder die Anlage auch zur Trinkwassererwärmung eingesetzt werden soll. Da Flachkollektoren im Winter nicht entleert werden müssen, sind sie für den ganzjährigen Betrieb besser geeignet.

Die Kollektorfläche wird etwas größer dimensioniert als bei Anlagen zur ausschließlichen Trinkwassererwärmung und die Solarwärme über einen zusätzlichen Wärmetauscher an das Schwimmbadwasser abgegeben. Priorität hat dabei meistens die Trinkwassererwärmung (Siehe »Kollektoren« auf Seite 39).

4.4.3 Solaranlagen für die Trinkwasser- sowie Schwimmbad-erwärmung und Heizungsunterstützung

Solarsysteme zur Heizungsunterstützung brauchen große Kollektorflächen, damit in den Übergangszeiten Solarwärme zum Heizen zur Verfügung steht. In den Sommermonaten entstehen bei diesen Anlagen oft Überschüsse, die idealerweise für die Erwärmung eines Schwimmbades genutzt werden können.

4.5 Solaranlagen für die Heizungsunterstützung

Solarsysteme zur Heizungsunterstützung arbeiten im Prinzip genauso wie Anlagen zur Trinkwassererwärmung. In aller Regel werden sie auch zur Trinkwarmwasserbereitung eingesetzt, während die Erzeugung von Heizwärme zusätzlich erfolgt. Daher werden Kollektorfläche und Speicher etwas größer dimensioniert als bei der reinen Trinkwasseranlage und der Speicher zusätzlich an das Heizungssystem angeschlossen. Es werden in der Regel Pufferspeicher, oft als Kombispeicher, oder Schichtenspeicher eingesetzt.

Ziel ist, das Wasser für den Heizkreis solar zu erwärmen oder zumindest vorzuwärmen und so Heizenergie einzusparen. Allerdings steht nun der größte Teil der Solarwärme im Sommer zur Verfügung, während die Heizwärme hauptsächlich im Winter benötigt wird. In den Übergangszeiten oder an klaren Wintertagen mit hoher Sonneneinstrahlung kann eine Solaranlage aber trotzdem einen Beitrag zur Heizungsunterstützung leisten oder auch die Heizperiode ein wenig verkürzen.

Sinnvoll ist, dass der Heizwärmebedarf des Gebäudes zuvor minimiert und auch das Heizungssystem an den Einsatz der Solartechnik angepasst wird.

Die solare Heizungsunterstützung ist wirksamer, wenn die Heizung für niedrige Temperaturen ausgelegt und gut eingeregelt ist, so dass die Rücklauftemperaturen niedrig liegen. Zu diesem Zweck werden an den Heizkörpern Rücklaufverschraubungen montiert. Nur dann kann die Solaranlage effektiv arbeiten und einen zufriedenstellenden Beitrag zur Heizungsunterstützung leisten .

Das Wasser strömt z.B. mit 60 °C in den Heizkörper ein. Wenn das System aber nun schlecht eingeregelt ist, fließt evtl. mehr warmes Wasser ein, als der Heizkörper an Wärme abgeben kann. Das Wasser verlässt den Heizkörper daher mit einer Temperatur von immer noch 50 °C und die Solaranlage müsste noch mindestens 55 °C erbringen, um die Heizung unterstützen zu können.

Wird der Volumenstrom durch den Heizkörper reduziert, so dass das Wasser seine Wärme besser abgeben kann, kommt es beispielsweise mit 35 °C aus dem Heizkörper heraus. Bei dieser niedrigeren Rücklauftemperatur hat das Solarsystem schon eher die Chance, auch an einem etwas sonnigen, aber kühlen Herbsttag noch einen Beitrag zur Heizung zu leisten. Sie erwärmt das Wasser von 35 °C auf 40 oder 50 °C, den Rest macht der Kessel.

Es gibt prinzipiell zwei Systeme zu Heizungsunterstützung:

Entweder wird das kalte Wasser, das von den Heizkörpern zurückkommt, solar vorgewärmt und dann vom Heizkessel auf Solltemperatur gebracht (Rücklaufanhebung) oder die Solarenergie wird – wie bei der Warmwasserbereitung – in einen großen Speicher geladen, der im oberen Bereich auf Solltemperatur gehalten wird.

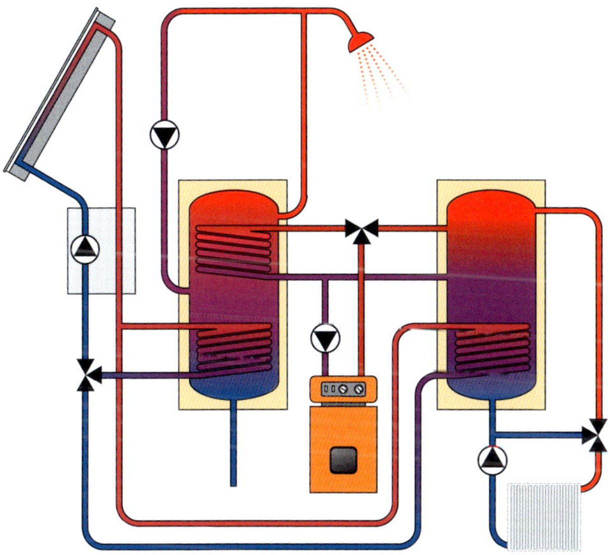

Bild 4.17 Solarsystem für die Trinkwassererwärmung und Heizungsunterstützung

Der Kreislauf für die Heizung wird aus dem oberen Bereich des Speichers durch die Heizkörper wieder zurück in den Speicher geführt. Reicht die Solarwärme zum Heizen aus, bleibt der Kessel kalt.

4.6 Anlagen mit saisonaler Speicherung

Ein deutlich größerer Beitrag zur Raumheizung kann mit der sogenannten saisonalen Speicherung erreicht werden. Dazu wird Wärme in den Sommermonaten gesammelt und für den Winter gespeichert. Für dieses Verfahren werden allerdings sehr große Speicher benötigt. Zum Vergleich: um die Wärmeenergie zu speichern, die hundert Liter Öl enthalten, sind ca. 20.000 Liter Wasser erforderlich.

Die saisonale Speicherung wird in einigen Forschungsprojekten für Siedlungen in Verbindung mit Nahwärmekonzepten eingesetzt (Hamburg Bramfeld, Neckarsulm).

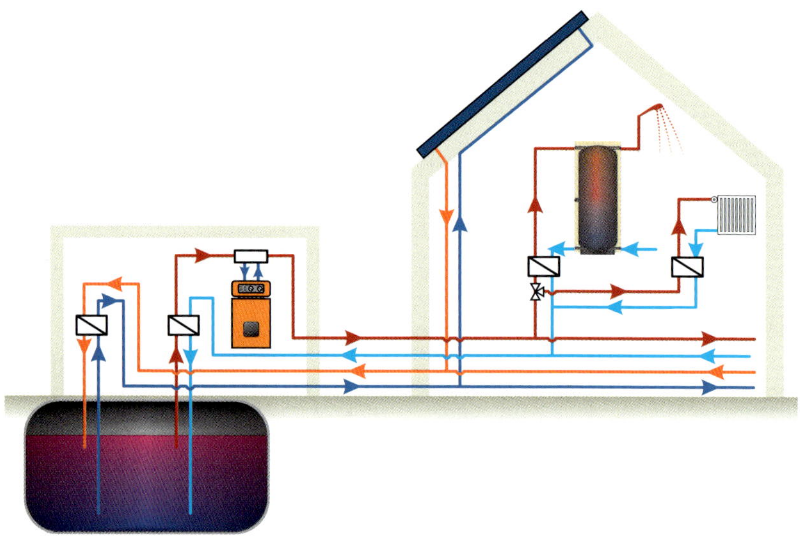

Bild 4.18 Solares Nahwärmenetz mit unterirdischem saisonalen Speicher

Die Firma Jenni in der Schweiz bietet schon lange ganzjährig solare Wärmeversorgung für Einfamilienhäuser mit den entsprechenden Speichern an. Dazu kommen, je nach Gebäude, Speicher mit ca. 20000 Liter Inhalt zum Einsatz. Wer bereit ist, den entsprechenden Preis zu zahlen, kann heute schon seine Wärmeversorgung ausschließlich solar und ohne den Einsatz fossiler Energie gestalten.

Vor allem die Skandinavier forschen schon lange auf diesem Gebiet, das als Schlüssel zur solaren Wärmeversorgung der Zukunft gilt.

Sowohl in Dänemark als auch in Schweden hat man bereits vor 15 Jahren große Nahwärmesysteme für Wohnsiedlungen mit mehreren 1000 m^2 Kollektorfläche und zum Teil auch mit saisonaler Speicherung errichtet.

Bild 4.19 Diese Anlage mit 3000 m² Kollektorfläche im dänischen Ry liefert Wärme für die Siedlung im Hintergrund

Diese Anlage ist ein Beweis dafür, dass auch in so nördlichen Breiten die Sonnenenergienutzung beste Aussichten genießt.

Am Rande bemerkt sei der Umstand, dass zum Zeitpunkt der Errichtung der Anlage das Öl in Dänemark dreimal so teuer wie in Deutschland war.

Sollen nach und nach die fossilen Rohstoffe abgelöst und durch regenerative Energiequellen ersetzt werden, muss darauf hingearbeitet werden, den Heizwärmebedarf als größten Energieschlucker im Wohngebäude zu reduzieren und durch Sonnenenergie bereitzustellen. Auch wenn klar ist, dass der saisonalen Speicherung dabei in Zukunft eine bedeutende Rolle zukommen wird, besteht im Moment noch ein großer Forschungsbedarf, praktikable und kostengünstige Verfahren für die verlustarme Speicherung großer Energiemengen zu entwickeln.

FCB

5. Planung und Dimensionierung von Solaranlagen

Ziel dieses Kapitels ist es, Sie mit den vielschichtigen Möglichkeiten der Dimensionierung von Solaranlagen vertraut zu machen. Dies weniger, damit Sie die Anlagen selber dimensionieren können, sondern vielmehr um die Hintergründe transparenter zu machen sowie Verständnis und Interesse für diese Aufgabe zu wecken, die auch dem Fachmann nur in Abstimmung mit dem späteren Nutzer optimal gelingen kann.

Soll eine Solaranlage zuverlässig und effektiv arbeiten, muss sie an die geforderte Aufgabe angepasst und entsprechend dimensioniert werden. Schließlich werden auch Heizungsanlagen und damit auch der Heizkessel und jeder Heizkörper auf das zu beheizende Gebäude zugeschnitten. Das ist bei Solaranlagen auch nicht anders, im Gegenteil:

Heizungsanlagen werden gegenüber dem Wärmebedarf eher etwas größer ausgelegt als nötig. Das hat für den planenden Ingenieur und die ausführende Firma mehrere Vorteile:

1. Der Wärmebedarf des Gebäudes muss nur grob abgeschätzt werden. Es wird dann ein »Sicherheitszuschlag« draufgelegt und man spart sich viel Rechenarbeit.
2. Der groß dimensionierte Heizkessel hat auch an besonders kalten Tagen noch genügend Reserven, um den Wärmebedarf des Kunden zu befriedigen. Den höheren Verbrauch durch größere Stillstandsverluste und häufigeres Takten (Ein- und Ausschalten) des Kessels wird der Nutzer nicht bemerken und erst recht nicht quantifizieren können.

Bild 5.1 Eine Solaranlage muss maßgeschneidert werden.

Auch Anbieter von Solarsystemen tendieren gelegentlich dazu, große Systeme anzubieten. Dies kann sich jedoch nachteilig auswirken:

Beim Einsatz von Solartechnik gibt es für jeden Anwendungsfall ein Optimum. Wird die Kollektorfläche oder das Speichervolumen darüber hinaus vergrößert, verursacht das Mehrkosten, ohne dass der Ertrag nennenswert gesteigert werden kann.

Während es bei Heizkesseln klar definierte Auslegungskriterien gibt, beispielsweise den kältesten Tag im Jahr, ist die Situation bei Solaranlagen komplizierter. Dient die Anlage der Warmwasserbereitung, ist eine ganzjährige Vollversorgung mit Solarenergie nur schwer möglich, da im Winter wenig Sonneneinstrahlung zur Verfügung steht.

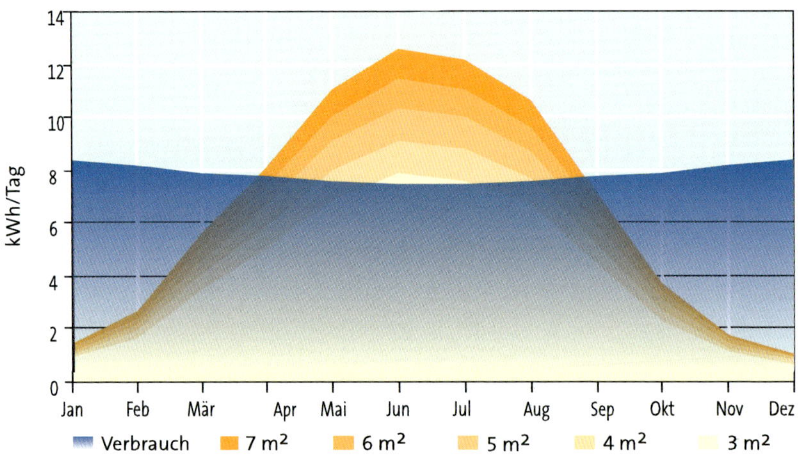

Bild 5.2 Gegenüberstellung von Warmwasserbedarf und solarer Einstrahlung.

Auslegungskriterien für Solaranlagen sind daher der Energiebedarf eines Gebäudes, aber auch individuelle Größen wie der gewünschte Anteil, den die Solaranlage an der Trinkwarmwasserbereitung oder möglicherweise an der Heizungsunterstützung übernehmen soll.

5.1 Welche Größen sind für die Auslegung von Solarsystemen wichtig?

5.1.1 Der Energiebedarf im Gebäude

Wer Solarsysteme dimensionieren will, muss zunächst klären, was für ein Gebäude versorgt werden soll, welche Energieträger dort eingesetzt werden und wie groß der Energiebedarf überhaupt ist.

Spricht man von Energie, ist es sinnvoll zwischen Primärenergie, Endenergie und Nutzenergie zu unterscheiden.

Primärenergie ist die in der Natur vorkommende Energie in Form von Erdöl, Erdgas, Kohle, Strahlung der Sonne.

Endenergie ist die Energie, die bei der Umwandlung in Nutzenergie eingesetzt wird. Beispiele sind Heizöl, Benzin, Strom, Fernwärme, Erdgas.

Nutzenergie ist die Energie, die nach der letzten Umwandlung dem Nutzer zur Verfügung steht. Warmwasser oder Wärme im Zimmer sind beispielsweise Formen von Nutzenergie.

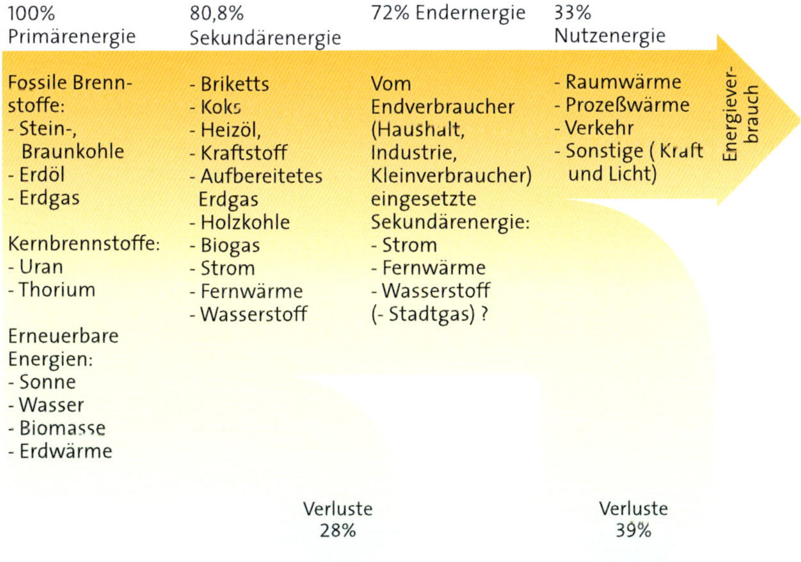

Bild 5.3 Bei der Umwandlung von »Primärenergie« in »Endenergie« und schließlich in »Nutzenergie« gehen mehr als 60 % der eingesetzten Energie verloren.

Primärenergie kann nie zu 100% in Nutzenergie umgewandelt werden. Dies soll das folgende Beispiel veranschaulichen.

Gekocht wird in unseren Haushalten meistens auf Elektro- oder Gasherden. Betrachten wir uns die Prozesskette von der Primärenergie Erdgas bis zur Nutzenergie »warme Mahlzeit«.

Beim Gasherd drehen wir den Gashahn auf und zünden das ausströmende Gas an. Schon können wir kochen. Die Primärenergie Erdgas wird uns in einem weit verzweigten Rohrleitungsnetz zur Verfügung gestellt. In dem Moment, in dem wir den Gasherd anstellen, wird aus der Primärenergie die Endenergie Erdgas. Stellen wir einen Topf mit Wasser über die Flamme, erhalten wir Nutzenergie in Form von warmem Wasser.

Wie sieht das beim Elektroherd aus? Hier drehen wir doch auch nur am Schalter und die Platte wird warm. Elektrische Energie kommt in der Natur aber nicht als Primärenergieform vor. Sie muss also aus einer anderen Energieform durch Umwandlung hergestellt werden.

Auch Erdgas wird zur Stromerzeugung eingesetzt. Dabei werden im Kraftwerk Gasturbinen ähnlich den Flugzeugtriebwerken angetrieben. Diese Turbinen treiben Generatoren an. Und diese wiederum liefern uns die elektrische Energie. Bis dem Menschen am Elektroherd also Endenergie in Form von Strom zur Verfügung steht, sind drei Energieumwandlungen nötig. Aus chemischer Energie wird Wärmeenergie, daraus wiederum Bewegungsenergie. Diese wird schließlich in elektrische Energie umgewandelt. Bei jeder Umwandlung sowie beim anschließenden Transport der Energie »geht Energie verloren«, so dass dem Endkunden von der eingesetzten Primärenergie nur noch ein Drittel als Endenergie zur Verfügung steht.

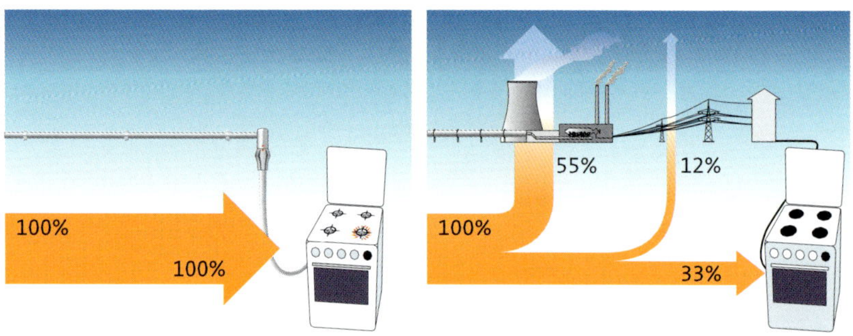

Bild 5.4 Prozesskette für einen Gas- und einen Elektroherd

Zur richtigen Dimensionierung einer Solaranlage muss zunächst der Energiebedarf für die Warmwasserbereitung sowie auch die Heizung betrachtet werden. Der Anteil der Privathaushalte am gesamten Endenergiebedarf in Deutschland ist in Abbildung 5.5 dargestellt.

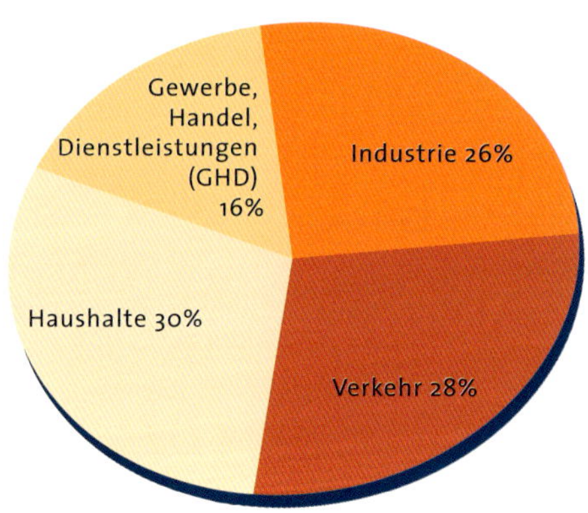

Bild 5.5 Endenergiebedarf in Deutschland, aufgeteilt nach Sektoren. Die Haushalte verbrauchen 30 % der Endenergie in Deutschland (Quelle: BMWi – Energie Daten 1999)

Knapp 40% der Endenergie in Deutschland wird für die Raumheizung vorwiegend in Haushalt und Gewerbe verwendet.

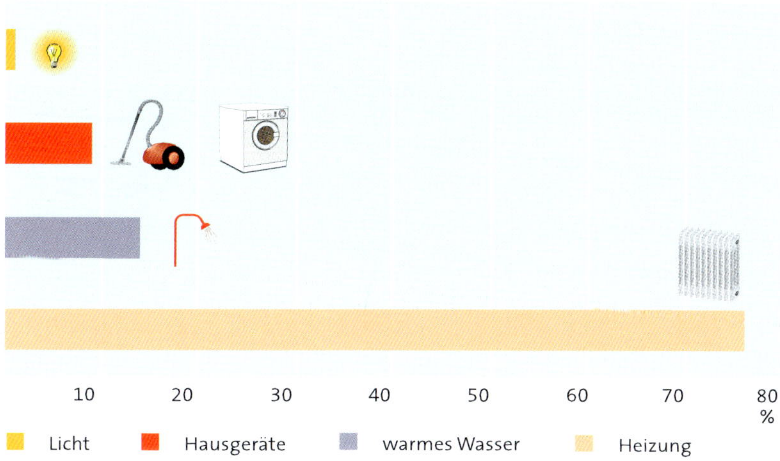

Bild 5.6 Endenergiebedarf in privaten Haushalten: Im Haushalt wird die meiste Energie in Form von Wärme zum Heizen und für Warmwasser benötigt (Quelle: RWE-Studie 1998)

In einem durchschnittlichen Haushalt werden fast 2/3 der Endenergie für die Raumheizung verwendet. Rechnen wir die Energie für die Warmwasserbereitung mit ein, steigt der Anteil der Heizungsanlage auf über 80%. Hier wird das enorme Potenzial zur Entlastung der Umwelt durch Einsparung fossiler Energieträger deutlich.

Welchen Anteil an der Warmwasserbereitung sollte aber das Solarsystem übernehmen und welchen Anteil überlässt man sinnvollerweise dem Heizkessel?

Wann ist eine solare Heizungsunterstützung möglich und in welchem Umfang?

5.1.2 Der Warmwasserverbrauch

Der **Warmwasserverbrauch** ist der wichtigste Parameter zur Auslegung von Solaranlagen. Daher muss der Erfassung bzw. der Abschätzung des Verbrauchs besondere Sorgfalt gewidmet werden. Je genauer das System auf den Verbrauch abgestimmt wird, um so effizienter arbeitet es.

In Wohngebäuden bestimmt die Anzahl der Personen maßgeblich für den Warmwasserverbrauch verantwortlich.

Untenstehende Tabelle liefert grobe Anhaltspunkte für Warmwasserverbräuche. Entscheidend für den Energiebedarf ist neben der Menge des zu erwärmenden Wassers auch das Temperaturniveau. Für die meisten Anwendungen reichen 45 °C völlig aus. Je höher das Temperaturniveau ist, desto mehr Energie wird für die Warmwasserbereitstellung benötigt und desto höher sind die Wärmeverluste des Speichers und der Rohrleitungen.

Je nach Standard – das heisst Ausstattung ihrer Wohnung und persönlichen Gewohnheiten – lassen sich erfahrungsgemäß Anhaltswerte für drei Kategorien angeben:

niedriger Bedarf	20-30 Liter WW (45 °C) pro Person und Tag
mittlerer Bedarf	30-50 Liter WW (45 °C) pro Person und Tag
hoher Bedarf	50-60 Liter WW (45 °C) pro Person und Tag

Tabelle 5.1 Warmwasserbedarf

Wie man sieht, ist die Spannbreite außerordentlich groß und das Einsparpotenzial demnach enorm.

Wenn wir duschen, liegt die Wassertemperatur meist bei ca. 40 °C. Um einen Liter Wasser von 10 °C auf 40 °C zu erwärmen, werden ca. 35 Wh benötigt. Eine Dusche, bei der 30 Liter verbraucht werden, schlägt energetisch mit 1050 Wh, also ca. 1 kWh zu Buche. Wasserspararmaturen können hier zu einer gewaltigen Einsparung führen.

Bei der Abschätzung des Verbrauches sollten daher die Verbrauchsgewohnheiten ebenso berücksichtigt werden wie die verwendeten Armaturen (Sparbrause, Wasserstopp, usw.). Auch mögliche Veränderungen in der Verbrauchsstruktur durch Ausbau, Geburt oder Auszug von Kindern, etc. müssen in Betracht gezogen werden.

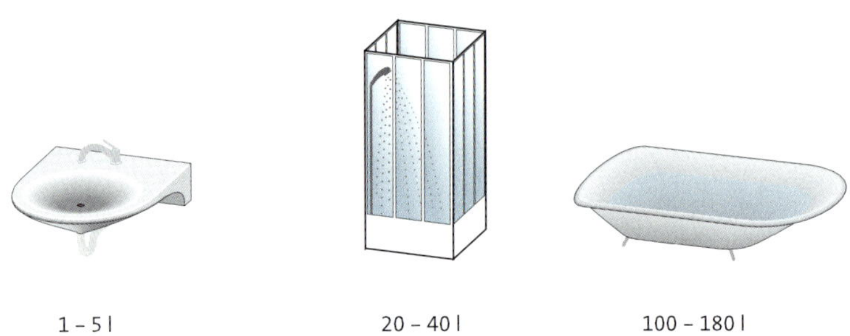

1 - 5 l   20 - 40 l   100 - 180 l

Bild 5.7 Warmwasserverbrauch für verschiedene Anwendungen

Kinder brauchen meist genauso viel oder mehr warmes Wasser wie Erwachsene. Sicher spielen auch die Lebensgewohnheiten eine Rolle. Sind alle Bewohner berufstätig und tagsüber außer Haus? Wird regelmäßig mittags oder abends gekocht oder nehmen Sie überwiegend ihre Mahlzeiten im Restaurant ein? Wahrscheinlich hat auch der Automechaniker oder Malermeister einen höheren Warmwasserbedarf als der Büromensch, es sei denn, erstere nehmen ihre tägliche Dusche am Arbeitsplatz.

Wenn die Möglichkeit besteht, sollte der Verbrauch gemessen werden. Im Haushalt ist eine Schätzung des Warmwasserbedarfes zwar mit etwas Erfahrung möglich, aber bei anderen Nutzungsarten (Gewerbe, Hotels, Sporteinrichtungen, Tagungshäusern, etc.) werden Messungen, soweit möglich, dringend empfohlen. Es genügt der Einbau einer Wasseruhr in den Zulauf des bestehenden Warmwasserbereiter, die dann über einen gewissen Zeitraum täglich oder wöchentlich abgelesen wird. Solche Messungen liefern natürlich verlässlichere Grundlagen für die Dimensionierung von Anlagen als jede Schätzung.

Berücksichtigt werden sollte auch, ob sich der Verbrauch an Wochenenden von dem an Werktagen wesentlich unterscheidet (wie es bei gewerblicher Nutzung mit Sicherheit der Fall ist).

Schließlich müssen auch jahreszeitliche Schwankungen in die Berechnung miteinbezogen werden. Für die Auslegung sollte allerdings nicht der Spitzenverbrauch herangezogen werden (der liegt meistens im Winter), sondern der Mittelwert im Sommerhalbjahr.

Haushaltsgeräte, wie Waschmaschinen und Geschirrspüler, sofern sie über einen Warmwasseranschluss verfügen, können beim Verbrauch wie eine viertel bis halbe Person gerechnet werden, je nach Sparsamkeit des Gerätes.

Auch Geräte ohne separaten Anschluss können durch ein entsprechendes Vorschaltgerät nachgerüstet werden. (Siehe »Warmwasseranschluss von Waschmaschine und Spülmaschine« auf Seite 209).

5.1.3 Der Heizwärmebedarf

In unseren Wohnungen soll es angenehm warm sein. Auch wenn es draußen bitterkalt ist. Um die Temperaturdifferenz zwischen innen und außen zu halten, müssen wir dem Gebäude genauso viel Wärmeenergie zuführen, wie durch Wände, Decken, Fenster und Türen verloren geht.

Heizwärmebedarf für ein typisches Einfamilienhaus	
Durchschnittliches Haus, Baujahr vor 1980: .	220 kWh/m²a
Wärmeschutzverordnung 1984	<150 kWh/m²a
Wärmeschutzverordnung 1995	<100 kWh/m²a
Geplante Energie-Einspar-Verordnung (EnEV 2000)	<70 kWh/m²a
»Passivhaus«	<20 kWh/m²a

Tabelle 5.2 Heizwärmebedarf

In den letzten Jahren ist durch die Wärmeschutzverordnungen (WärmeschutzV) für Neubauten eine deutliche Reduzierung des Energieverbrauchs erreicht worden. Bei der geplanten Energie-Einspar-Verordnung 2000 (EnEV 2000) werden die Wärmeschutzverordnung (1995) und die Heizungsanlagenverordnung (1994) zusammengeführt.

Erstmals werden einzuhaltende Energieverbrauchswerte für Gebäude, Heizung und Warmwasserbereitung vorgegeben und (primärenergetisch) hinsichtlich der verursachten CO_2-Emissionen bewertet. Für Altbauten sollte eine Modernisierung (Fenster, Außendämmung, Heizungsanlage, etc.) auf heutigen Standard die erste Maßnahme an Energieverbrauchsminderung sein. Lassen Sie sich im Rahmen der Planung Ihrer Solaranlage auch über mögliche Energiesparmaßnahmen beraten. Insbesondere solare Heizungsunterstützung macht wenig Sinn, wenn Ihr Haus aufgrund schlechter Dämmung einen hohen Heizwärmebedarf hat.

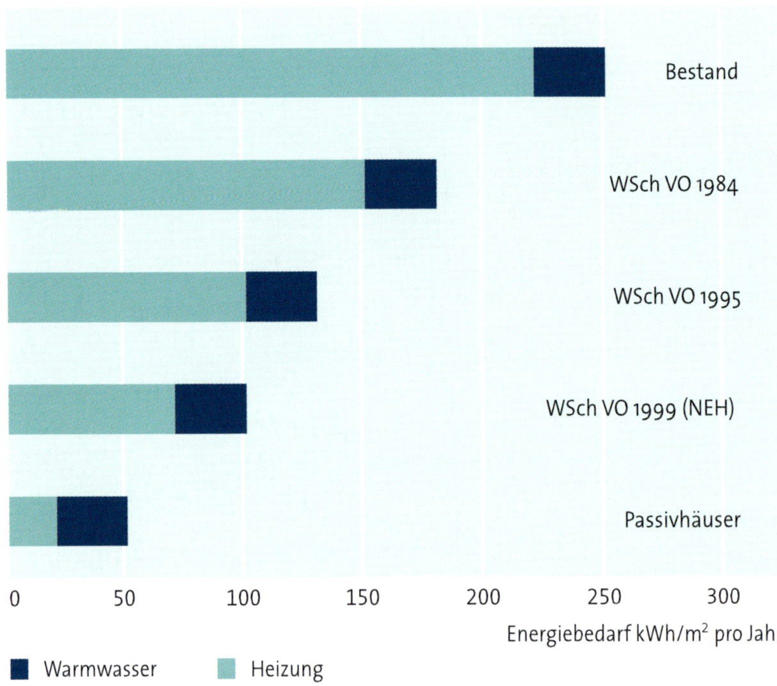

Bild 5.8 Energiebedarf für Heizung und Warmwasser bei unterschiedlichen Wärmedämmstandards

5.1.4 Der Deckungsgrad

Der **Deckungsgrad** beschreibt den Anteil an der Warmwasserbereitung, den das Solarsystem leistet und ist damit eine wichtige Zielgröße. Betrachtet werden dabei die Solarenergie und die vom Heizkessel an den Warmwasserspeicher gelieferte Energie.

Der Deckungsgrad ist definiert als:
D = Solarertrag / (Solarertrag + Energie vom Heizkessel)
Er wird in Prozent angegeben.

Deckungsgrad = Anteil Solarenergie am Gesamtenergiebedarf

Bild 5.9 Der Deckungsgrad beschreibt den Beitrag der Solarenergie

Beim Deckungsgrad werden mögliche Speicher- und Zirkulationsverluste mitberücksichtigt.

Eine 100%ige solare Deckung würde also bedeuten, dass die Sonne für das ganze Jahr ausreichend Wärme liefert. Der Heizkessel würde dann gar nicht gebraucht. Dies ist ohne jahreszeitliche (saisonale) Speicherung nicht möglich.

Bei ca. 60% solarer Jahresdeckung des Trinkwarmwasserbedarfs wird in den Sommermonaten weitgehend eine solare Volldeckung erreicht, so dass der Heizkessel zeitweise außer Betrieb genommen werden kann. Daher wird besonders in Einfamilienhäusern gern eine Deckung von 60% oder mehr angestrebt. Ohne Solaranlage geht nämlich der Heizkessel auch in den Sommermonaten ein- oder zweimal am Tag in Betrieb, um den Warmwasserspeicher aufzuheizen. In dieser Betriebsweise arbeitet der Heizkessel mit großen Verlusten und wesentlich ineffizienter als in der Heizperiode. Gelingt es also, die Solaranlage so zu dimensionieren, dass der Heizkessel den ganzen Sommer über ausgeschaltet werden kann, wird sehr viel Energie eingespart. Während Schlechtwetterperioden kann es jedoch auch im Sommer notwendig werden, den Heizkessel wieder in Betrieb zu nehmen, wenn keine Einschränkungen bei der Warmwassertemperatur hingenommen werden sollen.

Soll außerdem die Heizung solar unterstützt werden, so hängt der Anteil, den die Sonne leisten kann, in hohem Maß vom Wärmebedarf und von der Auslegung des Heizungssystems ab.

5.1.5 Der Systemnutzungsgrad

Der **Systemnutzungsgrad** ist ein wichtiger Parameter zur Bewertung von Solarsystemen. Er gibt an, welcher Anteil der auf den Kollektor eingestrahlten Sonnenenergie vom System umgewandelt und in den Speicher geliefert werden konnte.

Der Systemnutzungsgrad ist definiert als:

η = an den Speicher abgegebene Sonnenenergie/auf die Kollektorfläche eingestrahlte Energie

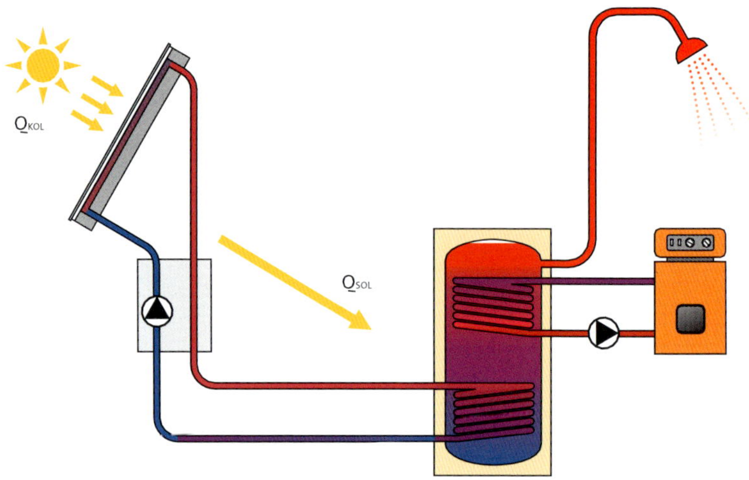

Q_{KOL} = Energie auf die Kollektorfläche

Q_{SOL} = Sonnenenergie in den Speicher

$$\text{Systemnutzungsgrad} = \frac{Q_{SOL}}{Q_{KOL}} \cdot 100\%$$

Bild 5.10 Der Systemnutzungsgrad beschreibt das Verhältnis von Solarertrag zu eingestrahlter Energie.

Im Gegensatz zum Wirkungsgrad betrachtet der Nutzungsgrad einen längeren Zeitraum, zum Beispiel einen Monat oder ein Jahr.

Typische jährliche Systemnutzungsgrade von Kollektoranlagen liegen zwischen 30 und 50 %. Es können also 30 bis 50 % der auf den Kollektor eingestrahlten Sonnenenergie in Form von warmem Wasser vom Verbraucher genutzt werden.

Der Nutzungsgrad bewegt sich deshalb in einem so großen Bereich, weil er von mehreren Faktoren abhängt. Nicht nur die Qualität des Kollektors oder die Sorgfalt der Wärmedämmung von Speicher und Rohrleitungen sind für den Nutzungsgrad ausschlaggebend, er ist in hohem Maße auch vom Verbrauch und vom Deckungsgrad abhängig.

Wird vom Nutzer weniger Energie verbraucht, als die Solaranlage zur Verfügung stellen könnte, sinkt der Nutzungsgrad.

Ist die Anlage dagegen im Verhältnis zum Verbrauch eher klein ausgelegt, wird die Wärme, die sie liefert, immer abgenommen und der Nutzungsgrad ist hoch.

Der Systemnutzungsgrad allein ist daher kein Maß dafür, ob eine Anlage »gut« oder »schlecht« arbeitet, zumal die Energie der Sonne nichts kostet, sondern er muss immer im Zusammenhang mit dem

Deckungsgrad gesehen werden (Siehe »Welche Erträge kann ich von meiner Solaranlage erwarten?« auf Seite 181).

Dabei ist zu beachten, dass der Systemnutzungsgrad mit steigendem Deckungsgrad sinkt (und umgekehrt). Beide verhalten sich also gegenläufig!

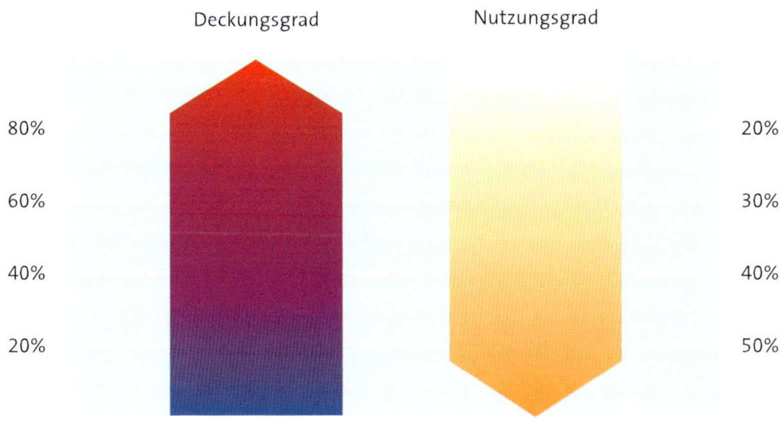

Bild 5.11 Solarer Deckungsgrad und Nutzungsgrad verhalten sich gegenläufig.

Für dieses Verhalten sind zwei Dinge verantwortlich:

- Ein hoher Deckungsgrad bedeutet, dass der Kollektor das Warmwasser auf Solltemperatur bringt und der Kessel möglichst wenig nachheizt. Der Kollektor arbeitet daher auf hohem Temperaturniveau. Mit zunehmender Kollektortemperatur wachsen aber auch die Kollektorverluste und dadurch sinkt der Nutzungsgrad.
- Ein hoher Deckungsgrad erfordert relativ große Kollektorflächen, um auch in den Übergangszeiten einen entsprechenden solaren Beitrag zur Warmwasserbereitung leisten zu können. In den Sommermonaten entstehen dann jedoch Überschüsse, das heißt, ein Teil der eingestrahlten Sonnenwärme wird gar nicht gebraucht, was den Nutzungsgrad senkt.

5.1.6 Der Standort

Die Summe der jährlichen Sonneneinstrahlung beträgt in Deutschland im Mittel ca. 1000 kWh/m^2. Das entspricht dem Energiegehalt von ca. 100 l Öl. Die genaue und für die Auslegung relevante Zahl ist allerdings vom Anlagenstandort abhängig.

In Süddeutschland ist die Sonneneinstrahlung ca. 10 % bis 20 % höher als im Norden. Dies ist natürlich bei der Dimensionierung der Kollektorfläche zu berücksichtigen.

Die genaue Verteilung lässt sich auf Einstrahlungskarten ablesen (Siehe »Welche Erträge kann ich von meiner Solaranlage erwarten?« auf Seite 181).

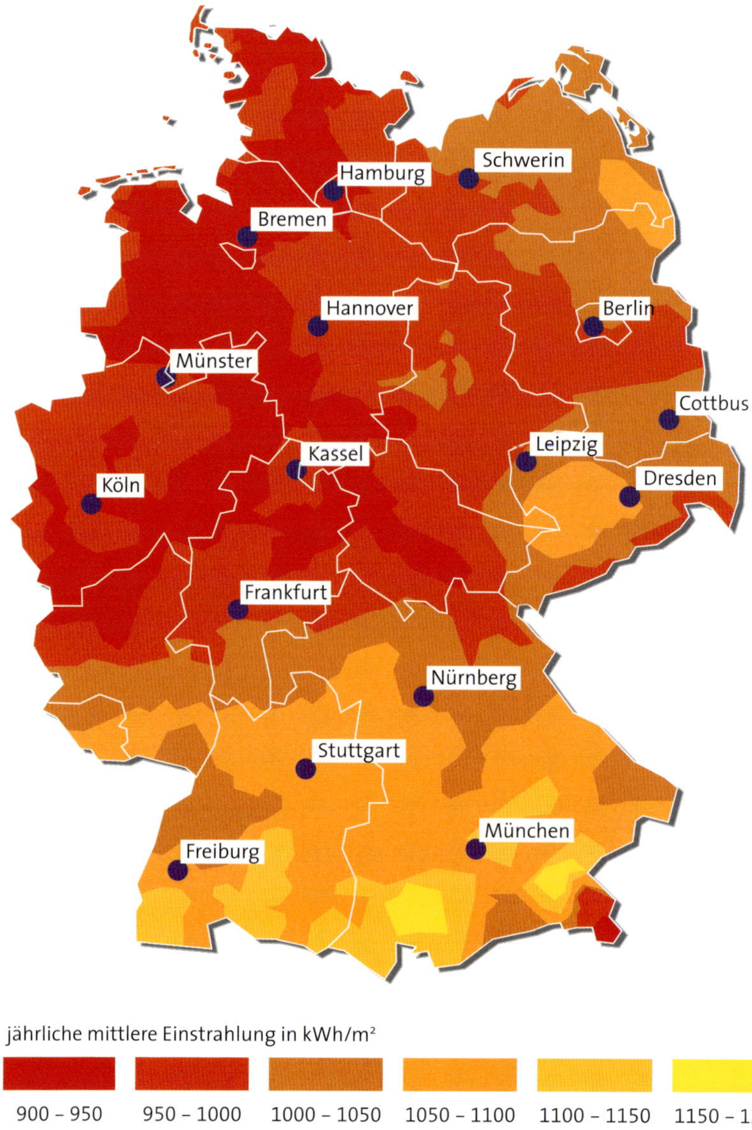

Bild 5.12 Sonneneinstrahlung in verschiedenen Regionen Deutschlands

5.1.7 Der Einfluss von Ausrichtung und Neigung

Maximale Erträge werden bei einer **Südausrichtung** und einer **Neigung** von 35°-50° erzielt. Ein Kompass mit Neigungsmesser leistet hier gute Dienste. Bei Südost- oder Südwestausrichtung entstehen nur geringe Einbußen im Ertrag. Bei größeren Abweichungen von der Südrichtung und anderen Neigungswinkeln kann der Minderertrag durch eine etwas vergrößerte Kollektorfläche kompensiert werden. Auf eine Nachführung wird wegen des großen technischen und energetischen Aufwandes verzichtet.

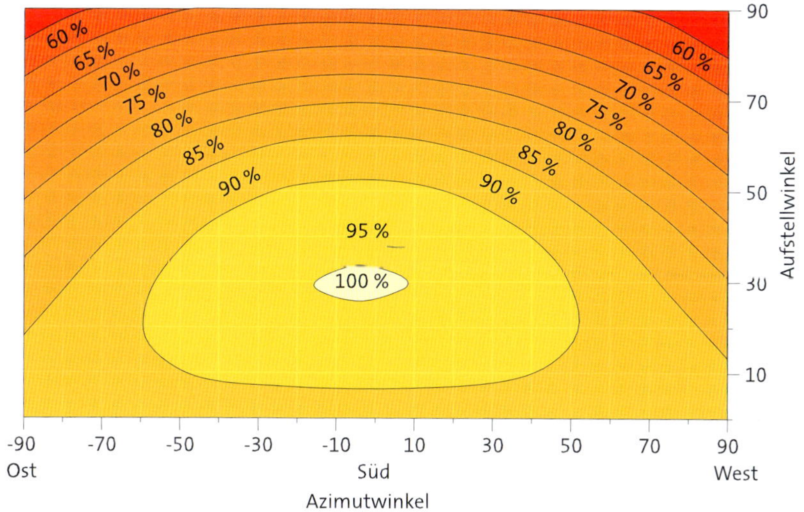

Bild 5.13 Der Solarertrag ist abhängig von Ausrichtung und Neigung der Kollektorfläche.

5.1.8 Die Einbindung der Solaranlage in das Gebäude

Wird ein Gebäude neu geplant, sollte rechtzeitig die Nutzung der Sonnenenergie berücksichtigt werden, denn Gebäude sind langlebige Objekte, in deren Lebensdauer sich die Energiesysteme sehr wohl ändern können – und müssen!

Das betrifft zunächst die Orientierung des Gebäudes nach Süden, Gestaltung von Fenstern, Fassaden, Balkonen und Wintergärten, aber auch die Dachneigung. Eine optimale Ausrichtung und Neigung erleichtert die spätere Nutzung, auch wenn zunächst keine Solaranlage geplant ist. Auch bei der Anordnung und Aufteilung der Dachfläche empfiehlt es sich, vorausschauend zu planen. Der Schornstein wird sinnvollerweise auf dem Norddach angeordnet und das Süddach nach Möglichkeit nicht durch verstreut angeordnete Gauben, Dachfenster, Luken oder Lüfter zerstückelt. Wenn keine zusammenhängenden Flächen vorhanden sind, wird die Solartechnik aufwendiger und kostspieliger (Siehe »Montagemöglichkeiten des Kollektors« auf Seite 52, »Auswahl der Kollektormontageart« auf Seite 125) .

Auch bei der Anlage des Gartens ist die Verschattung zu berücksichtigen. Bäume haben nun mal die Eigenschaft zu wachsen, besonders in den Zeiträumen von denen hier die Rede ist, das Problem wird leider oft unterschätzt. Die kleine niedliche Tanne vor dem Haus ist in einigen Jahren 20 Meter hoch!

Wird die Solaranlage mit dem Neubau errichtet, kann beim dachintegrierten Kollektor Dacheindeckung eingespart werden. Die Kollektormontage erfolgt am besten mit der Eindeckung des Daches. Auch die Einbringung des Speichers und das Verlegen der Rohrleitungen ist beim Neubau unproblematisch.

Besonders bei der solaren Heizungsunterstützung ist es günstig, wenn bei einem Neubau Heizung und Solarsystem gleichzeitig geplant und in Bezug auf Wärmebedarf, Temperaturniveau, Speicherkapazität und Heizkörperflächen aufeinander abgestimmt werden können. Große Heizflächen, Niedertemperatursysteme, Wand- und Fußbodenheizungen sind für den Einsatz der Solaranlage zur Heizungsunterstützung besonders geeignet. Das ermöglicht effektive Systeme, während bei der Nachrüstung von bestehenden Anlagen meist Kompromisse gemacht werden müssen.

Fast jedes Gebäude lässt sich mit Solartechnik nachrüsten, allerdings ist der Aufwand bei Altbauten häufig höher. Es müssen unter Umständen Einschränkungen bei der Leistung und Zuschläge beim Preis in Kauf genommen werden.

Sind Ausrichtung oder Neigung des Daches nicht optimal, kann dies, ebenso wie Verschattung, durch eine vergrößerte Kollektorfläche ausgeglichen werden.

Sind Dachfenster oder Gauben im Weg, können mehrere Kollektorfelder angelegt werden, wodurch aber der Installationsaufwand steigt.

Bild 5.14 Solaranlagen lassen sich auf fast allen Dächern montieren.

Schwierigkeiten bereitet oft das Verlegen der Kollektorkreisrohre durch bewohnte Räume. Da ist es eine große Erleichterung, wenn ein freier Schornsteinzug vorhanden ist, ansonsten kann man auch in das Treppenhaus oder an die Außenwand ausweichen.

Ein Plätzchen für den Speicher findet sich in den meisten Kellern, allerdings passt er nicht durch jede Tür. Für die Aufstellung ist nicht die Höhe, sondern das Kippmaß entscheidend. Wenn kein Keller vorhanden ist, können ein Hausanschlussraum oder eine Dachheizzentrale eingerichtet werden. Diese Fragen werden am besten von Bauherr und Handwerker vor Ort geklärt.

5.2 Die Dimensionierung einer Solaranlage

Bei Solaranlagen müssen in erster Linie die Kollektorfläche und der Speicher dimensioniert werden. Alle anderen Größen für Rohrleitungen, Pumpen, Wärmetauscher, etc. ergeben sich daraus.

5.2.1 Dimensionierung der Kollektorfläche

Die Dimensionierung von Solaranlagen und damit der Kollektorfläche ist von den folgenden Faktoren abhängig:

- Warmwasserverbrauch
- Heizwärmebedarf (wenn Heizungsunterstützung gewünscht wird)
- gewünschter solarer Deckungsgrad
- Standort / Wetter
- Ausrichtung und Neigung
- Kollektortyp (Flachkollektor oder Vakuumröhre)

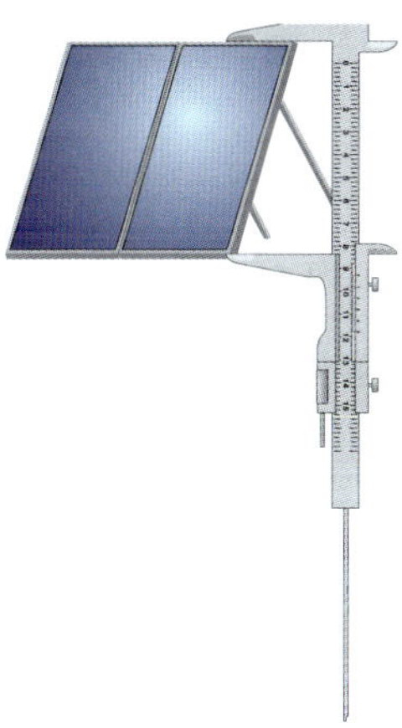

Bild 5.15 Die Dimensionierung der Kollektorfläche muß sorgfältig vorgenommen werden.

Die Frage des Kollektortyps ist insofern entscheidend, als dass Vakuumröhrenkollektoren gegenüber Flachkollektoren eine 20-30% kleinere wirksame Fläche (Bezugs- nicht Bruttofläche, benötigen, um den gleichen Jahresertrag zu erzielen (Siehe »Kollektorkenngrößen« auf Seite 47). Daneben spielt schließlich auch noch die Qualität der Absorberschicht eine wichtige Rolle. Je nachdem, ob schwarzer Lack, selektives Schwarzchrom oder hochselektive Schichten wie Tinox bzw. Sunselect verwendet werden, sind unterschiedliche Erträge zu erwarten (Siehe »Kollektoren« auf Seite 39).

Bei Anlagen zur solaren Heizungsunterstützung geht zusätzlich der Heizwärmebedarf des Gebäudes und die Auslegungstemperatur des Heizungssystems in die Dimensionierung der Kollektorfläche mit ein.

Ist die für die Kollektormontage vorgesehene Fläche nicht optimal, können vielleicht Ausweichflächen auf dem Garagendach, einem Nebengebäude oder Anbau gewählt werden. Auch ist natürlich wichtig, dass die Fläche – das ganze Jahr über – möglichst unverschattet ist.

Die große Auswahl an Kollektoren ermöglicht eine befriedigende Lösung auf fast allen Flächen. Zerstückeln z.B. Dachfenster die Montagefläche, wählt man seinen Kollektor u.U. aufgrund seiner Maße. Es stehen unterschiedliche Montagemöglichkeiten (Dachintegration, Aufdach, oder Freiaufstellung) zur Verfügung. (Siehe »Montagemöglichkeiten des Kollektors« auf Seite 52, »Auswahl der Kollektormontageart« auf Seite 125) .

Ist die vorhandene Fläche zu klein, um mit einem Flachkollektor die gewünschte Deckungsrate zu erzielen, kommt ein Vakuumröhrenkollektor zum Einsatz, obwohl dieser deutlich teurer ist. Bei Anlagen mit Heizungsunterstützung werden oft Vakuumröhrenkollektoren verwendet, weil diese im Frühjahr und im Herbst höhere Temperaturen erzeugen können.

5.2.2 Dimensionierung des Speichers

Ebenso wichtig für einen guten Anlagenertrag ist die richtige Dimensionierung des Speichers.

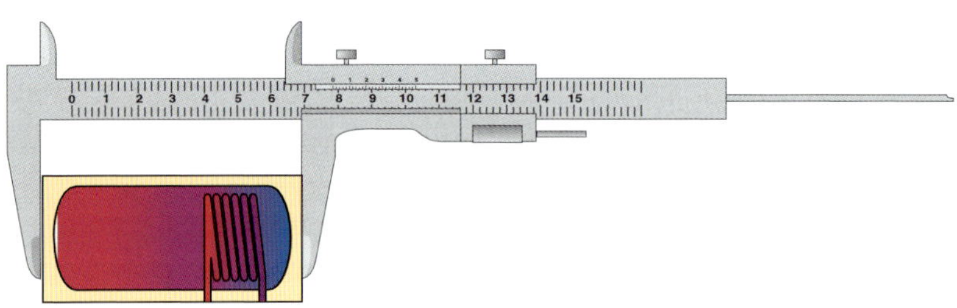

Bild 5.16 Eine sorgfältige Dimensionierung des Speichers ist für das Gesamtsystem wichtig.

Die erforderliche Speichergröße hängt in erster Linie vom Warmwasserverbrauch ab. Zudem ist das Verbrauchsprofil ist entscheidend. Wird viel warmes Wasser tagsüber verbraucht, wenn die Sonne scheint, kann der Speicher beispielsweise kleiner ausfallen, als wenn das Haus tagsüber leer steht und die Nutzer hauptsächlich morgens und abends warmes Wasser verbrauchen.

Ein zu großer Speicher wirkt sich zweifach negativ aus:

- Der Speicher kann von der Sonne nicht richtig erwärmt werden und bleibt immer nur lauwarm.
- Es wird mehr Geld ausgegeben als nötig.
- Wird der Speicher zu klein gewählt, wird er sehr schnell warm, erreicht bald seine Maximaltemperatur und die Solaranlage muss abschalten.
- Noch verfügbare Sonnenenergie wird nicht genutzt. Der Nutzungsgrad der Anlage ist schlecht.
- Die Kollektoren erreichen im Stillstand oft hohe Temperaturen, was sich auf Dauer, da dies Extremzustände sind, negativ auf die Lebensdauer der Kollektoren auswirkt. (Siehe »Kollektorkenngrößen« auf Seite 47)

5.3 Hilfsmittel für die Dimensionierung

Die ausführliche Darstellung der Faktoren, die die Auslegung einer Solaranlage bestimmen, sollte vor allem dazu dienen, Ihnen das nötige Hintergrundwissen zu vermitteln, um die Arbeit des Fachmanns beurteilen zu können. Derart detaillierte Berechnungen sind allerdings nur bei großen Anlagen sinnvoll. Für Solaranlagen auf Ein- und Zweifamilienhäusern ist dagegen eine Dimensionierung anhand der zahlreichen vorhandenen Auslegungshilfen vollkommen ausreichend.

5.3.1 Faustformeln

Für die Trinkwassererwärmung:
Bei mittlerem Verbrauch (ca. 40 Liter warmes Wasser mit 45 °C pro Person und Tag) und guter Ausrichtung werden für eine 60 % Deckung des Trinkwarmwasserbedarfs pro Person ca. 1 bis 1,5 m^2 Flachkollektor benötigt. Für das Solarspeichervolumen wird der 1,5 bis zweifache Tagesbedarf aller Haushaltsmitglieder an Warmwasser angesetzt.

Für die Trinkwassererwärmung mit Heizungsunterstützung gilt:

Ca. 1 m^2 Kollektorfläche pro 1 kW Heizleistung.

Für ein Gebäude mit durchschnittlichem Dämmstandard (100 kWh/m^2a) bedeutet das: 1 m^2 Kollektorfläche und 50-70 Liter Speichervolumen pro 10 m^2 Wohnfläche als Ausgangsgröße. Hier sollten jedoch unter Berücksichtigung des Heizungssystems detaillierte Berechnungen vorgenommen werden.

Ausschliesslich Schwimmbaderwärmung:

Für die Erwärmung eines Swimmingpools, der sich im Freien befindet und nur im Sommer genutzt wird, werden 0,5 bis 1 m^2 Absorbermatte pro m^2 Beckenoberfläche veranschlagt. Die benötigte Fläche richtet sich auch danach, ob eine Abdeckung für das Schwimmbad vorhanden ist und welche Wassertemperatur gewünscht ist. Auf konventionelle Erwärmung kann meist verzichtet werden.

Bei ganzjährig genutzten Bädern im Gebäude werden ca. 0,5 m^2 Flachkollektoren pro m^2 Beckenoberfläche eingesetzt.

Kombination Trinkwassererwärmung und Swimmingpool:

Die Kollektorfläche wird etwas größer ausgelegt als für die reine Trinkwassererwärmung, bis zu zusätzlich 0,5 m^2 pro m^2 Beckenfläche.

Kombination Trinkwassererwärmung, Heizungsunterstützung und Swimmingpool:

Diese Kombination ist insofern ideal, als dass Überschüsse, die im Sommer durch große Kollektorflächen entstehen, für die Schwimmbaderwärmung genutzt werden können. Es wird demnach keine zusätzliche Kollektorfläche für die Schwimmbaderwärmung benötigt und die Dimensionierung erfolgt wie bei den Anlagen zur Trinkwassererwärmung mit Heizungsunterstützung.

5.3.2 Nomogramme

Eine gegenüber den Faustformeln detailliertere Dimensionierung von Anlagen für die Trinkwarmwasserbereitung lässt sich mit dem abgebildeten Nomogramm vornehmen, das alle wichtigen Auslegungskriterien berücksichtigt.

Ausgehend von der Anzahl der Haushaltsmitglieder – in der Grafik 4 Personen (s. grauer Pfeil) – wird zunächst eine Linie senkrecht nach oben gezogen. Wo diese Linie die Achse des jeweiligen Tagesbedarfes schneidet, wird eine waagerechte gezogen, die das erforderliche Speichervolumen angibt. An der gewünschten Deckungsachse wird die Linie, immer den roten Hilfslinien folgend, nach unten gezogen und so fort.

An den Achsen für den Standort kann die unterschiedliche Einstrahlung zwischen Nord- und Süddeutschland berücksichtigt werden. Bis zum Ende fortgesetzt zeigt die Linie dann auf die benötigte Kollektorfläche.

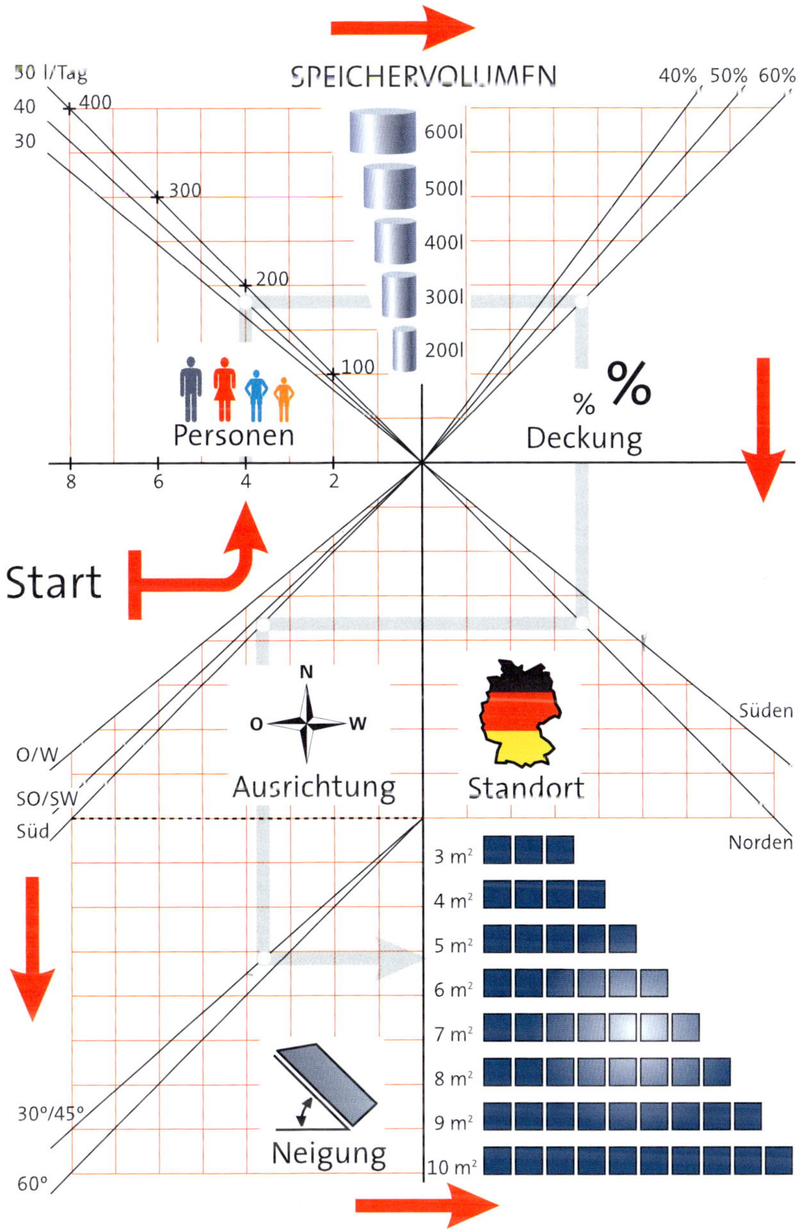

Bild 5.17 Dimensionierung von Speicher und Kollektorfläche anhand eines Nomogrammes

5.3.3 Computerprogramme

Für Anlagen, die von Standardsystemen abweichen, oder für die Berechnung von Ertragsprognosen eignen sich einschlägige Computerprogramme zur Simulation von Solaranlagen.

Diese berücksichtigen sämtliche Einflussfaktoren einschließlich des Wetters am gewünschten Standort und ermitteln den Anteil der Solarenergie, die eingesparte Energie, Deckungs- und Nutzungsgrade bis hin zu CO_2-Einsparung und Temperaturverläufen.

F-CHART

F-CHART ist ein einfaches Berechnungsprogramm für Solaranlagen nach dem sogenannten Korrelationsverfahren. Hauptanwender dieses Programms sind Heizungsbau- und Solarfachbetriebe.

F-Chart berücksichtigt Standort, Kollektortyp, Neigung, Ausrichtung, Durchfluss, Speichergröße und Warmwasserverbrauch, nicht aber Verschattung und verschiedene Anlagenvarianten . Für den Laien ist F-Chart leicht zu erlernen und problemlos zu bedienen.

In übersichtlicher Tabellenform und als Blockgrafik erhält man mit F-Chart Informationen über die Erträge, Deckungs- und Nutzungsgrade sowie über eingesparte Schadstoffe, allerdings nur in monatlicher Auflösung.

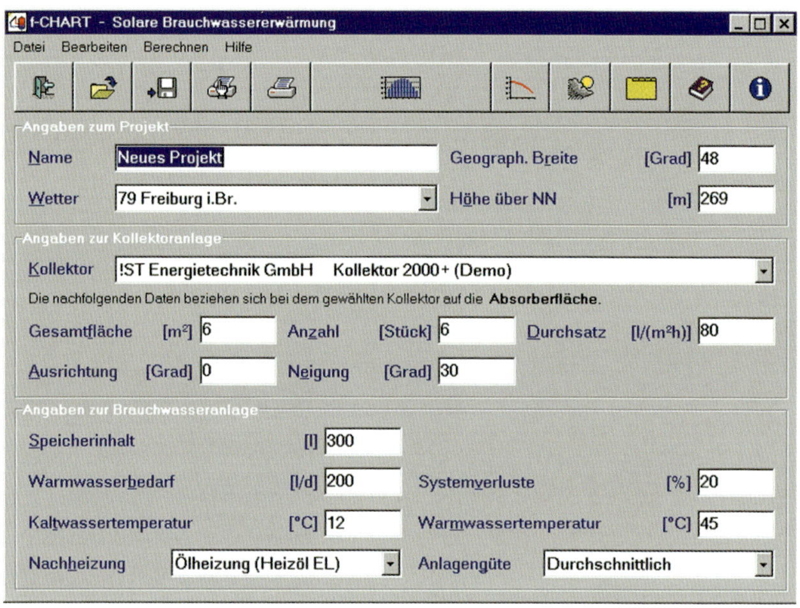

Bild 5.18 Bildschirmansicht des F-CHART-Programms

GET-Solar

GET-Solar in der Version 6.0 leistet die schnelle Simulation von Sonnenkollektoranlagen, auch mit Ermittlung der Überschüsse zur Heizungsunterstützung oder Schwimmbaderwärmung. GET-Solar arbeitet nach dem sogenannten Zeitschrittverfahren. Das heißt, der zu betrachtende Zeitraum wird in viele kleine (Minuten-) Schritte unterteilt und berechnet. Es sind Modelle für alle wesentlichen Komponenten (Kollektoren, Speicher, Rohrleitung, Wärmetauscher, etc.) für festgelegte Anlagenschemata hinterlegt. Darüber hinaus bietet es noch diverse Hilferechenfenster, beispielsweise zur Anlagenmomentanleistung und Kollektorstillstandstemperatur oder als Dimensionierungshilfe für Ausdehnungsgefäße im Kollektorkreis. Die übersichtlich zusammengestellten Simulationsergebnisse können direkt mit Textverarbeitungs- oder Tabellenkalkulationsprogrammen weiterverarbeitet werden.

Die Struktur von Get-Solar unterstützt insbesondere die schnelle Klärung von Dimensionierungsfragen und stellt keine hohen Anforderungen an das Computerwissen des Anwenders. Deshalb ist es nicht nur für die Aus- und Weiterbildung, sondern auch für die Kundenberatung interessant. Einen Eindruck vermittelt die im Internet (kostenlos) abrufbare Demonstrationsversion, die für allgemeine Rechnungen, beispielsweise im Schulunterricht, frei verwendbar ist (Adresse siehe Anhang).

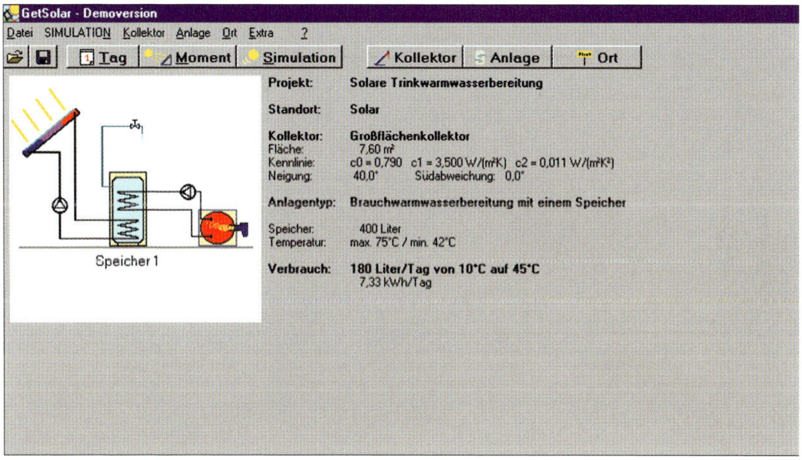

Bild 5.19 Bildschirmansicht des Get-Solar-Programms

T*SOL

T*SOL ist ein sehr viel detaillierteres Programm zur Simulation von Solarsystemen, welches ebenfalls nach dem Zeitschrittverfahren arbeitet. T*SOL wird vor allem von Fachplanern und Ingenieuren genutzt. Es beinhaltet die drei Funktionen Auslegung, Simulation und Wirtschaftlichkeitsberechnung. Es stehen fünf Anlagenschemata, zwei davon mit Heizungsunterstützung, zur Verfügung, die ihrerseits noch vielfach variiert werden können.

Das Programm berücksichtigt zusätzlich zu den in diesem Kapitel genannten Parametern noch Rohrleitungs-, Speicher- und Zirkulationsverluste, Kesselnutzungsgrade, Kollektor- und Wärmetauscherkenngrößen.

Neben der Verbrauchsmenge werden, – was sehr wichtig sein kann –, Verbrauchsprofile miteinbezogen, die zwar vorgegeben sind, aber auch verändert werden können.

Trotz der Vielzahl von Funktionen und Möglichkeiten ist das Programm recht übersichtlich aufgebaut, gut zu handhaben und mit detaillierten Hilfetexten hinterlegt. Während der Simulation werden Energien und Temperaturen im Anlagenschema schrittweise dargestellt, weshalb das Programm auch zur Schulung und Demonstration bestens geeignet ist.

Neben dem Ergebnisblatt, das alle wichtigen Anlagendaten und Ergebnisse enthält, können detaillierte Grafiken von Temperatur- und Energieverläufen dargestellt und verglichen werden, um Anlagensysteme zu optimieren.

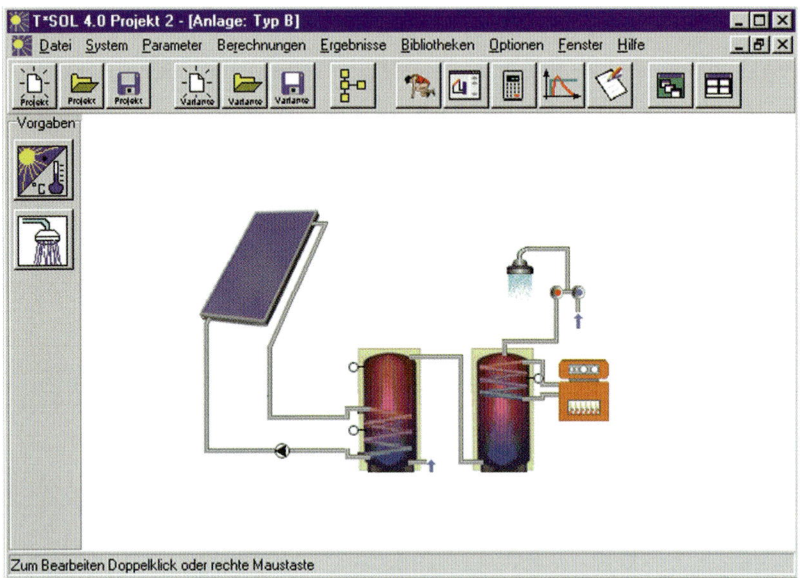

*Bild 5.20 Bildschirmansicht des T*SOL- Programms*

Polysun

Polysun in der Version 3.0 ist ebenfalls ein umfangreiches Programm zur Simulation von Solarsystemen nach dem Zeitschrittverfahren. Es bietet Anlagenschemata zur Trinkwassererwärmung und zur solaren Heizungsunterstützung. Standardanlagen sowie Anlagen mit Low-Flow-Prinzip, internen/externen Wärmetauschern und mit Schichten- und Kombispeichern können simuliert werden. Es besteht die Möglichkeit, die optimale Kollektorneigung und -ausrichtung in Abhängigkeit der Horizontalverschattung zu ermitteln. Bei Anlagen mit Raumheizungsunterstützung wird der Gebäudewärmebedarf mit dem integriertem Gebäudesimulationsprogramm Helios-PC ermittelt. Polysun bietet neben einer umfangreichen Kollektordatenbank auch eine Gebäudedatenbank mit über 20 Gebäudetypen.

Zur Ergebnisdokumentation kann aus drei verschiedenen Reports gewählt werden, die sich in der jeweiligen Detailtiefe unterscheiden: dem kundenorientierten Präsentationsreport, dem Detail-Report und dem Ingenieursreport. Eine Wirtschaftlichkeitsanalyse und eine Ökobilanz runden das Programm ab.

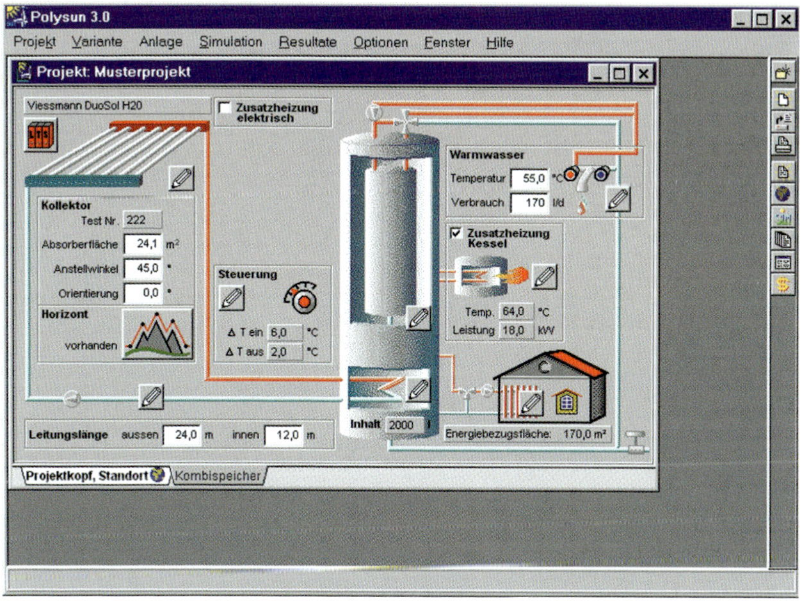

Bild 5.21 Bildschirmansicht des POLYSUN- Programms

6. Auswahl der Komponenten

Der Markt für Solartechnik ist in den letzten Jahren stark gewachsen. Eine immer größer werdende Zahl von Anbietern stellt den Kunden oft vor die Qual der Wahl. Wir wollen an dieser Stelle Hilfe bei der Auswahl der Komponenten für Ihr Solarsystem leisten. Erwarten Sie aber bitte nicht, dass wir Ihnen konkrete Produkte nennen. Wir können weder die »richtigen« Elemente für Ihre Anlage aussuchen, noch werden wir Produkte in gut oder schlecht einteilen. Diese Art der Beurteilung führt zum Beispiel die Stiftung Warentest durch. Wir möchten Sie in die Lage versetzen, unterschiedliche Komponenten aufgrund von Material und Funktion beurteilen und die für Ihren konkreten Fall optimale Wahl treffen zu können. Wenn Sie Angebote vergleichen, ist es wichtig zu erkennen, worin sich die Produkte unterscheiden. Sie sollen einschätzen können, wie Preisunterschiede zu Stande kommen und ob sie gerechtfertigt sind. Nur dann können Sie Ihrem Systemanbieter auch die richtigen Fragen stellen.

6.1 Auswahl der Kollektoren

Die heute auf dem Markt angebotenen Produkte sind generell ausgereift und langlebig. Dies haben Tests und Langzeituntersuchungen bestätigt. Sonnenkollektoren lassen sich auf nahezu jedem Gebäude sinnvoll errichten und helfen so, den Primärenergieeinsatz im privaten Wohnungsbereich deutlich zu reduzieren. (Siehe »Kollektoren« auf Seite 39)

Kriterien zur Auswahl des Kollektors

Die Auswahl des Kollektors ist im Wesentlichen von drei Kriterien abhängig.

1. Technik – welche Anwendung wird gewünscht:

- Schwimmbaderwärmung
- Trinkwarmwassererwärmung
- Heizungsunterstützung

2. Geometrie – wie ist die vorgesehene Fläche beschaffen:

- ausreichend groß?
- günstige Neigung und Ausrichtung?
- Flachdach?

3. Qualität und Optik – welche Anforderungen werden an den Kollektor gestellt in Hinblick auf:

- Qualität
- Optik
- Ertrag
- Ökologie

Technik

Für die Schwimmbaderwärmung werden in der Regel einfache Absorbermatten eingesetzt, diese sind für den geforderten Zweck völlig ausreichend und sehr kostengünstig.

Bei der Trinkwassererwärmung, auch in Kombination mit Schwimmbaderwärmung kommen Flachkollektoren zum Einsatz. Wird zusätzlich noch Heizungsunterstützung gewünscht, sollte ein hochwertiger Flachkollektor mit selektiver Beschichtung oder ein Vakuumröhrenkollektor gewählt werden.

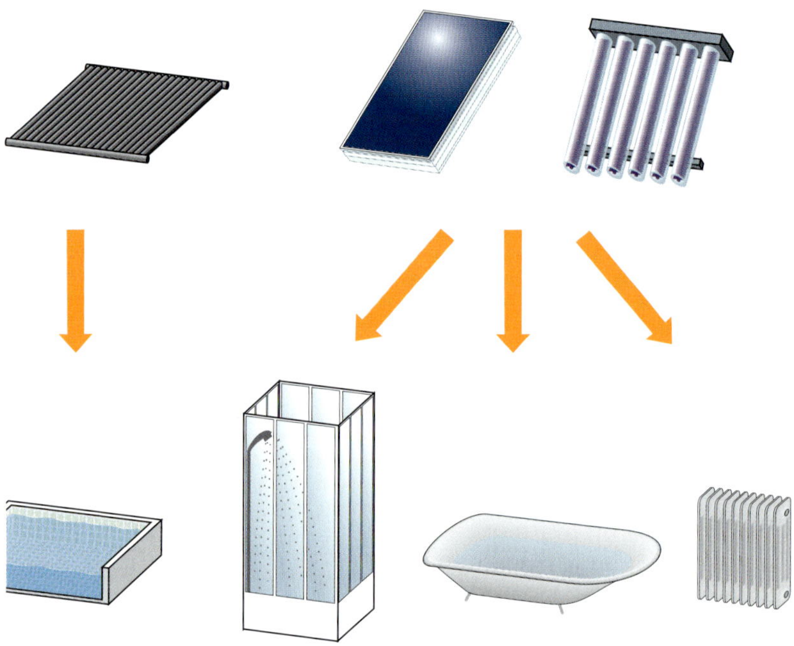

Bild 6.1 Auswahl der Kollektoren nach Anwendungsgebiet

Geometrie

Ist die vorgesehene Dachfläche zu klein oder hat sie eine ungünstige Neigung oder Ausrichtung, kann das bei der Wahl der Kollektoren eine entscheidende Rolle spielen. Ein Vakuumröhrenkollektor benötigt für den gleichen Ertrag weniger Fläche, weshalb er bei knappem Platzangebot bevorzugt zum Einsatz kommt.

Sind Dachfenster, Gauben oder Schornsteine im Weg, findet sich aufgrund der großen Auswahl an Kollektoren mit unterschiedlichen Abmessungen meist eine befriedigende Lösung.

Bei Flachdächern müssen die Kosten der Aufständerung für die Kollektoren mitberücksichtigt werden. Hier ist die Verwendung eines Vakuumröhrenkollektors unter Umständen günstiger, wenn dieser flach auf das Dach gelegt werden kann, was allerdings nur mit direktdurchströmten Röhren möglich ist. Heizungsunterstützung ist jedoch bei dieser horizontalen Montage kaum mehr möglich, da die Erträge bei der niedrig stehenden Sonne im Winter gering sind.

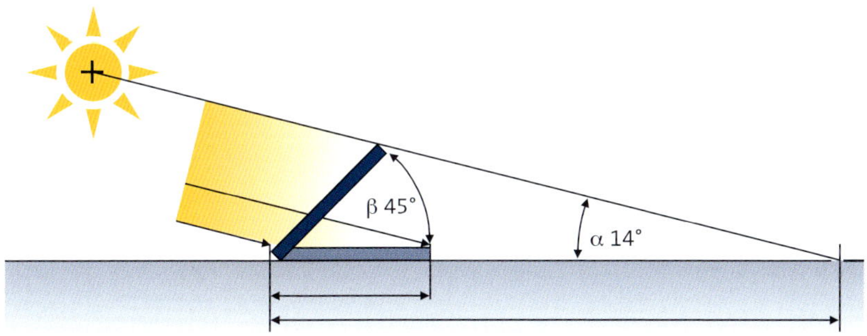

Bild 6.2 Zusammenhang zwischen nutzbarer Einstrahlung und Kollektoraufstellwinkel bei niedrigem Sonnenstand

Qualität, Optik und Umweltschutz

Natürlich spielt auch eine erhebliche Rolle, ob Ihnen der angebotene Kollektor gefällt. Manch einer gibt sich mit einem einfachen Produkt zufrieden, wenn es ein gutes Preis-Leistungs-Verhältnis garantiert, während andere gerne ein edles »High-Tech«-Produkt haben möchten und auch etwas mehr dafür ausgeben, die modernste und innovativste Technik in ihrem Hause einzusetzen.

Neben den verwendeten Materialien unterscheiden sich die Kollektoren im Aufwand der Wärmedämmung, in der Güte der Absorberbeschichtung, der Anschlusstechnik, der transparenten Abdeckung und deren Eindichtung in das Kollektorgehäuse.

Bei dachintegrierten Kollektoren spielt es keine Rolle, wie die Rückwand ausgeführt ist. Wird der Kollektor jedoch frei aufgestellt, sollte die Rückwand aus stabilem Blech (Aluminium, Edelstahl) bestehen. Nur dies gewährleistet, dass die Kollektoren dauerhaft dicht sind und nicht durch Vogelfraß beschädigt werden. Auch die Rohrleitungen müssen gegen UV-Strahlung und gegen Vogelfraß geschützt werden, wie Bild 6.3 verdeutlicht.

Bild 6.3 Durch Vogelfraß beschädigte Rohrwärmedämmung eines freiaufgestellten Kollektors (Foto VIESSMANN)

Eine selektive Absorberbeschichtung wird den Wirkungsgrad des Kollektors verbessern und eine gute Wärmedämmung, die den seitlichen Rand miteinbezieht, wird die Wärmeverluste verringern. Diese technischen Details schlagen sich in den Kennwerten eines Kollektors nieder und können anhand der Datenblätter verglichen werden.

Auf jeden Fall sollte der Kollektor eine vermessene Kennlinie und von einem anerkannten Prüfinstitut zertifizierte Kennwerte vorweisen können. Können diese Daten, die die allermeisten Hersteller anbieten, nicht vorgelegt werden, ist dies ein Grund misstrauisch zu werden.

Auch eine Bauartzulassung sowie der »Blaue Umweltengel« sind heute Teil eines zuverlässigen Produktes. Viele Hersteller gewähren auf ihre Kollektoren eine Garantie von 10 Jahren.

Neben den technischen und konstruktiven Details ist natürlich oft die Optik ein entscheidendes Argument. Die meisten Hersteller bieten die Kollektoren mit Aluminiumrahmen an. Nun passt sich ein farbig eloxierter oder pulverbeschichter Rahmen sicherlich gefälliger in die Dachfläche ein als ein silbern glänzender. Auch bei der Glasabdeckung gibt es Unterschiede, die meist mehr Wirkung auf das ästhetische Empfinden des Betrachters haben als auf die technischen Daten des Produktes. Glatte Glasscheiben lassen den Blick bis auf die – oft streifenförmige – Absorberoberfläche fallen. Demgegenüber gibt ein einseitig leicht strukturiertes Glas eine ruhigere, gefälligere, leicht matte Kollektoransicht. Manche Kollektorhersteller verwenden diese Gläser auch um fertigungsbedingte Schattierungen in der Absorberbeschichtung, die übrigens kaum die Funktion beeinträchtigen, zu kaschieren.

Großkollektoren, wie sie mit Flächen von 3 bis >10 m² angeboten werden, sind sicherlich etwas unhandlich in der Montage, erfordern aber weniger Verrohrungsaufwand, erzeugen weniger Randverluste und vermitteln optisch einen geschlosseneren Eindruck als ein aus Standardmodulen (2 m²)zusammengesetztes Kollektorfeld.

Nach ökologischen Gesichtspunkten, die vielen Besitzern von Solaranlagen verständlicherweise am Herzen liegen, können die verwendeten Materialien, deren Recyclingfähigkeit und der Energieaufwand für die Herstellung beurteilt werden. Einige Hersteller verwenden anstelle des üblichen Aluminiums Holzrahmen, allerdings hauptsächlich bei den dachintegrierten Kollektoren. Der Holzrahmen verschwindet komplett unter dem Dacheindeckrahmen und ist so vor der Witterung geschützt. Bei den Absorberbeschichtungen sind die modernen Beschichtungsverfahren in Vakuumkammern (Sputtern, CVD, PVD) wesentlich umweltfreundlicher als galvanische Prozesse und garantieren obendrein bessere Absorptions- und Emissionswerte. Diese Beschichtungsverfahren werden unter anderem von den Firmen Tinox und Interpane angewandt. (Siehe »Kollektoren« auf Seite 39)

Aluminium, Kupfer und Glas, die Hauptbestandteile der meisten Kollektoren, sind energieaufwendige Materialien. Trotzdem trifft die Legende, dass Solaranlagen mehr Energie für ihre Herstellung benötigen als sie erzeugen, für keinen Kollektor zu, auch dann nicht, wenn man den Rest der Anlage mit in die Rechnung einbezieht. Wenn die Anlage vernünftig arbeitet, wird sie in der Regel die zur Herstellung benötigte Energie in ein bis zwei Jahren erwirtschaftet haben. Ein Kollektor, der 20 oder mehr Jahre arbeitet, erzeugt sehr viel mehr Energie als bei seiner Herstellung verbraucht wurde. Wichtig ist, dass er tatsächlich witterungsbeständig und langlebig ist und dafür kann auch der Einsatz von Aluminium gerechtfertigt werden.

Viele Kollektoren sind schon mit dem »Blauen Umweltengel« ausgezeichnet. Dies garantiert unter anderem das Recycling der Kollektoren nach Erreichen ihrer Lebensdauer, einen bestimmten Wärmeertrag und die Verwendung FCKW–freier Dämmstoffe.

6.2 Auswahl der Kollektormontageart

Zur Auswahl stehen vier Möglichkeiten der Kollektormontage. Die Aufdachmontage, die Indachmontage, die Freiaufstellung und die Fassadenmontage. Diese unterscheiden sich im äußeren Erscheinungsbild, Montageaufwand und Preis erheblich. (Siehe »Montagemöglichkeiten des Kollektors« auf Seite 52)

Sollen die Kollektoren auf dem Dach platziert werden, ist unabhängig von der Montageart vom Handwerker Folgendes zu prüfen:

Wie lange hält Ihr Dach noch? Ihre Solaranlage wird über 20 Jahre arbeiten. Muss das Dach in dieser Zeit saniert werden, erhöht sich der Aufwand beträchtlich, da die Solaranlage wieder demontiert werden muss. Die Lebensdauer des Daches sollte also die der Solaranlage überschreiten.

Bild 6.4 Dieses Dach sollte vor der Kollektormontage saniert werden.

Passen die verwendeten Materialien zu meiner Dacheindeckung bzw. Dachentwässerung? Besonders die Kombination von Kupfer und Zink kann zu Korrosionsproblemen führen. Der Solarmarkt bietet auch hier die passende Lösung für Ihr Dach.

6.2.1 Dachintegration des Kollektors

Eines vorweg: Wie überall hat auch bei der Indachmontage Qualität ihren Preis. Da die Dichtheit Ihres Daches aber oberste Priorität haben muss, sollte hier auf keinen Fall gespart werden.

Diese Montagevariante ist nur bei Flachkollektoren möglich. Für Röhrenkollektoren werden auf dem Markt noch keine geeigneten Montagesets angeboten. Die Indachmontage ist die architektonisch eleganteste Variante, da die Kollektoren, ähnlich einem Dachfenster, in die Dachhaut integriert werden. Meist ist sie jedoch auch am montageaufwendigsten und teuersten. Die meisten Hersteller bieten für ihre Kollektoren Dachintegrationssets an, mit denen die Kollektoren zuverlässig in die Dachhaut integriert werden können. Die verwendeten Rahmen sind erprobt und ausgereift. Misstrauisch sollten Sie werden, wenn man Ihnen eine Indachmontage zum gleichen Preis wie eine Aufdachmontage anbietet. Einige Firmen bieten auch im Einfamilienhausbereich, wenn großflächige Kollektoren mit über 6 Quadratmeter Fläche eingesetzt werden, eine Kranmontage des Kollektors an. Ob dies finanziell günstiger ist, ist im konkreten Fall zu prüfen.

Insbesondere, wenn bei der Errichtung der Solaranlage das Dach neu gedeckt wird, bietet sich die Indachmontage an. Dann ersetzen die Kollektoren die sonst benötigte Dacheindeckung. Es gibt allerdings Fälle, wo eine Dachintegration nur schwer möglich ist:

Bild 6.5 Indachmontage bei Pfannendächern

Flache Dachneigung

Die meisten Dachintegrationssysteme können erst ab einer bestimmten Dachneigung eingesetzt werden, die vom Hersteller angegeben wird. Unter der angegebenen Dachneigung (meist kleiner 20°) wird in der Regel keine Gewährleistung für die Dichtheit des Daches übernommen! In so einem Fall ist die Aufdachmontage vorzuziehen.

Unabhängig von der Montageart sinkt bei sehr flacher Dachneigung der Ertrag der Anlage deutlich und der Selbstreinigungseffekt wird schlechter.

Ungeeignete Dacheindeckung

Grundsätzlich kann man Kollektoren in jede Dacheindeckung so montieren, dass das Dach hinterher auch dauerhaft dicht ist. Egal, ob Dachsteine aus Beton, Tonziegel, Schiefer, Bitumenbahnen oder Blech als Dachhaut verwendet werden.

Die meisten Kollektorhersteller beschränken sich darauf, ein Dachintegrationsset anzubieten. Dies ist auf die typischen Pfannendächer zugeschnitten, da diese Dacheindeckung am meisten verbreitet ist. Bei anderen Dacheindeckungen wie Biberschwanzdächern ist vom Handwerker zu prüfen, ob das angebotene System für diese Eindeckung geeignet ist. Bei der Montage auf Dächern mit Faserzementplatten und Schieferdächern sollte grundsätzlich ein Dachdecker miteinbezogen werden.

Findet sich trotz Sichtung der Angebotspalette verschiedener Hersteller kein für ihre Dacheindeckung passendes Indachmontagesystem, bleibt immer noch die Möglichkeit, sich von einem Dachdecker oder Dachklempner vor Ort ein passendes System anfertigen zu lassen. Dabei sollte man mehrere Angebote einholen und sich für einen erfahrenen Handwerker entscheiden. Oberste Priorität muss die Dichtheit des Daches haben. Im Zweifelsfall wird hier wie auch bei Bitumendächern oder Faserzementwellplatten eine Aufdachmontage empfohlen.

6.2.2 Aufdachmontage des Kollektors

Bei der Aufdachmontage werden die Kollektoren einige Zentimeter über der Dachhaut montiert. Dabei wird die Dachhaut nur an den Stellen durchdrungen, wo die Tragekonstruktion mit der Dachkonstruktion verbunden wird. Die Kollektorkreisrohre werden oft mittels Lüfterziegel durch die Dachhaut geführt. Der Montageaufwand ist deutlich geringer, wodurch die Aufdachmontage im Normalfall preisgünstiger ist. Falls die Solaranlage in einem schneereichen Gebiet montiert werden soll, sollte beim Hersteller nachgefragt werden, ob die Montagesets verwendet werden können.

Bild 6.6 Aufdachmontierte Kollektoren (Foto Solvis)

6.2.3 Freiaufstellung – Aufstellung auf dem Flachdach

Steht Ihnen keine geeignete Dachfläche zur Verfügung, kann das Kollektorfeld auf einem verschattungsfreien Teil des Grundstücks montiert werden. Besitzen Sie ein Flachdach, kann auch dieses für die Unterbringung genutzt werden. Die Befestigung der Kollektoren kann auf zwei Arten erfolgen.

1. Besonders bei Flachdächern mit Kiesauflage ist eine Aufständerung der Kollektoren mittels Wannen oder Trapezblechen zu empfehlen. Fehlt diese Kiesauflage, können Betongewichte auf die Dachhaut gelegt und die Kollektoren darauf verschraubt werden. Unter die Gewichte müssen unbedingt sogenannte Bautenschutzmatten gelegt werden, die eine Verletzung der Dachhaut verhindern.
2. Ist die Deckenplatte aus statischer Sicht nicht dafür geeignet, zusätzliche Lasten aufzunehmen, muss die Unterkonstruktion der

Kollektoren durch die Dachhaut mit der Dachkonstruktion verbunden werden. Besonders, wenn das Dach gleichzeitig saniert werden soll, empfiehlt sich diese Variante, da eine sichere und dauerhafte Einbindung der Aufständerung leichter möglich ist als bei einem bestehenden Dach.

Bild 6.7 Freiaufstellung mit Betongewichten

Während bei der ebenenerdigen Aufstellung das größte Problem die Wahl einer geeigneten, schattenfreien Stelle ist, ist die Montage auf dem Flachdach mit etwas mehr Planungsaufwand verbunden. Denn anders als bei der Dachintegration stehen die Kollektoren wie ein Segel vom Dach weg und bieten so eine gute Angriffsfläche für den Wind. Die Belastung für das Dach wird dadurch nicht mehr allein durch das Gewicht der Kollektoren bestimmt. Eventuell muss ein Statiker zurate gezogen werden, der Vorgaben für die Unterkonstruktion und Lasteinleitungspunkte machen muss.

Muss die Dachhaut durchdrungen werden, weil das Kollektorfeld mit der Dachkonstruktion verschraubt werden soll, sollte ein Dachdecker mit in die Planung einbezogen werden. Nur er kann beurteilen, ob die festgelegten Durchdringungspunkte auch im Sinne der Flachdachrichtlinien sinnvoll bzw. möglich sind.

Auch die Lebensdauer des Dachs muss berücksichtigt werden. Wenn Ihr Dach sowieso demnächst saniert werden muss, sollte die Kollektormontage sinnvollerweise zusammen mit der Dachsanierung durchgeführt werden.

6.2.4 Fassadenmontage des Kollektors

Wenn weder Freiaufstellung noch Flachdachmontage möglich sind, können die Kollektoren auch an der Fassade, sprich an einer südorientierten Hauswand befestigt werden. Hier bieten sich drei Varianten an:

- Die Kollektoren werden mit einer Dreieckskonstruktion an der Fassade befestigt und haben damit einen für den Ertrag der Anlage geeigneten Neigungswinkel.
- Die Kollektoren werden in die Fassade integriert bzw. senkrecht an die Fassade montiert. In diesem Fall muss die ungünstige Neigung der Kollektoren durch eine etwas größere Kollektorfläche ausgeglichen werden.
- Entscheidet man sich für den Einsatz von Vakuumröhrenkollektoren, können diese auch als gestalterisches Element, z.B. als Balkonbrüstung, verwendet werden.

Bild 6.8 Fassadenintegrierte Kollektoren als gestalterisches Element (Fotos Stiebel-Eltron)

6.2.5 Was ist bei der Kollektormontage zu beachten

Bei allen Montagevarianten muss besonderes Augenmerk auf die verwendeten Materialien und die Verarbeitung am Dach gelegt werden. Die Bauteile sind über einen langen Zeitraum (über 20 Jahre) den Umwelteinflüssen ausgesetzt. Sie müssen daher gegen

- Temperaturschwankungen von –25 °C bis +80 °C
- Regen und Schnee
- UV-Strahlung
- Vogelfraß

beständig sein.

An dieser Stelle noch ein paar Worte zum Thema Silikon. Dieses Material, gemeint ist hier Silikondichtstoff aus Kartuschen, eignet sich grundsätzlich aufgrund seiner Materialeigenschaften (UV-beständig, temperaturbeständig bis über 200 °C, elastisch) für alle möglichen Dichtarbeiten am Dach. Wird Silikon im Werk zur Abdichtung von Eindeckrahmen oder Einkleben von Glasscheiben verwendet, ist dies unproblematisch. Auf der Baustelle jedoch geht es immer staubig und schmutzig zu. Wenn dann noch ein bisschen Regen und Kälte dazu kommt, ist es selbst bei größter Sorgfalt des Handwerkers nicht möglich, das Silikon auf eine trockene, staub- und fettfreie Oberfläche aufzutragen. Spätere Undichtigkeiten sind hier vorprogrammiert. Zudem haften Silikone nicht auf allen Werkstoffen gleich gut.

Auch die Abdichtung von überlappenden Blechen mit Silikon ist problematisch. Durch die hohen Temperaturunterschiede unterliegen die Bauteile großen Wärmedehnungen. Die Dichtfugen können die auftretenden Scherkräfte nicht aufnehmen und reißen schlichtweg ab.

Wenn sich Dichtfugen trotz guter Blechkonstruktion des Eindeckrahmens nicht vermeiden lassen, sollten diese mit Dichtbändern abgedichtet werden.

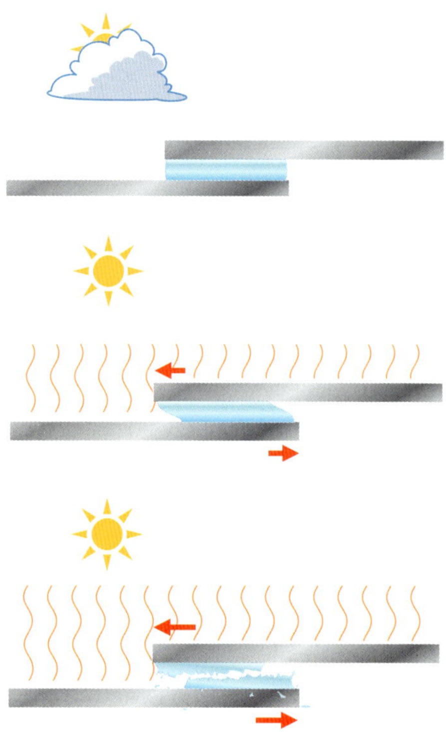

Bild 6.9 Überlappende Bleche mit Silikon abgedichtet. Durch Temperaturdehnungen entstehende Scherkräfte lassen die Silikonnaht reißen

6.3 Auswahl des Speichers

Der Solarspeicher ist neben den Kollektoren das zentrale Element einer Solaranlage. Im Speicher wird keine Wärme erzeugt, sondern nur »verwaltet«. Der Solarspeicher stellt die Schnittstelle der Solaranlage zum Trinkwarmwasser und der Nachheizung dar. Da das Energieangebot der Sonne und der Wärmebedarf zum Duschen, Baden, etc. zeitlich nicht übereinstimmen, kommt der Wärmespeicherung besondere Bedeutung zu. Auch hier gilt, dass Qualität ihren Preis hat. Im Folgenden wollen wir Ihnen vermitteln, auf was Sie bei der Auswahl des Speichers achten müssen.(Siehe »Speicher« auf Seite 56, »Der Einsatz mehrerer Speicher« auf Seite 83)

Was zeichnet einen guten Solarspeicher aus?

- Der Speicher passt hinsichtlich Speichervolumen und Anschlussmöglichkeiten in das energetische Gesamtkonzept (Siehe »Planung und Dimensionierung von Solaranlagen« auf Seite 97).
- Die Temperaturschichtung im Speicher ist möglichst ausgeprägt, bestenfalls kann die Wärme mit der Temperatur wieder entnommen werden, mit der sie eingespeichert wurde. Hier haben sich schlanke und hohe Speicher als besonders geeignet erwiesen.

Insbesondere Schichtenspeicher erreichen durch ihre konstruktiven und/oder regulativen Einbauten eine gute Speicherschichtung.

- Der Speicher weist geringe Verluste auf (ca. 1,5 kWh / Tag bei einem 300 l Speicher.)
- Die Speicheranschlüsse sind sorgfältig gedammt.
- Der Warmwasseranschluss ist seitlich, bestenfalls unten aus dem Speicher herausgeführt.
- Der Kaltwasseranschluss weist Prallbleche oder geeignete Einbauten auf (Verhinderung der Durchmischung bei Kaltwasserzufluss).
- Die Wärmetauscherflächen sind ausreichend groß dimensioniert, der Solarwärmetauscher erreicht auch tiefliegende Speicherschichten. Das Speichervolumen wird voll ausgenutzt.
- ausreichende Temperatur- und Druckbeständigkeit
- geeigneter Schutz vor Korrosion

Für welchen Speicher sollte ich mich jetzt entscheiden?

Bei den auf dem Markt angebotenen Speichern lassen sich sehr wohl gravierende Qualitäts- und Preisunterschiede feststellen. Holen Sie sich mehrere Angebote ein und vergleichen Sie diese. Folgende Kriterien sind bei der Speicherauswahl zu beachten:

Wärmeverluste und Temperaturschichtung

Je besser der Speicher gedämmt ist, desto geringer sind seine Wärmeverluste. Die Dämmung eines guten 300l-Speichers sollte ca. 8-10cm stark sein, eng anliegen und aus FCKW- und PVC-freien Materialien bestehen. Übliche Dämmstoffe sind Melaminharz, Glaswolle, Kautschukschalen und PUR-Schaum. Bei kleinen Speichervolumina verwenden einige Hersteller werkseitig eingeschäumte Speicher. Größere Speicher werden meist mit abnehmbaren Weichschaumisolierungen versehen (Türbreite!). Der Wärmeverlust des Speichers wird auf Prüfständen ermittelt. Ein 300l Speicher sollte nicht mehr als 2kWh pro Tag an seine Umgebung abgeben. Gute Speicher erreichen Werte um 1,5 kWh/d.

Für die Anschlüsse muss die Wärmedämmung durchbrochen werden. An den Anschlüssen können bei einem wenig durchdachten oder schlampig installierten Speicher mehr als 60% der Wärme verloren gehen. Auf deren Gestaltung ist also besonderer Wert zu legen.

Wird das Warmwasser nach oben aus dem Speicher entnommen, stellt sich eine Schwerkraftzirkulation ein. Dadurch können Wärmeverluste in einer Größenordnung von bis zu 15% von der gesamten Speicherverluste verursacht werden. Darüber hinaus wird die Temperaturschichtung im Speicher gestört.

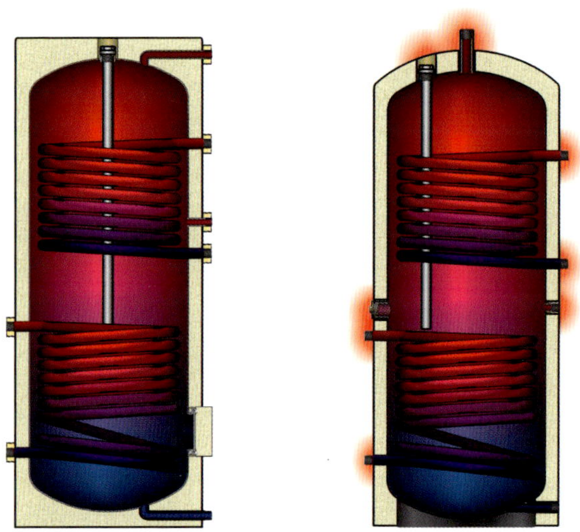

Bild 6.10 Gut und schlecht ausgeführter Speicher

Einige Hersteller bieten sogenannte Konvektionsbremsen für alle seitlichen Anschlüsse an. Diese sollen eine Schwerkraftzirkulation in der Anschlussverrohrung verhindern. Andere Hersteller verzichten ganz auf seitliche Anschlüsse und führen alle Anschlüsse aus dem unteren kälteren Speicherbereich heraus.

Ein guter 300l-Speicher (Wärmeverlust ca. 1,5 kWh/Tag) verliert bei einer Solltemperatur des Trinkwassers von 45 °C im Vergleich zu einem Speicher mit einem täglichen Wärmeverlust von ca. 2,5 kWh/Tag Jahr für Jahr ca. 365 kWh weniger Energie. Diese Energiemenge entspricht etwa dem jährlichen Wärmeertrag einer Kollektorfläche von 1-1,2 m^2!

Grundsätzlich kann man sagen, dass der Speicher die Energie, die er von den Kollektoren zur Verfügung gestellt bekommt, verwaltet. Je besser er dies tut, um so höher ist der Ertrag der Anlage.

Korrosionsschutz

Beim Korrosionsschutz des Speichers müssen Sie sich zwischen einem wartungsfreien und langlebigen Edelstahlspeicher (Kosten ca. 1,5 mal so hoch!) oder einem emaillierten Speicher entscheiden. Letzterer ist zudem in den Varianten mit wartungsfreier Fremdstromanode (ca. 300 DM) oder einer Opferanode (Standard) erhältlich. Wie immer ist dies nicht nur eine Frage des Geldes, sondern auch der Bequemlichkeit und des Sicherheitsdenkens. Meistverkauft, und bei fachgerechter Montage und Wartung bewährt, sind die emaillierten Speicher mit Opferanode.

Lassen Sie unbedingt vom Fachinstallateur prüfen, ob der ausgewählte Speicher am Aufstellort genügend Platz hat, und vor allem, ob er überhaupt bis dahin transportiert werden kann (Kippmaß).

Standardspeicher oder Schichtenspeicher?

Keine leichte Entscheidung. Anlagen mit Schichtenspeicher erzielen bis zu 10% höhere Erträge und ersetzen dementsprechend bezogen auf den m^2 Kollektorfläche mehr Primärenergie. Ausschlaggebend ist dabei das durchdachte Gesamtkonzept: Low-flow-Bedingungen im Kollektorkreis, externe Wärmetauscher, hervorragende Wärmedämmung des Speichers, geeignete Schichtbelade- und ggf. Entladevorrichtungen und eine angepasste Regelung. (Siehe »Systeme mit Schichtenspeichern« auf Seite 85)

Das alles hat seinen Preis. Die Mehrerträge können aber auch durchaus den höheren Preis rechtfertigen. Lassen sie sich von ihrem Handwerker Simulationsberechnungen erstellen. Dann können Sie am besten beurteilen, ob die erwarteten Mehrerträge die zusätzliche Investition rechtfertigen. Außerdem kann man anhand solcher Simulationen sowohl Motivation als auch Qualifikation des Handwerkers einschätzen.

Standardspeicher oder Kombispeicher?

Der Schritt von der Solaranlage zur Trinkwarmwasserbereitung hin zur Solaranlage mit Unterstützung der Raumheizung ist relativ klein, der Ersatz von konventioneller Heizenergie je nach bestehender Heizungsanlage und Gebäude aber durchaus spürbar. Sie sollten sich überlegen, ob für Sie nicht gleich eine Solaranlage zur Raumheizungsunterstützung in Frage kommt. Im einfachsten Fall wird die Kollektorfläche vergrößert und der Standardspeicher durch einen Kombispeicher ersetzt. (Siehe »Speicher zur Heizungsunterstützung« auf Seite 62, »Systeme mit Kombispeichern« auf Seite 88)

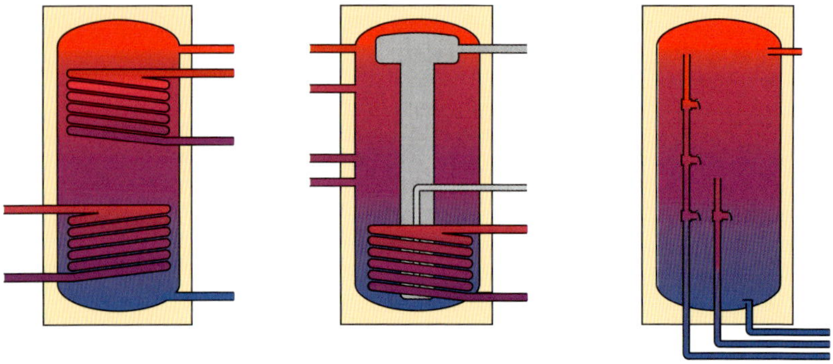

Bild 6.11 Standardspeicher, Kombispeicher und Schichtenspeicher

6.4 Auswahl des Solarreglers

6.4.1 Der Solarregler

Der Solarregler hat im einfachsten Fall die Aufgabe, zwei Temperaturen miteinander zu vergleichen und eine Pumpe ein- und auszuschalten. Diese Regelfunktion wird Temperaturdifferenzsteuerung genannt. Die meisten Regler verfügen jedoch über eine Vielzahl mehr oder weniger sinnvoller Zusatzfunktionen. Grundsätzlich muss der Regler der Anlagenkonfiguration entsprechen. Das heißt, er muss beispielsweise für Heizungsunterstützung, Zweispeicheranlagen oder auch Anlagen mit zwei unterschiedlich ausgerichteten Kollektorfeldern geeignet sein.

Neben der eigentlichen Regelfunktion sollte der Regler folgende Zusatzfunktionen beinhalten:

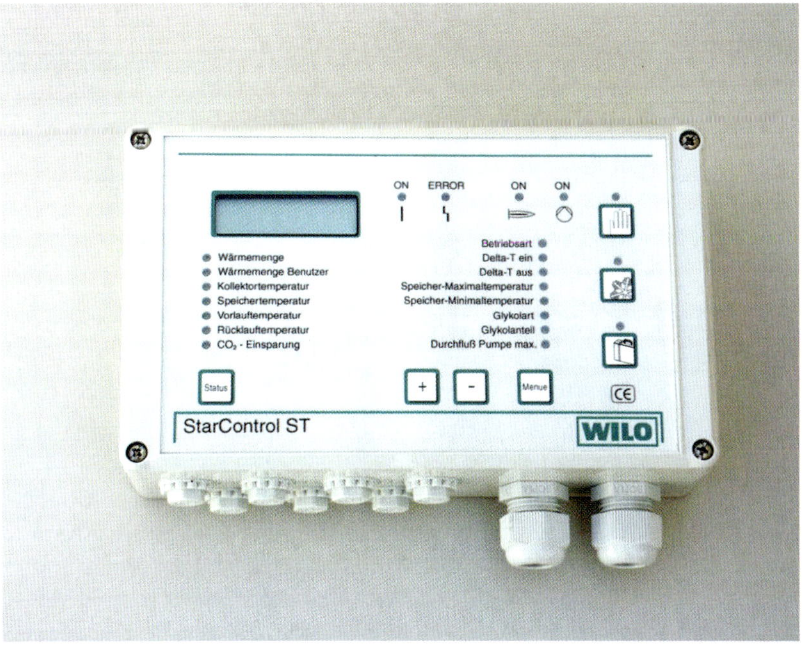

Bild 6.12 Moderner Solarregler

Temperaturanzeige

Für eine einfache Funktionskontrolle unabdingbar ist eine Temperaturanzeige am Regler, an der man per Knopfdruck alle wichtigen Temperaturen ablesen kann.

Speichertemperaturbegrenzung

Besonders in Gegenden mit kalkhaltigem Wasser ist es sinnvoll, die Speichertemperatur auf ca. 60 °C zu begrenzen. Oberhalb dieser Temperatur fällt vermehrt Kalk aus und die Wärmetauscher verkalken. An dieser Stelle sei noch einmal erwähnt, dass vor den Zapfstellen ein thermostatisches Mischventil (Brauchwassermischer) als Verbrühungsschutz eingebaut werden muss (Siehe »Brauchwassermischer« auf Seite 68).

Überwachung der Fühler auf Kurzschluss oder Kabelbruch

Am Regler erscheint eine Fehlermeldung, wenn ein Fühler ausfällt.

Diese Grundfunktionen reichen für die Regelung einer Standardsolaranlage völlig aus. Es gibt jedoch weitere Zusatzfunktionen, die je nach Anlagenvariante oder Kundenwunsch sinnvoll sein können. In viele Reglern sind auch Programme für mehrere Anlagenvarianten hinterlegt. All diese Zusätze machen den Regler natürlich auch teurer.

6.4.2 Zusatzfunktionen des Solarreglers

Fernanzeige

Bei vielen Reglern kann eine Fernanzeige für Kollektor- und Speichertemperatur, Betriebszustand der Pumpe und Fehlermeldungen angeschlossen werden. Diese wird beispielsweise neben der Eingangstür, im Wohnzimmer oder im Badezimmer montiert, wo man im Vorbeigehen schnell einmal einen Blick darauf werfen kann. Die Anlage kann so sehr einfach auf Funktion kontrolliert werden.

Drehzahlregelung der Kollektorkreispumpe

Die Drehzahlregelung der Kollektorkreispumpe ist mittlerweile schon bei vielen Reglern möglich. Bei der Standardanlage mit internem Wärmetauscher erzielt sie jedoch keine Wirkung. Bei Anlagen mit Schichtenspeicher und externem Wärmetauscher ist eine Drehzahlregelung der Pumpe dagegen durchaus sinnvoll. Dabei wird die gewünschte Speicherbereitschaftstemperatur am Regler eingestellt. Die Pumpendrehzahl wird nun so geregelt, dass der Speicher mit dieser Temperatur direkt im oberen Bereich beladen werden kann. (Siehe »Systeme mit Schichtenspeichern« auf Seite 85)

Betriebsstundenzähler für die Solarkreispumpe

Dies ist eine kostengünstige Lösung für eine grobe Erfolgs- aber auch Funktionskontrolle. Typische Laufzeiten von Solarkreispumpen sind 1800 bis 2200 Stunden im Jahr.

Wärmemengenzähler

Eine genauere Erfolgskontrolle ist mit einem Wärmemengenzähler möglich. Regler mit dieser Zusatzfunktion benötigen zusätzliche Eingänge für zwei Temperaturfühler sowie für ein Volumenstrommesser. Anhand dieser Daten errechnet der Regler die in den Speicher eingebrachte Wärmeenergie in kWh (Kilowattstunden). In Verbindung mit einem Strahlungsfühler kann der Systemnutzungsgrad ermittelt werden. Das Gerät sollte, wenn es im Solarkreis eingesetzt wird, auf das verwendete Frostschutzmittel geeicht sein. (Siehe »Möglichkeiten der Erfolgskontrolle« auf Seite 200)

Anschluss für Datenlogger

Dieser ermöglicht die Speicherung bestimmter Betriebsdaten und deren Auswertung per Computer.

6.5 Temperaturfühler

Zur Temperaturmessung werden in Solaranlagen Halbleiterfühler oder Platinfühler eingesetzt. Halbleiterfühler werden oft unter der Bezeichnung KTY angeboten. Sie sind etwas ungenauer, dafür billiger als

Platinfühler. Wegen der hohen Stillstandstemperaturen moderner Kollektoren sollten zur Messung der Kollektortemperatur nur Platinfühler eingesetzt werden. Diese sind bis mehrere 100 °C temperaturbeständig. Platinfühler werden unter der Bezeichnung PT100 oder PT1 000 vertrieben.

6.6 Auswahl der Solarstation und der Armaturen

Da die einzelnen Bestandteile des Kollektorkreises in Kapitel 3 beschrieben sind, wird an dieser Stelle nur darauf eingegangen, worauf Sie unserer Meinung nach besonders achten sollten.

Die Solarstation wird in der Regel als fertig montierte Einheit angeboten, kann aber grundsätzlich auch vor Ort aus den benötigten Teilen montiert werden. Wir empfehlen ihnen vormontierte Einheiten, da diese kompakter und kostengunstiger sind. Zudem gibt es dafür passgenaue Isolierschalen, die im Falle einer nötigen Reparatur einfach geöffnet und danach wieder weiterverwendet werden können. Jede schlecht oder nicht gedämmte Armatur erhöht die Wärmeverluste!

Achten Sie darauf, dass im Rücklauf ein einregulierbarer Durchflussmesser vorgesehen ist. Mit dessen Hilfe kann leicht festgestellt werden, welcher Durchfluss vorhanden ist und ob die Pumpe überhaupt den Wärmeträger umwälzt.

Die Solarstation sollte je ein Thermometer im Vor- und Rücklauf beinhalten. Zum Betrieb der Anlage sind sie zwar nicht direkt nötig, aber für die Kontrolle nützlich.

Achten Sie darauf, das die Solarstation an einem Ihnen gut zugänglichen Ort montiert wird, so dass Thermometer und Manometer leicht ablesbar sind.

Bild 6.13 Fertig montierte Solarstation

Entlüfter müssen eine Temperaturbeständigkeit von mindestens 150°C aufweisen. Dies erkennen Sie im Angebot durch eine der folgenden Formulierungen: »Entlüfter in Ganzmetallausführung«, »Entlüfter mit Edelstahlschwimmer« oder durch den Zusatz »hochtemperaturbeständig«. Auf Automatikentlüfter sollte insbesondere in der Nähe der Kollektoren verzichtet werden.

6.7 Auswahl des Frostschutzmittels

In unseren Breitengraden darf der Kollektorkreis wegen Frostgefahr nicht mit reinem Wasser gefüllt sein. Dem Wasser muss ein Frostschutzmittel zugesetzt werden, welches ein Einfrieren von Anlagenteilen sicher verhindert. Um einen sicheren Betrieb der Anlage zu gewährleisten, sind folgende Punkte zu beachten:

- Nur für Solaranlagen geeignete Frostschutzmittel verwenden.
- Notieren Sie sich auf jeden Fall, welches Frostschutzmittel verwendet wurde, da die Produkte unterschiedlicher Hersteller nicht gemischt werden dürfen. Auch werden einige Frostschutzmittel als gebrauchsfertige Mischungen angeboten, die weder mit Wasser verdünnt noch mit anderem Glykol vermischt werden dürfen.
- Für Vakuumröhrenkollektoren bieten einige Hersteller spezielle Frostschutzmittel an, die auf die extremen Stillstandstemperaturen abgestimmt sind.

6.8 Auswahl der Rohrleitungen und Wärmedämmung

6.8.1 Rohrleitungen

Im Kollektorkreis wird der Wärmeträger, ein Wasser-Glykol-Gemisch, umgewälzt, der Temperaturen von bis zu 130°C erreichen kann. Die Rohrleitungen und alle Anlagenteile, die mit dem Wärmeträger in Berührung kommen, müssen daher beständig gegen diese Temperatur und den Wärmeträger sein. Als Material kommen Kupferrohr, Edelstahlwellrohre und Stahlrohre in Frage. Kunststoffrohre dürfen im Kollektorkreis nicht eingesetzt werden, da sie noch nicht mit einer Freigabe für Solaranlagen angeboten werden. Ebenso sprechen Wechselwirkungen zwischen Zink und dem Glykol des Wärmeträgermediums gegen die Verwendung von verzinktem Stahlrohr.

Bei der Einbindung der Solaranlage in eine bestehende Trinkwasserversorgung sollte darauf geachtet werden, dass die Materialien der Rohrleitungen nicht kunterbunt gemischt werden. Ist Ihre Trinkwasserinstallation mit verzinktem Stahlrohr ausgeführt, sollte für die Einbindung der Solaranlage kein Kupferrohr verwendet werden. Das

Wasser löst Ionen aus dem Kupferrohr, transportiert diese weiter in die Zinkrohre, wo sie zu Korrosion führen. Als Regel sollte gelten: In Fließrichtung des Wassers darf hinter Kupferrohren kein verzinktes Stahlrohr verwendet werden.

6.8.2 Rohrwärmedämmung

Wird nach einem Anlagenstillstand die Pumpe wieder eingeschaltet, können im gesamten Kollektorkreis Temperaturen über 130 °C auftreten. Isolierungen aus Schaumwerkstoffen, die im Heizungsbau üblicherweise verwendet werden, versagen bei diesen Temperaturen. Im Außenbereich sind zudem UV-beständige Werkstoffe einzusetzen. Diese Anforderungen erfüllen bei den geschäumten Wärmedämmungen Werkstoffe der Markennamen Aeroflex SSH oder Armaflex HT. Auch Stein- oder Glaswolle kann eingesetzt werden. Diese muss zumindest im Außenbereich wasserdicht verblecht werden, was sehr zeitaufwendig und auch teuer ist. (Siehe »Wärmedämmung« auf Seite 70)

Bild 6.14 Im Außenbereich werden erhöhte Anforderungen an die Rohrwärmedämmung gestellt; hier ist die Wärmedämmung mit Steinwolle ausgeführt und wasserdicht verblecht.

7. Konkrete Schritte – Der Weg zur eigenen Solaranlage

7.1 Der Fahrplan zur Sonne

Bild 7.1 Der Fahrplan zur Sonne

Der Weg zur eigenen Solaranlage ist weder steinig noch besonders kompliziert.

In Bild 7.1 haben wir für Sie als Übersicht den »Fahrplan zur Sonne« zusammengestellt. Die wesentlichen Ablaufschritte – von der Idee der eigenen Solaranlage auf dem Dach bis zur ersten Solardusche – sind chronologisch dargestellt (mittlere Spalte). Die linke Spalte zeigt die Servicetätigkeiten Ihres Fachbetriebes, in der rechten Spalte finden Sie zur Orientierung den Verweis auf entsprechende Kapitel innerhalb dieses Buches.

Nur Mut!!!!

Obiger Fahrplan verdeutlicht, dass es gar nicht so schwer ist, sich eine eigene Solaranlage auf dem Dach installieren zu lassen. In immer mehr Haushalten gehört Sie bereits zum Standard; ein langlebiges, erprobtes und wertvolles Produkt, mit dem Sie obendrein unsere Umwelt entlasten.

Damit müssen Sie rechnen: Der Zeithorizont zur Realisierung Ihrer Anlage hängt im Wesentlichen von der Bewilligung von Fördergeldern ab. Je nach zuständiger Behörde können Sie mit wenigen Wochen bis zu etwa 3 Monaten Bearbeitungszeit rechnen. Die eigentliche Bauphase beträgt meist nur wenige Tage.

7.2 Das Angebot

Ein einleitender Satz vorweg:

Kaufentscheidungen sind meist subjektive Prozesse. Was wir gut, schön und wichtig finden und ob wir bereit sind den Preis dafür zu zahlen, ist individuell verschieden. In diesem Kapitel wollen wir beispielhaft auf Angebote eingehen und Hilfestellung bei deren Beurteilung geben. Natürlich können wir nicht alle auftretenden Fragestellungen erfassen.

7.2.1 Woher beziehe ich meine Solaranlage?

Neben den zum Teil seit vielen Jahren aktiven Solarfachfirmen bieten inzwischen auch fast alle Sanitär- und Heizungstechnikbetriebe sowie Elektrofirmen, Fassadenhersteller und Dachdecker Solaranlagen an. Die Liste ließe sich beliebig fortführen, sogar in manchen Baumärkten können Sie heute Solaranlagen zur Warmwasserbereitung kaufen.

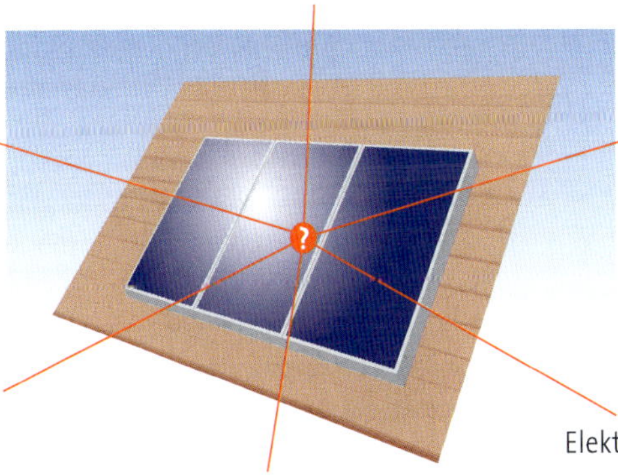

Bild 7.2 Wo kaufe ich meine Solaranlage

Wie bekomme ich Kontakt zu Anbietern und Installateuren?

Ersten Kontakt zu den Anbietern können Sie auf den zahlreichen regionalen Umweltmessen und Informationstagen knüpfen. Ebenfalls lohnenswert ist der Blick in Fachzeitschriften und ins Internet (Adressen siehe Anhang). Die meisten Herstellerfirmen von Kollektoren, Speichern und den übrigen Anlagenteilen, aber auch Vereine und Solarverbände sind »im Netz« präsent und bieten einen Einblick in ihr Unternehmen sowie das jeweilige Angebot.

Im Frühjahr 1999 startete die verbands- und firmenübergreifende Kampagne »solar – na klar« mit der Zielsetzung, der Nutzung der Solarenergie neuen Auftrieb zu geben. Neben vielen anderen Aufgabenbereichen sind von der Kampagne bundesweit über 6000 ausführende Betriebe nach Branchen sortiert und registriert (Stand 8/2000, Adresse siehe Anhang).

Daneben können Sie über örtliche Umwelt- oder Solarinitiativen die Adressen und meist auch Empfehlungen erfahrener ausführender Fachbetriebe in Ihrer Region erhalten.

Oder Sie erkundigen sich direkt bei den Ihnen bekannten Betrieben, beispielsweise Ihrem örtlichen Heizungsinstallateur.

7.2.2 Wie sollte ein Angebot erstellt werden?

Damit sie die Solartechnik optimal nutzen können, sollte die neue Solaranlage Ihren Bedürfnissen und Vorstellungen angepasst sein. Dazu gehören zwei Seiten:

1. Sie sollten möglichst konkret wissen, was Sie haben wollen. Dieses Buch sowie die Beratungsgespräche Ihres Fachbetriebes bereiten dafür die Grundlage.

2. Der Installateur sollte bei seiner Planung und Angebotserstellung möglichst genau auf Ihre Wünsche und Nutzungsgewohnheiten eingehen sowie die örtlichen Voraussetzungen Ihres Gebäudes, der bestehenden oder geplanten Heizungsanlage und den erforderlichen Wärmebedarf berücksichtigen.

Die Angebotserstellung sollte nach einem Beratungsgespräch vor Ort erfolgen, Pauschalangebote ohne Beratung sind abzulehnen. Neben der notwendigen Datenaufnahme sollte Zeit bleiben, um die Solartechnik allgemein zu erklären, auf Ihre Fragen einzugehen und Unklarheiten zu beseitigen. Viele Anregungen und Fragestellungen, beispielsweise die Art der Rohrleitungsführung durch den stillgelegten Schornsteinschacht o.ä., ergeben sich häufig erst in solch einem Gespräch.

Fordern Sie solche Vor-Ort-Termine ein. Der persönliche Eindruck, den Sie von dem Handwerksbetrieb gewinnen, wird bei der Entscheidung über die Auftragsvergabe einen nicht zu unterschätzenden Einfluss haben. Sie wollen Ihre Solaranlage mindestens für die nächsten 20 Jahre sinnvoll betreiben, Ihr Auto kaufen Sie ja auch nicht nebenbei.

Vergleichsangebote verschiedener Anbieter werden Ihnen dabei helfen, einen Überblick zu bekommen und sich ein Urteil zu bilden.

Unterschreiben Sie keine Verträge zwischen Tür und Angel (unter anderem z.B. auf Messen). In manchen Fällen erweisen sich die dort angebotenen »Schnäppchen« als unzureichend. Leider gibt es auch in der Solarbranche schwarze Schafe, die mit »Drückermentalität« das schnelle Geld suchen und Produkte unter Vorspielung falscher Tatsachen zu deutlich überhöhten Preisen verkaufen. Sie als Endkunde bleiben auf der Strecke, weil nicht die Zeit bleibt, das Angebot genauer zu prüfen.

Standardisierte Hilfen bei der Datenerfassung und Angebotserstellung

Der Erhebungsbogen:

Wenn Sie um einen Kostenvoranschlag bitten, erhalten Sie häufig einen Erhebungsbogen, wie er nachstehend beispielhaft abgebildet ist (ein Vordruck befindet sich im Anhang). Im Erhebungsbogen werden alle relevanten Daten als Grundlage für die Planung und Dimensionierung Ihrer Solaranlage erfasst.

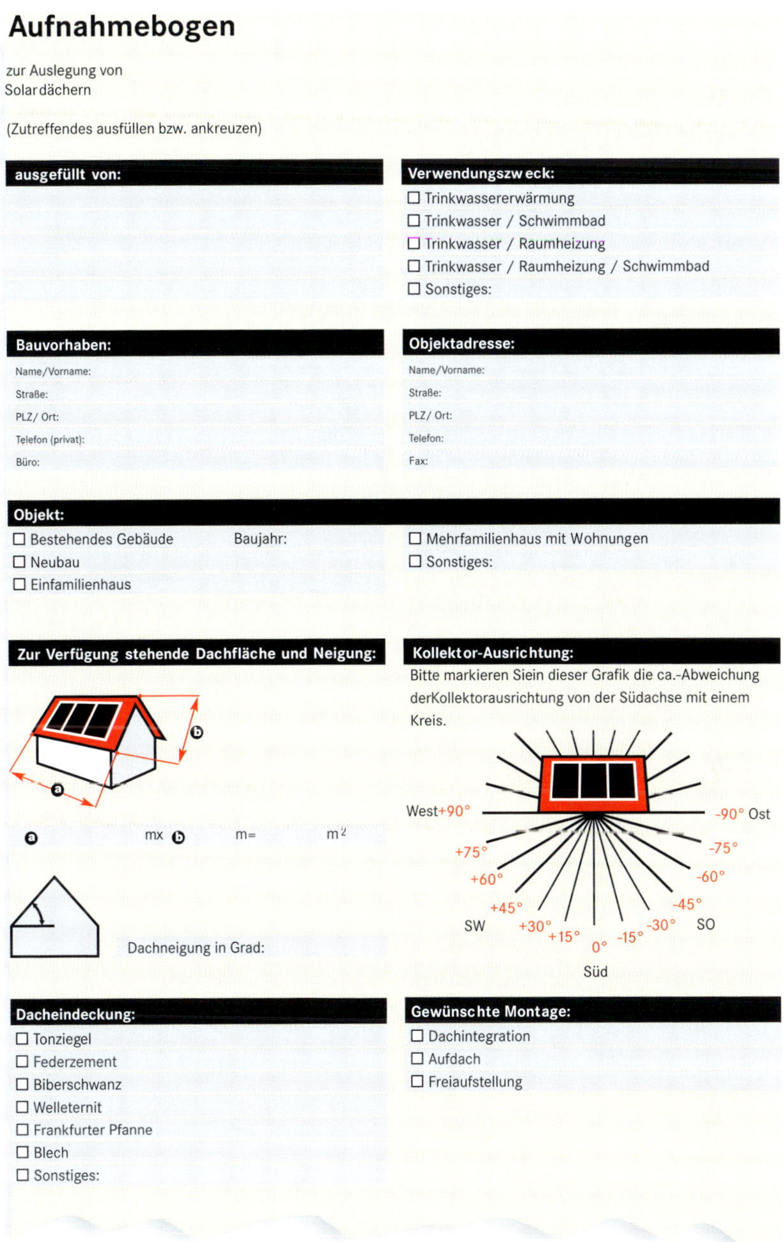

Aufnahmebogen

zur Auslegung von
Solardächern

(Zutreffendes ausfüllen bzw. ankreuzen)

ausgefüllt von:

Verwendungszweck:
- ☐ Trinkwassererwärmung
- ☐ Trinkwasser / Schwimmbad
- ☐ Trinkwasser / Raumheizung
- ☐ Trinkwasser / Raumheizung / Schwimmbad
- ☐ Sonstiges:

Bauvorhaben:

Name/Vorname:
Straße:
PLZ/ Ort:
Telefon (privat):
Büro:

Objektadresse:

Name/Vorname:
Straße:
PLZ/ Ort:
Telefon:
Fax:

Objekt:
- ☐ Bestehendes Gebäude Baujahr:
- ☐ Neubau
- ☐ Einfamilienhaus
- ☐ Mehrfamilienhaus mit Wohnungen
- ☐ Sonstiges:

Zur Verfügung stehende Dachfläche und Neigung:

Kollektor-Ausrichtung:

Bitte markieren Siein dieser Grafik die ca.-Abweichung derKollektorausrichtung von der Südachse mit einem Kreis.

Dacheindeckung:
- ☐ Tonziegel
- ☐ Federzement
- ☐ Biberschwanz
- ☐ Welleternit
- ☐ Frankfurter Pfanne
- ☐ Blech
- ☐ Sonstiges:

Gewünschte Montage:
- ☐ Dachintegration
- ☐ Aufdach
- ☐ Freiaufstellung

Bild 7.3 Ausschnitt eines Erhebungsbogens zur Datenerfassung und Planungsunterstützung

PC-Berechnungsprogramme

Um neben den Produktbeschreibungen eine Aussage über den Nutzen Ihrer Solaranlage zu treffen, werden von den Anbietern gerne PC-Berechnungen erstellt (Siehe »Computerprogramme« auf Seite 115). Hier können sie optisch ansprechend und übersichtlich auf Basis einer

Simulationsberechnung die zu erwartenden Erträge ihrer Solaranlage ablesen (Nutzungsgrad, solarer Deckungsgrad, vermiedene CO_2- Emissionen, etc). Ein durchaus gutes Verkaufsargument, wie die meisten Handwerksbetriebe erkannt haben. Im Ein- und Zweifamilienhausbereich dienen die Programme neben der Verkaufshilfe dem Anpassen der Anlagengröße (Siehe »Faustformeln« auf Seite 113) an die Nutzergewohnheiten, die örtlichen Voraussetzungen sowie den Anlagenstandort und bieten daher auch eine gewisse Planungssicherheit.

7.2.3 Woran erkenne ich ein gutes Angebot?

Das Wichtigste in Kürze: Das Angebot muss vollständig sein. Alle Positionen sollten erläutert und die jeweiligen Angaben so genau wie möglich sein. Die Konfiguration der Anlage sollte Ihren Bedürfnissen angepasst (Kollektorfläche, Montageart, Speichervolumen, energetisches Konzept) und in sich schlüssig sein (Siehe »Planung und Dimensionierung von Solaranlagen« auf Seite 97). Die Angebotserstellung erfolgte nach einem Beratungsgespräch vor Ort.

Sie sollten sehr genau prüfen, ob das Angebot Ihren Erwartungen und den bisherigen Absprachen entspricht. Dabei gilt es nicht nur auf den Preis zu achten!

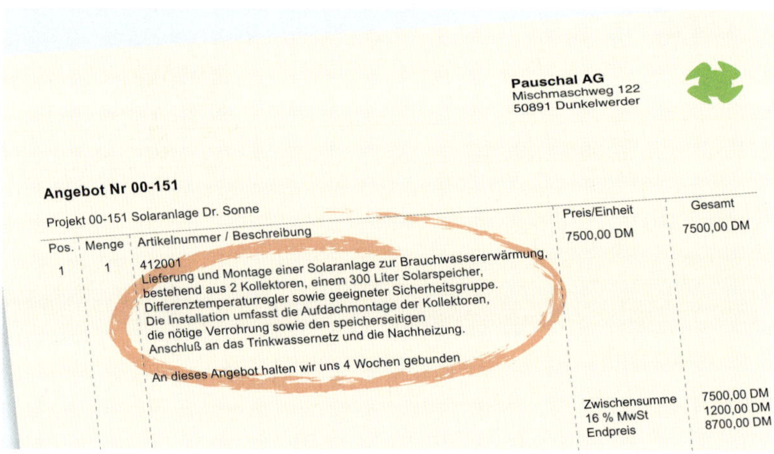
Pauschal AG
Mischmaschweg 122
50891 Dunkelwerder

Angebot Nr 00-151

Projekt 00-151 Solaranlage Dr. Sonne

Pos.	Menge	Artikelnummer / Beschreibung	Preis/Einheit	Gesamt
1	1	412001 Lieferung und Montage einer Solaranlage zur Brauchwassererwärmung, bestehend aus 2 Kollektoren, einem 300 Liter Solarspeicher, Differenztemperaturregler sowie geeigneter Sicherheitsgruppe. Die Installation umfasst die Aufdachmontage der Kollektoren, die nötige Verrohrung sowie den speicherseitigen Anschluß an das Trinkwassernetz und die Nachheizung. An dieses Angebot halten wir uns 4 Wochen gebunden	7500,00 DM	7500,00 DM
			Zwischensumme	7500,00 DM
			16 % MwSt	1200,00 DM
			Endpreis	8700,00 DM

Dieses Angebot ist zu pauschal. Es ist noch nicht einmal ersichtlich, wieviel m² Kollektorfläche installiert werden sollen. Ohne zusätzlich beigefügte Datenblätter ist ein Qualitätsvergleich mit anderen Angeboten nicht möglich.

Bild 7.4 Woran erkenne ich ein gutes Angebot Teil 1; Negativbeispiel Pauschalangebot (Ausschnitt)

Die wesentlichen Komponenten wie Kollektoren, Speicher, Solarstation, Regelung und Wärmeträger sind konkret benannt und detailliert beschrieben oder anhand beigefügter Datenblätter der Hersteller spezifiziert. Nur bei ausreichender Information lassen sich verschiedene Angebote wirklich beurteilen und vergleichen.

Pauschal AG
Mischmaschweg 122
50891 Dunkelwerder

Angebot Nr 00-152

Projekt 00-152 Solaranlage Dr. Sonne — Seite 2

LV 01 Solaranlage zur Warmwasserbereitung
Titel 10 Kollektoren und Speicher

Pos.	Menge	Artikelnummer / Beschreibung	Preis/Einheit	Gesamt
LV Titel	01 10	Solaranlage zur Warmwasserbereitung Kollektoren und Speicher		
Pos.	Menge	Artikelnummer/Beschreibung	Preis/Einheit	Gesamt
1	2	412015 Solarkollektor "Sonnenfang" komplett liefern und montieren Hochleistungs- Solarkollektor mit kompaktem Aluminiumrahmen, 4 mm Solarglas und hochselektiv beschichtetem Kupferplattenabsorber Technische Daten: Maße: 2,0 x 1,20 x 0,12 m Fläche: 2,4 m² brutto; 2,1 m² effektiv Gewicht: 37 kg Inhalt: 1,2 l Absorbtion/Emission: 95% / 5% Anschlüsse: oben, Lötnippel _"	1485.00 DM	2970.00 DM
2	2	412016 Aufdachmontageset für Solarkollektor „Sonnenfang" (Montageset, Dachdurchführung mit geeignetem Lüfterziegel, Blitzschutz, Entlüfter) komplett liefern und montieren	405,00 DM	810,00 DM
6	1	414232 Bivalenter WW-Speicher 300 L Marke „Tonne", Farbe orange komplett liefern und montieren Bivalenter Solarspeicher aus Qualitätsstahl, emailliert nach DIN 4753 inkl. Magnesiumschutzanode, zwei optimal angeordneten Glattrohrwärmetauschern, Anschluß für Elektroheizstab sowie Blindflansch für zusätzlichen Wärmetauscher vorhanden, FCKW-freie Polyurethan-Hartschaumisolierung für minimale Wärmeverluste	1990.00 DM	1990.00 DM

Dieser Angebotsausschnitt ist detaillierter, aber auch hier sollten näher beschreibende Datenblätter für Kollektoren und Speicher beigefügt sein. Es ist nicht ersichtlich, wie hoch beispielsweise die Wärmeverluste des Speichers sind oder ob für den Kollektor Bauartzulassung und Mindestertragsnachweis vorliegen.

Bild 7.5 Woran erkenne ich ein gutes Angebot Teil 2; Ausschnitt Kollektoren und Speicher

Aber auch die übrigen Anlagenkomponenten sollten möglichst genau beschrieben sein.

Beispiel Rohrleitung:

Zur Ermittlung der Kosten für die Verrohrung ist für den Handwerker die kalkulierte Leitungslänge entscheidend. Hier sind zwei Verfahren üblich:

- Entweder Ihr Installateur berechnet die Kosten für die Rohrleitungen nach Aufmaß und gibt den Preis für einen Meter Rohrleitung und Wärmedämmung an. Diese Kostenpunkte sind dann nicht starr, die Kosten werden bei der Endabrechnung aufgrund der tatsächlich verbauten Leitungslänge veranschlagt. Ihr Angebot sollte als Richtwert unbedingt eine Kostenschätzung beinhalten (z.B. Angabe ca. X Meter Leitungslänge zu je Y DM / lfm Rohrleitung). Oftmals erhöhen sich hier die Kosten, da bei Ausführung tatsächlich mehr Rohrleitung verbaut als kalkuliert wurde.

- Oder aber der Kostenpunkt Rohrleitung wird pauschal kalkuliert. Für Sie sind die Kosten damit klar und eindeutig, der Installateur ermittelt aus Erfahrungswerten einen garantierten Festpreis. Egal, wieviel Rohrleitung am Ende verbaut wurde.

Aus den unterschiedlichen Ansätzen ergeben sich in Angeboten natürlich auch erhebliche Abweichungen. Dies gilt es bei der späteren Angebotsbeurteilung zu beachten!

Pos.	Menge	Artikelnummer / Beschreibung	Preis/Einheit	Gesamt
03.1	26	laufende Meter Kupferrohr 15x1 nach DIN EN 1057 incl. Lötfittingen und Übergangsstücke liefern und montieren einschließlich der erforderlichen Befestigungen	18.68 DM	485.68 DM
03.2	5	laufende Meter Kupferrohr 22x1 nach DIN EN 1057 incl. Lötfittingen und Übergangsstücke liefern und montieren einschließlich der erforderlichen Befestigungen	24.56 DM	122,80 DM
03.3	26	hochtemperaturbeständige Wärmedämmung "Wärme" HT 19/15 liefern und montieren	14.52 DM	377.52 DM
03.4	5	Wärmedämmung "Wärme" SH13/ 22, 50% Dämmschichtdicke liefern und montieren, p. Meter	8.00 DM	40.00 DM

50% Wärmedämmung für den Anschluß der Nachheizung an den Speicher ist eher mäßig, auch hier wäre eine Wärmedämmung von 100% gemäß Heizungsanlagenverordnung wünschenswerter.

Pos.	Menge	Artikelnummer / Beschreibung	Preis/Einheit	Gesamt
03.1	1	Montage Kollektorkreisverrohrung; Ausführung in flexiblem Edelstahlwellschlauch DN12 incl. hochtemperaturbeständiger Wärmedämmung und Steuerkabel; pauschal	1150.00 DM	1150.00 DM
03.2	1	Anschluß der Nachheizung; Ausführung in Cu 22x1; pauschal	245.00 DM	185.00 DM

Achtung, die Rohrleitungskosten der beiden Angebote sind nicht direkt vergleichbar. Das auf den ersten Blick teurere Angebot 2 beinhaltet für den Kollektorkreis tatsächlich die komplette Montage inklusive Wärmedämmung und Steuerkabel.
In Angebot 1 sind diese Posten gesondert ausgeführt!

Bild 7.6 Woran erkenne ich ein gutes Angebot Teil 3; Ausschnitt Rohrleitung

Neben der Rohrleitung muss für Sie im Angebot ersichtlich sein, welche Wärmedämmung der Rohrleitung verwendet wird (möglichst 100%

Dämmstoffdicke nach Heizungsanlagenverordnung), ob hochtemperaturbeständige Materialien verwendet werden und ob diese im Falle der Außenverlegung UV- und vogelfraßbeständig sind (Siehe »Wärmedämmung« auf Seite 70, »Rohrwärmedämmung« auf Seite 141).

Das Beispiel Rohrleitung und zugehörige Wärmedämmung verdeutlicht, was für jedes Bauteil gilt: Je genauer die Beschreibung, desto besser lässt sich einschätzen, ob die vorgeschlagene Komponente geeignet ist. (Siehe »Auswahl der Komponenten« auf Seite 121)

Vorsicht und aufgepasst: Ist Ihr Angebot auch wirklich vollständig?

Die auf Werbeprospekten oder in Zeitungsanzeigen gerne als »komplett« angebotenen »Solarpakete« beinhalten in der Regel keine Kosten für die Rohrleitungen, die Anbindung des Solarspeichers an die Nachheizung und den Kaltwasseranschluss und erst recht keine Montagekosten.

In manchen Baumärkten können Sie »Komplettpakete« zum Teil ohne Speicher kaufen. Das Verkaufsargument »Besonders sinnvoll, wenn schon ein Solarspeicher vorhanden ist« kann sich als verdecktes Angebot herausstellen, bei dem nachträglich noch erhebliche Zusatzkosten entstehen.

Prüfen Sie also und fragen Sie ggf. nach, damit Sie vor unangenehmen Überraschungen geschützt sind. Zu einem vollständigen Angebot gehört auch, dass neben allen notwendigen Komponenten der Solaranlage sämtliche Montagekosten insbesondere auch ggf. erforderliche Deckendurchbrüche und deren fachgerechte Verschließung, die Elektroinstallation und der Anschluss/die Einbindung der Nachheizung und des Kaltwassers ersichtlich sind. Meist werden für Inbetriebnahme und Übergabe/Einweisung ebenfalls gesondert Posten ausgewiesen.

Aus dem Angebot sollte für Sie weiterhin ersichtlich werden:

- Garantiebescheinigungen der einzelnen Bauteile sowie die jeweiligen Garantiebedingungen
- für den Kollektor: Bauartzulassung und Nachweis über den Mindestertrag (zur Beantragung von Fördergeldern in manchen Bundesländern erforderlich)
- Liefer- und Geschäftsbedingungen: Lieferzeit, Zahlungsbedingungen (Abschlagszahlungen, Skonto, verbindliche Gültigkeit des Angebots)
- Fahrtkosten und Entsorgung von evtl. anfallendem Bauschutt sowie der Transportverpackung

1. Komponenten:	o.k.
Kollektor Kollektortyp (Flachkollektor oder Vakuumröhre), Fabrikat / Hersteller, Anzahl Kollektoren, Montagesystem sowie Zubehör wie Anschlussverrohrung, ggf. Lüfterziegel, etc.	
Solarspeicher Fabrikat/Hersteller, zwei Wärmetauscher, Werkstoff, Korrosionsschutz, Anschlüsse, Wärmedämmung	
Solarstation / Sicherheitsgruppe Solarstation (Fabrikat/Hersteller) mit: Pumpe, Manometer, 2 Thermometer, Sicherheitsventil, Ausdehnungsgefäß, 2 Schwerkraftbremsen, Durchflußmess- und Einstellarmatur, sowie 2 Befüll- und Entleerhähne, Entlüfter mit Absperrung (Anzahl abh. von Montagebedingungen), Wärmeträgerflüssigkeit	
Verrohrung Kollektorkreis Bohrbezeichnung, Rohrlänge, Wärmedämmmaterial und Dämmstärke, Anschlüsse an Kollektoren und Speicher	
Anschluss Nachheizung Rohrbezeichnung, Rohrlänge, Dämmmaterial und Dämmstärke, Anschlüsse an Speicher, ggf. erforderliche Ventile oder Pumpen Kleinteile, etc. Anschluss Kaltwasser und Trinkwarmwasser inkl. aller erforderlichen Einbauten (Rückschlagventil, Absperrhahn, Entleerungshahn, Sicherheitsventil 6 bar inkl. Abflussrohr und Geruchsverschluss, ggf. Schmutzfilter, Schwerkraftbremsen), ggf. Anschluss eines thermostatischen Brauchwassermischers	
Regler Differenztemperaturregler mit Funktionsbeschreibung, mindestens zwei Temperaturfühler, Kabel und Kleinteile	
ggf. Wärmemengenzähler Volumenstrommessteil, 2 Temperaturfühler)	
ggf. Anschluss Zirkulation inkl. Zirkulationspumpe und thermostatischer Zeitschaltuhr	
ggf. Nachheizung (bei Neuerwerb) Kesseltyp, Fabrikat und Modellbezeichnung	

2. Diese Qualitätsanforderungen sollte das Angebot erfüllen:	
Nachweis DIN/ISO-Prüfung, Bauartzulassung, Mindestertragsnachweis für die Kollektoren?	
DIN-Prüfzeichen für den Speicher?	
Sicherheitsgruppe vollständig, Bestätigung über die Eigensicherheit der Solaranlage?	
Garantiebescheinigungen der einzelnen Komponenten?	
Die Montage erfolgt nach DIN 4757?	
Liefer- und Geschäftsbedingungen: Lieferzeit, Zahlungsbedingungen (Abschlagszahlungen, Skonto, verbindliche Gültigkeit des Angebots)	

3. Komplettpreis oder Einzelposten:	inklusive	extra ausgewiesen
Montage	O	O
Elektroinstallation	O	O
Blitzschutz, Erdung	O	O
Fahrtkosten	O	O
Entsorgung	O	O
Inbetriebnahme	O	O
Einweisung und Übergabe	O	O

4. Preis:
Komplettpreis inkl. 16 % Mehrwertsteuer :_____________DM
Erscheint Ihnen der Preis angemessen? Falls das Angebot unvollständig erscheint oder sie Fragen zu einzelnen Positionen haben, erkundigen Sie sich beim Angebotsersteller vor Aufragserteilung!

Bild 7.7 Checkliste zur Beurteilung von Kostenvoranschlägen

Sind mehrere Betriebe (beispielsweise Dachdecker und Heizungsbauer) beteiligt, sollte eindeutig geklärt sein, welches Handwerk welche Aufgaben und Leistungen übernimmt. Dann sind auch im (hoffentlich nicht eintretenden) Schadensfall die Gewährleistungsansprüche klar zuzuordnen.

In der Regel verfügen Installationsfirmen über Programme, mit deren Hilfe sie ihre Angebote erstellen. Ob die Kosten für einzelne Komponenten und die jeweils veranschlagten Lohnkosten für die Montage getrennt ausgewiesen werden oder beispielsweise der angegebene Kollektorpreis auch schon die Montagekosten enthält, ist Firmenphilosophie. Entscheidend ist, dass für Sie klar ersichtlich wird, worauf sich der angegebene Preis bezieht, welche (Arbeits-) Leistungen er beinhaltet und welche ausgenommen sind. Welche Arbeiten werden beispielsweise neben den ausgewiesenen Montagekosten zusätzlich nach Stunden abgerechnet?

Alternativangebote und Optionen müssen eindeutig als solche gekennzeichnet werden. Einige Förderprogramme fordern z.B. den Einbau eines Wärmemengenzählern. Diese oder vergleichbare Möglichkeiten der Erfolgskontrolle sollten in Ihrem Angebot als Alternativ- oder Zusatzposten ausgewiesen, also auch getrennt ausgepreist sein.

Pos.	Menge	Artikelnummer / Beschreibung	Preis/Einheit	Gesamt
06.	1	1 Solarregler "Solar" inkl. 2 Fühler PT1000 und 2 Tauchhülsen liefern und montieren incl. erforderlicher Kleinteile Microprozessorgesteuerter Differenztemperaturregler "Solar" zum flexiblen Einsatz für die meisten Solaranlagen, einfache und übersichtliche Bedienung, Anzeige über großes dreistelliges LED-Display, Speichertemperaturbegrenzung, Solarschutzfunktion, integrierter Betriebsstundenzähler für die Kollektorkreispumpe, Fehlerkontrolle und -Anzeige	450,00 DM	450,00 DM
	1	alternativ 1 Solarregler "Solarmulti" inkl. 3 Fühler PT1000 und 3 Tauchhülsen liefern und montieren Mikroprozessorgesteuer Differenztemperaturregler "Solarmulti" mit integrierter Möglichkeit zur Wärmemengenerfassung, 10 frei wählbaren Programmen für verschiedene Anlagenvarianten, Menuegesteuerter, komfortabler 3-Tasten Bedienung und 2-zeiligem, beleuchtetem Klartextdisplay, Aufzeichnung der maximal und minimal erreichten Temperaturen im Kollektor und Speicher, Drehzahlregelung der Kollektorkreispumpe, Speichertemperaturbegrenzung, Betriebsstundenzähler, umfangreicher Fehlerdiagnose und Anzeige	690,00 DM	(690,00 DM)
	1	alternativ 1 Volumenmessteil zur Wärmemengenerfassung inkl. Anschlussverschraubung, 2 Temperaturfühlern, 2 Tauchhülsen und Zubehör liefern und montieren	220,00 DM	(220,00 DM)
07.	1	pauschal Elektrischen Anschluß der Solaranlage inklusive Kabel und Kleinteile	350,00 DM	350,00 DM

Alternativposten werden einzeln ausgepreist und aufgelistet, jedoch nicht in der Zusammenstellung der Kosten berücksichtigt.

Bild 7.8 Woran erkenne ich ein gutes Angebot Teil 4; Beispiel Ausweisung von Alternativposten

Angebote an Endkunden ohne Ausweisung der gesetzlich festgeschriebenen Mehrwertsteuer von derzeit 16% sind nicht zulässig. Die meisten Firmen rechnen diese erst am Angebotsende der Summe der (Netto-)Preise hinzu.

Üblich sind Abschlagszahlungen an den Installateur bei Lieferung von Kollektoren und Speicher ebenso wie ein Skontorabatt bei sofortiger Zahlung nach Inbetriebnahme.

Lassen Sie sich nicht von verlockenden Rabatten ködern. Wir kennen das Gefühl alle: »Ich habe 30 Prozent Rabatt bekommen, also ein super Schnäppchen gemacht!«. Ob und wie viel Rabatt die Firmen ausweisen und ob das tatsächlich »ein Schnäppchen« oder gängige Firmenpraxis war, lässt sich erst im Vergleich zu anderen Angeboten beurteilen.

7.2.4 Angebotsvergleich

Haben Sie mehrere Angebote eingeholt, werden sich diese auch unterscheiden. Überprüfen und fragen Sie nach, worin die Unterschiede liegen und wie sich der höhere oder niedrigere Preis sowie die Besonderheiten des Angebots rechtfertigen.

Preisunterschiede haben immer auch etwas mit Qualität, Ausstattung und Service zu tun, ähnlich wie bei einem Auto. Die Ausstattung einer Reiselimousine mit Vorzügen wie Klimaanlage, diversen Airbags,

Zentralverriegelung, etc. ist in der Regel komfortabler als bei einem Kleinwagen. Letzterer kostet dagegen erheblich weniger und ist u.U. für den gewünschten Einsatz als Stadtauto besser geeignet. Kaufentscheidungen hängen also auch immer mit der Anspruchs- und Erwartungshaltung an das Produkt zusammen.

Zurück zur Solartechnik: Eine Solaranlage mit konventionellem Solarspeicher ist gegenüber einem Schichtenspeicherkonzept wesentlich günstiger, liefert aber auch weniger Ertrag (Siehe »Systeme mit Schichtenspeichern« auf Seite 85). An dieser Stelle würden Ihnen natürlich, neben den Produkt- und Preisangaben, von den Installateuren vorgelegte Simulationsberechnungen helfen, um die solaren Erträge einzuordnen und die Angebote entsprechend gegenüberstellen zu können.

Machen wir uns aber nichts vor: Entscheidungsprozesse laufen in den seltensten Fällen ausschließlich rational und allein auf den vermeintlich objektiven Fakten beruhend ab.

Letzten Endes geht es beim Angebotsvergleich auch darum, dass Sie sich klar darüber werden und entscheiden, was genau Sie persönlich haben wollen und damit natürlich auch, wieviel Geld Sie bereit sind zu investieren.

Der eine entscheidet sich für die »Luxusvariante mit allem drum und dran« (Schichtenspeicheranlage), weil sie technisch innovativ ist und der Preis kaum eine Rolle spielt, ein anderer entscheidet sich für eine bewährte, einfache und kostengünstige Lösung.

Am einfachsten sind natürlich Angebote zu vergleichen, die sich nur im Preis »unterm Strich« unterscheiden, in Ausstattung, Größenordnung und Qualität der Komponenten aber gleichwertig sind. Die Entscheidung für das eine oder andere Angebot kann dann auf zwei Ebenen reduziert werden: Ihr Vertrauen in den jeweiligen Handwerksbetrieb und den Preis.

Abb. 7.9 soll verdeutlichen, dass sich genaues Prüfen auf Güte und Vergleichbarkeit der Angebote durchaus lohnt.Der von der Firma »Mittelmäßig & Günstig« angebotene Speicher würde gegenüber dem zwar etwas teurerem, aber deutlich besser gedämmtem und durchdachterem Solarspeicher der Firma »Gut & Günstig« im Jahresschnitt zusätzliche Energieverluste entsprechend dem Ertrag von etwa 1 m^2 Kollektorfläche aufweisen. Genaues Hinschauen auf Qualitätsmerkmale und entsprechendes Abwägen der Preise zahlt sich oftmals aus!

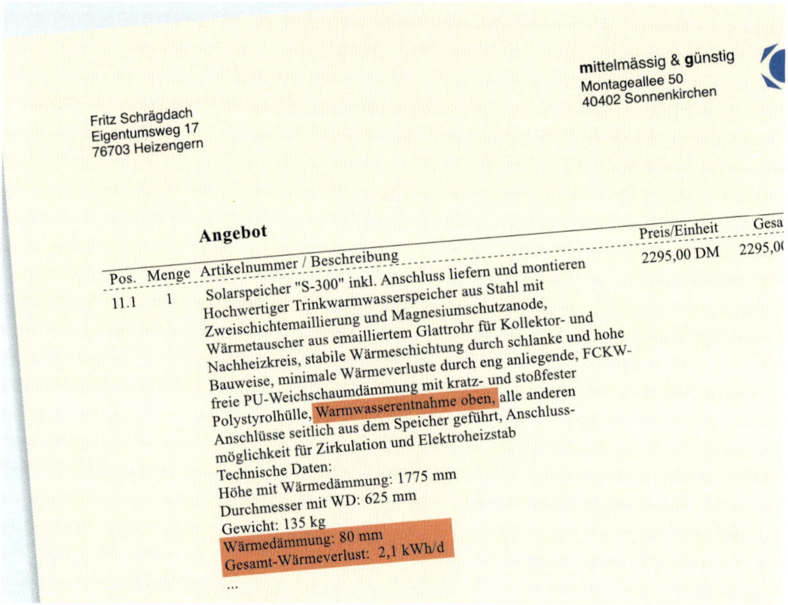

mittelmässig & günstig
Montageallee 50
40402 Sonnenkirchen

Fritz Schrägdach
Eigentumsweg 17
76703 Heizengern

Angebot

Pos.	Menge	Artikelnummer / Beschreibung	Preis/Einheit	Gesa[mt]
11.1	1	Solarspeicher "S-300" inkl. Anschluss liefern und montieren Hochwertiger Trinkwarmwasserspeicher aus Stahl mit Zweischichtemaillierung und Magnesiumschutzanode, Wärmetauscher aus emailliertem Glattrohr für Kollektor- und Nachheizkreis, stabile Wärmeschichtung durch schlanke und hohe Bauweise, minimale Wärmeverluste durch eng anliegende, FCKW-freie PU-Weichschaumdämmung mit kratz- und stoßfester Polystyrolhülle, Warmwasserentnahme oben, alle anderen Anschlüsse seitlich aus dem Speicher geführt, Anschlussmöglichkeit für Zirkulation und Elektroheizstab Technische Daten: Höhe mit Wärmedämmung: 1775 mm Durchmesser mit WD: 625 mm Gewicht: 135 kg Wärmedämmung: 80 mm Gesamt-Wärmeverlust: 2,1 kWh/d …	2295,00 DM	2295,0[0]

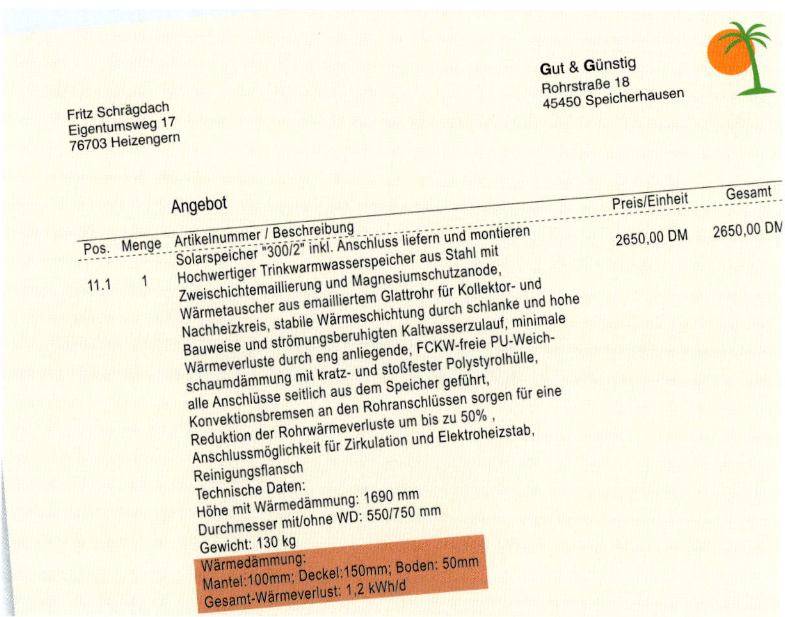

Gut & Günstig
Rohrstraße 18
45450 Speicherhausen

Fritz Schrägdach
Eigentumsweg 17
76703 Heizengern

Angebot

Pos.	Menge	Artikelnummer / Beschreibung	Preis/Einheit	Gesamt
11.1	1	Solarspeicher "300/2" inkl. Anschluss liefern und montieren Hochwertiger Trinkwarmwasserspeicher aus Stahl mit Zweischichtemaillierung und Magnesiumschutzanode, Wärmetauscher aus emailliertem Glattrohr für Kollektor- und Nachheizkreis, stabile Wärmeschichtung durch schlanke und hohe Bauweise und strömungsberuhigten Kaltwasserzulauf, minimale Wärmeverluste durch eng anliegende, FCKW-freie PU-Weichschaumdämmung mit kratz- und stoßfester Polystyrolhülle, alle Anschlüsse seitlich aus dem Speicher geführt, Konvektionsbremsen an den Rohranschlüssen sorgen für eine Reduktion der Rohrwärmeverluste um bis zu 50% , Anschlussmöglichkeit für Zirkulation und Elektroheizstab, Reinigungsflansch Technische Daten: Höhe mit Wärmedämmung: 1690 mm Durchmesser mit/ohne WD: 550/750 mm Gewicht: 130 kg Wärmedämmung: Mantel:100mm; Deckel:150mm; Boden: 50mm Gesamt-Wärmeverlust: 1,2 kWh/d	2650,00 DM	2650,00 D[M]

Bild 7.9 Ausschnitt Angebotsvergleich Teil 1 – Solarspeicher mit deutlich unterschiedlicher Qualität in der Ausführung der Anschlüsse und der Wärmedämmung

Schwerer beurteilen lassen sich Kostenvoranschläge, wenn sich zwei Angebote stärker unterscheiden. Angefangen bei unterschiedlich großer Kollektorfläche, verschiedener Speichergröße oder Regelungskomfort bis hin zu unterschiedlichen und kaum noch zu vergleichenden Anlagenkonzepten, z.B. einer Solaranlage zur Trinkwarmwasserbereitung gegenüber einer zur Trinkwarmwasserbereitung und Heizungsunterstützung.

Nachfolgend haben wir exemplarisch ein Beispiel für den Entscheidungsprozess durchgespielt, wie er bei der Beurteilung von Angeboten häufiger auftritt. Aufgezeigt werden soll nebenbei auch, dass der Übergang zwischen Anlagenplanung und Beurteilung von Angeboten fließend ist. Aus Erfahrung wird häufig beim Blick auf die Kosten erneut, manchmal sogar das erste Mal wirklich »ernsthaft« darüber nachgedacht, wie groß die geplante Solaranlage denn nun eigentlich werden soll.

Sie haben verschiedene Handwerksbetriebe um Kostenvoranschläge gebeten. Firma »Klein« bietet Ihnen eine Solaranlage zur Trinkwarmwasserbereitung mit zwei Kollektoren ($4 m^2$ Kollektorfläche) an. Dazu passend einen emaillierten 300 Liter Solarspeicher und eine etwas aufwendigere Regelungseinheit, die eine Wärmemengenerfassung miteinschließt. Ein zweites Angebot liegt von der Firma »Groß« vor. Es werden zwar verschiedene Hersteller von Kollektor, Speicher und Regelung angeboten, sie gelangen nach Sichtung der Angebote jedoch zu dem Schluss, dass alle Komponenten und Bauleistungen qualitativ vergleichbar sind. Markanter Unterschied der Angebote ist, dass Firma »Groß« Ihnen drei Kollektoren ($6 m^2$ Kollektorfläche) angeboten hat. Von der Kostenseite betrachtet, variieren zwar einzelne Positionen, im Großen und Ganzen ist aber das Angebot auch aus dieser Sicht gleichwertig. Natürlich bis auf die Tatsache, dass eben dieser dritte Kollektor den Mehrpreis für einen Kollektor, erweitertes Aufdachmontageset sowie zusätzliche Montagekosten ausmacht und das Angebot der Firma »Groß« deshalb unterm Strich 1400 DM teurer ist.

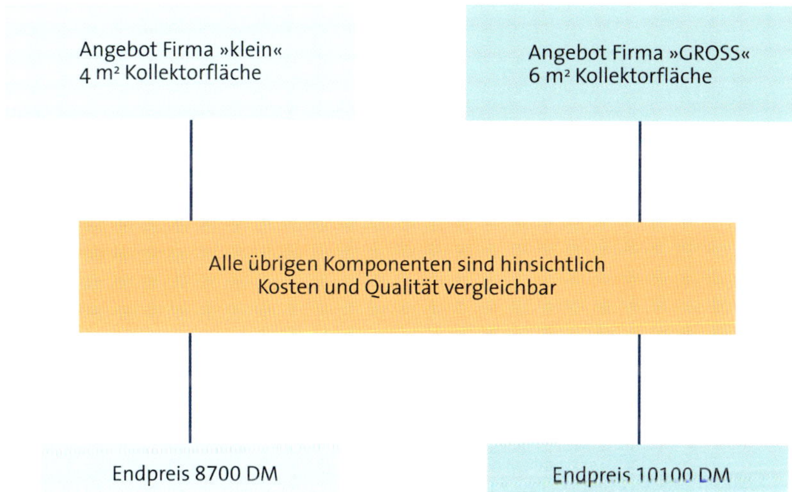

Bild 7.10 Angebotsvergleich Teil 2 – Firma »Klein« bietet zwei Kollektoren, Firma »Groß« drei qualitativ gleichwertige Kollektoren.

Und jetzt, wie gehe ich jetzt vor?

Jetzt sollten Sie sich (neben dem Blick auf die Kosten) vergegenwärtigen, welche Anforderungen an die Solaranlage gestellt werden.

Rekapitulieren wir. Zielvorgabe: Eine optimal arbeitende Solaranlage kommt im Sommer ohne zusätzliche Nachheizung aus, hat als Faustformel (Siehe »Faustformeln« auf Seite 113) ca. 1-1,5 m^2 Kollektorfläche pro Person und erreicht einen Deckungsanteil an der Trinkwarmwasserbereitung von ca. 60 %.

Bestandsaufnahme: Wovon ist der Ertrag ihrer Solaranlage abhängig?

- dem Standort: Ertragsabweichungen je nach Sonnenscheinregion von 10 Prozent sind möglich (Bild 8.4 auf Seite 185).
- den örtlichen Gegebenheiten: Eine Abweichung des Daches von von über 35° aus der Südrichtung kann dann z.B. den Ausschlag für die größere Kollektorfläche geben.
- dem Trinkwarmwasserbedarf

Überlegen Sie, wie viel Personen in dem Haushalt leben und wie viel Warmwasser diese durchschnittlich pro Tag verbrauchen. Das ist gar nicht so einfach. Hilfestellung können folgende Fragen sein: Wird gerne und oft gebadet? Wird täglich zu Hause geduscht oder duschen Sie und oder die Kinder eher außerhalb, zum Beispiel nach dem Sport in der Sporthalle? Je nach Gewohnheiten kann der durchschnittliche Bedarf zwischen 20 und 70 Litern 45 °C warmem Wassers liegen. Denken Sie daran, dass Sie beim durchschnittlichen Wasserverbrauch von einem »normalen Tag« ausgehen und nicht z.B. von einem Tag mit außergewöhnlich hohem Verbrauch, an dem Sie beispielsweise morgens duschen und abends baden. Folgende (standortabhängige!) Tabelle zeigt beispielhaft für die Region Hannover, wie stark der solare Dekkungsgrad vom Verbrauch abhängt.

Trinkwarmwasserbedarf	80 Liter (2 x40 oder 4 x 20)	120 Liter (2 x 60 oder 4 x 30)	160 Liter (4 x 40)	200 Liter (4 x 50)
4 m^2 Kollektorfläche 300 Liter Speicher	60 %	55 %	50 %	45 %
6 m^2 Kollektorfläche 300 Liter Speicher	71 %	65 %	61 %	56 %

Tabelle 7.1 Abhängigkeit des erreichbaren solaren Deckungsgrades bei verschiedenen Trinkwarmwasserverbräuchen für unterschiedlich große Solaranlagen, Standort Hannover, Südausrichtung, 45° Dachneigung

Zurück zu unserem Beispiel:

Angenommen, Sie sind vier Personen mit einem geschätzten Wasserbedarf von dreimal 50 Liter und einmal 30 Liter (eine Person badet nie und duscht nach dem Sport in der Sporthalle), so haben Sie Insgesamt einen Wasserbedarf von 180 Litern pro Tag. Sie wohnen in Hannover und haben ein Haus mit geringer Abweichung von Süden und optimalem Dachneigungswinkel. Um im Sommer eine nahezu vollständige solare Deckung zu erzielen ist die $6m^2$ Kollektorfläche zu empfehlen.

Ein anderes Beispiel zum Thema Angebotsvergleich bezieht sich auf die Größe des angebotenen Solarspeichers. Für das Solarspeichervolumen wird als Faustformel (Siehe »Faustformeln« auf Seite 113) der 1,5 bis zweifache Tagesbedarf an Warmwasser angesetzt. Ein 300 Literspeicher ist demnach meist knapp zweimal, ein 400 Literspeicher oftmals ca. 2,5-mal so groß wie der Tagesbedarf.

Bei einem 400 Liter Speicher und 180l täglichem Warmwasserbedarf erreicht die im vorigen Beispiel beschriebene $6m^2$ Anlage in Hannover 61,5% solare Deckung, bei einem 300 Liter Speicher 60,7% solare Deckung. Durch die 100 Liter mehr an Speichervolumen werden damit gerade mal 9 Liter Heizöl im Jahr eingespart. Ökologisch betrachtet kaum ein Gewinn. Wohl aber stellt sich die Frage nach dem finanziellem Mehraufwand. Die Annahme, dass der Speicher so groß wie nur irgend möglich sein sollte, stimmt so nicht. Bei zunehmender Speichergröße wird der Mehrertrag der Anlage immer geringer, ab einem bestimmten Punkt, im Beispielstall ab 700 Liter sinkt der erreichbare solare Dekkungsgrad sogar, weil dann viel Wasser (auch von der Nachheizung!) erwärmt werden muss, bevor der obere Teil des Speichers heiß genug ist und solar erwärmtes Wasser genutzt werden kann.

Wie gehe ich vor, wenn ich mich für ein Angebot entschieden habe, mir einzelne Positionen aber nicht gefallen?

Sollten bei dem Angebot des von Ihnen favorisierten Installateurs lediglich einzelne Aspekte wie z.B. der Komfort des Reglers oder die Möglichkeit der Ertragskontrolle nicht zu Ihrer Zufriedenheit gelöst sein, scheuen Sie sich nicht, an einzelnen Stellen des Angebotes Nachbesserungen zu fordern. Das Produkt Solaranlage, auf Ihrem Dach installiert, ist eine Dienstleistung, die auch Ihren Vorstellungen entsprechen sollte!

Der Installateur kann Ihnen die Solaranlage nur dann verkaufen, wenn er auf Ihre Wünsche eingeht. Was er in den meisten Fällen auch macht. Damit Sie wissen, was auf Sie zukommt, sollten Sie sich in jeden Fall ein gesondertes Angebot machen lassen, bevor sie den Einbau zusätzlicher Komponenten beauftragen.

7.2.5 Die Wahl des Handwerkers

Vergleichsangebote verschiedener Anbieter helfen Ihnen, einen Überblick zu bekommen und sich ein Urteil zu bilden. Mehr als drei oder vier verschiedene Angebote verwirren Sie jedoch vermutlich mehr, als dass sie Ihrer Entscheidungsfindung dienen. Die Auswahl des Handwerkbetriebes wird von mehreren Faktoren beeinflusst:

- der Qualität der Beratung
- dem persönlichen Eindruck, den Sie vom Installationsbetrieb gewinnen
- der Qualität des angebotenen Produkts
- den Referenzen des Fachbetriebs

Die Qualität der Beratung

Der Qualität der Beratung sollte bei der Auswahl des Installationsbetriebes ein hoher Stellenwert beigemessen werden: Geht der Handwerker auf Einwände ein? ... Macht er eine Bedarfsanalyse und passt die Anlage meinen Bedürfnissen an? ... Werden meine Fragen rund um die Solartechnik und deren Installation beantwortet? ... Kann mich der Handwerker von seinem System wirklich überzeugen? ... Bekomme ich auch wirklich das, was ich haben will? ... Diese und viele weitere Fragen entscheiden letztlich bewusst oder unbewusst mit darüber, wie viel Vertrauen Sie in die Fähigkeiten des Installateurs setzen. Ein entscheidender Aspekt, schließlich investieren Sie auch mehrere Tausend Mark und wollen dafür das Bestmögliche bekommen.

Zu einer guten Beratungstätigkeit des Handwerkers zählt auch »der Service drumherum«. Werde ich beispielsweise über Fördermöglichkeiten aufgeklärt und unterstützt mich der Handwerker bei der Auswahl einer geeigneten Finanzierung? ... Kommen Möglichkeiten der Erfolgskontrolle wie Wärmemengenzähler, Fernanzeige, u.ä. ins Gespräch? ... Haben wir auch über eine solare Heizungsunterstützung nachgedacht?... Auch hier könnte man die Reihe der Fragen beliebig fortsetzen.

Der persönlichen Eindruck

Der persönliche Eindruck, den Sie von dem Betrieb gewinnen, beeinflusst die Handwerkerauswahl. Letztlich wird sich nicht selten auch der Betrieb durchsetzten, der Ihnen im Gespräch den kompetentesten Eindruck vermittelt. Ein Handwerker, der seine Produkte nur unter dem Aspekt »billig, billig...« anpreist, oder einer, bei dem Sie den Eindruck bekommen, dass Ihnen Produkte »aufgeschwatzt« werden, sammelt hier in der Regel nicht allzu viele Pluspunkte.

Die Qualität des angebotenen Produktes

Die Merkmale, die ein qualitativ hochwertiges Angebot auszeichnen, sind bereits in Kapitel 6 und 7.2.3 beschrieben. Hier gilt, dass Sie über den Blick auf die Kosten die Qualität nicht vergessen sollten.

Referenzen des Fachbetriebes

Fragen Sie Ihren Fachbetrieb nach bereits realisierten Referenzanlagen. Scheuen Sie sich nicht, sich selbst ein Bild zu machen und auch mal eine errichtete Anlage zu besichtigen. Wenn möglich, sollten Sie die Besitzer direkt über die Zufriedenheit mit ihrer Solaranlage und deren Installation befragen.

7.3 Kosten, Finanzierung und Förderung

Was kostet eine Solaranlage?

Für den Kauf inklusive Installation einer typischen Solaranlage zur Trinkwarmwasserbereitung im Einfamilienhaus (ca. 4 bis 6 m² Kollektorfläche, 300-400 Liter Solarspeicher) müssen Sie mit ca. 8000 DM bis 12000 DM rechnen. Je nach Ausstattung und abhängig von örtlichen Gegebenheiten werden auch deutlich höhere Preise von Ihnen verlangt. Für übliche Solaranlagen zur Heizungsunterstützung können Sie mit Preisen von 12000 DM bis ca. 18000 DM, bei sehr großer Dimensionierung oder kompliziertem Aufbau auch bis zu 25000 DM rechnen.

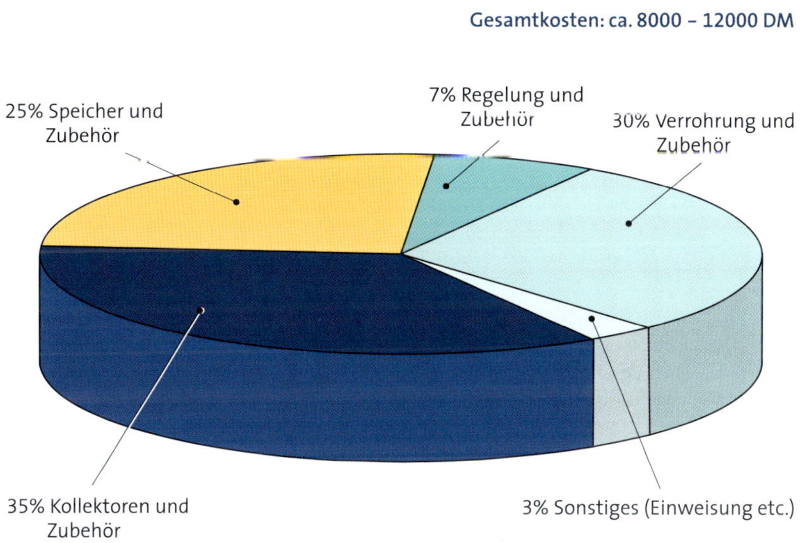

Bild 7.11 Gesamtkosten inkl. Installation kleiner Solaranlagen zur Trinkwarmwasserbereitung und deren Verteilung auf die Systemkomponenten

Einen ersten Anhaltspunkt über die Kosten können Ihnen Testunterlagen etwa der Stiftung Warentest sowie diverser Ökoinitiativen vermitteln (Adressen siehe Anhang). Dabei ist jedoch auch Vorsicht geboten. Die Preise beziehen sich immer auf Stichproben und geben nicht unbedingt den Solarmarkt wieder. Endpreise für Kauf und Installation von Solaranlagen sind regional sehr unterschiedlich. Das liegt einerseits am in Ihrer Gegend stark ausgeprägtem oder aber fast fehlendem Wettbewerb zwischen einzelnen Anbietern, andererseits spielen marktwirtschaftliche Aspekte wie beispielsweise regional unterschiedliche Lohnkosten eine Rolle bei der Angebotserstellung.

Wie werden Solaranlagen gefördert?

Es gibt eine Fülle von Möglichkeiten zur Förderung thermischer Solaranlagen. Bund, Länder, viele Städte, Gemeinden, Strom- und Gasversorger haben Programme zur Förderung erneuerbarer Energien. Sie können für die Errichtung einer Solaranlage eine finanzielle Unterstützung in Form eines (nicht rückzahlbaren) Investitionskostenzuschusses oder in Form eines zinsgünstigen Darlehens erhalten.

Wir werden im Folgenden schwerpunktmäßig auf Förderprogramme und Darlehen eingehen, die für Sie als Privatperson zur Errichtung einer Solaranlage unter $20 m^2$ Kollektorfläche relevant sind. Für größere Solaranlagen sowie Solaranlagen für Betriebe und kommunale Vorhaben (z.B. Schulen) kommen teilweise andere Möglichkeiten in Betracht.

Fragen Sie auch Ihren Handwerker. Ein guter Solaranlageninstallateur wird Ihnen gerne mit Rat und Tat bei der Auswahl der geeigneten Förderung als auch bei der Antragstellung/dem Ausfüllen des Antragsformulars zur Seite stehen.

Alle Fördermittel (außer Eigenheim- und Investitionszulage) sind generell vor dem Beginn eines solarthermischen Vorhabens zu beantragen! Zudem ist darauf zu achten, ob die Inanspruchnahme von einer Förderung eine andere ausschließt (Kumulierungsverbot) oder ob zwei oder mehrere Förderungen gleichzeitig in Anspruch genommen werden dürfen.

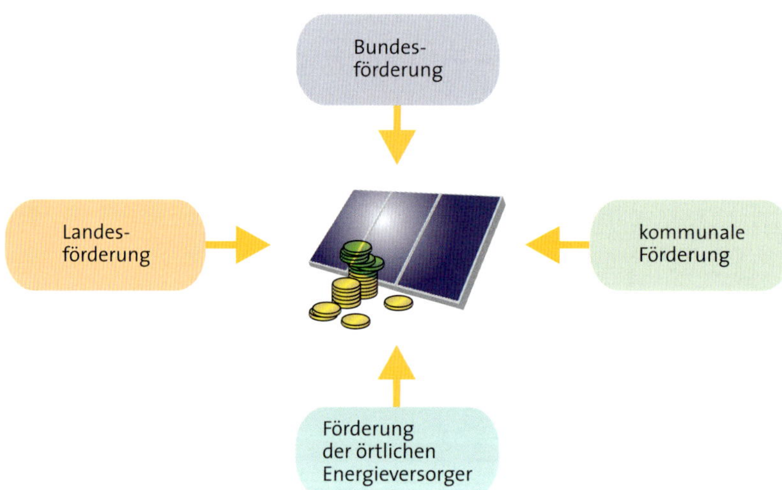

Bild 7.12 Ihre neue Solaranlage – welche Förderungsmöglichkeiten gibt es ?

Förderprogramme des Bundes und der Länder

Da sich die Fördermöglichkeiten immer wieder ändern, können wir Ihnen hier nur den derzeitigen Stand (August 2000) darlegen und Ihnen Adressen nennen, bei denen Sie sich informieren können. Im Anhang befindet sich eine detaillierte Übersicht über Fördermöglichkeiten von Bund und Ländern.

Das bekannteste Förderprogramm des Bundes im Bereich Ein- und Mehrfamilienhäuser ist das Förderprogramm »Erneuerbare Energien« (Richtlinien zur Förderung von Maßnahmen zur Nutzung erneuerbarer Energien vom 20. August 1999) des Bundeswirtschaftsministeriums. Bis zu einer Anlagengröße von 100 m² werden Flachkollektoranlagen mit 250 DM/m² und Vakuumröhrenanlagen bis 75 m² mit 325 DM/m² Investitionszuschuss gefördert.

Überlegen Sie, ob Sie parallel zur Errichtung einer Solaranlage Maßnahmen zur Energieeinsparung an Gebäuden vornehmen. Das ist finanziell insofern interessant, als dass Sie dann beim Bundesprogramm »Erneuerbare Energien« dafür zusätzlich gefördert werden.
Gefördert werden in Kombination mit der Errichtung und Erweiterung von Solarkollektoranlagen die Dämmung von Dach und Außenwänden, Fenstererneuerung, der Einbau von Wärmerückgewinnungsanlagen bei der Wohnungslüftung sowie die Installation von Niedertemperatur-Heizkesseln oder Brennwertkesseln (wenn der zu ersetzende Kessel mindestens 10 Jahre alt ist). Der zusätzlich gewährte Zuschuss ist maximal so hoch wie die Solarförderung und beträgt höchstens 20 Prozent der Kosten der Energiesparmaßnahme.
Alternativ können Sie ein Darlehen bei der Kreditanstalt für Wiederaufbau beantragen, von dem ein Anteil in Höhe des oben genannten Zuschusses nicht zurückgezahlt werden muss.

Sie lassen sich eine Solaranlage zur Trinkwassererwärmung mit 4 m² Flachkollektorfläche einbauen und ersetzen ihren alten Kessel durch einen modernen Brennwertkessel, dann erhalten Sie sowohl 1000 DM (4mal 250 DM) als Bundeszuschuss für die Solaranlage als auch 1000 DM für die Heizungsmodernisierung in Form des neuen Heizkessels (insofern der alte Kessel älter als 10 Jahre war und der neue Kessel mehr als 5000 DM kostet). Maximal werden 20 Prozent der Investitionskosten des Kessels gefördert.

Eigenheimzulagegesetz des Bundes (EHZulaG)

In Rahmen der Eigenheimzulage, einer staatlichen Wohnungsbauförderung für den privaten Bauherren, erhalten Besitzer von thermischen Anlagen über einen Zeitraum von acht Jahren eine **»Ökozulage«**, die jährlich 2% (max. 500 DM pro Jahr) der Investitionssumme umfasst. Diese wird beim Neubau oder Kauf eines Hauses zum Eigenbedarf gewährt. Nach Prüfung wird die Ökozulage ausgezahlt und in den folgenden sieben Jahren automatisch zum 15. März überwiesen. Seit

1.1.2000 betragen die Einkommensgrenzen für Alleinstehende 160 000 DM und für Ehegatten 320 000 DM in zwei Jahren. Pro zum Haushalt zugehörigem Kind erhöht sich der Betrag um 60 000 DM. Antragstelle ist Ihr zuständiges Finanzamt. Dort gibt es auch die amtlichen Vordrucke für den Förderantrag.

Achtung: Die ökologische Zusatzförderung »**Ökozulage**« ist zur Zeit befristet bis zum 31. Dezember 2000. Der Einbau der Solaranlage muss bis dahin abgeschlossen sein.

Investitionszulagengesetz für die neuen Bundesländer und Berlin-Ost (InvZulG)

Die Investitionszulage wird bei dem für Ihre Einkommenssteuer zuständigen Finanzamt beantragt. Sie wird bei Altbauten gewährt und beträgt bei eigenen Wohnzwecken 15%, bei Modernisierungsmaßnahmen und Neubau von vermieteten Wohneigentum 10%, unter bestimmten Bedingungen auch 20% der Investitionskosten (Investitionskosten max. 40 000 DM). Der Antrag ist im Jahr nach dem Bau der Anlage zu stellen. Es besteht Rechtsanspruch.

Informationen zu den Fördermöglichkeiten finden Sie im Internet unter anderem bei www.solarfoerderung.de sowie www.dfs.solarfirmen.de.

Weitere Förderprogramme

Viele Städte, Gemeinden, Strom- und Gasversorger haben eigene Förderprogramme aufgelegt. Hier sollten Sie Informationen an Ort und Stelle erfragen! Auskünfte erteilen Energieberatungsstellen oder Umweltämter. Diese regionalen Förderungen lohnen sich oftmals. Teilweise werden regional Fördermittel über Bundes-/Landesförderung ausgeschüttet. Informieren Sie sich jeweils, ob die regionale Förderung kumulierbar, das heißt koppelbar mit andern Förderungen ist.

Für die Beantragung von Fördergeldern benötigen Sie einen, manchmal auch bis zu drei Kostenvoranschläge. Auf dessen Grundlage erhalten Sie eine Eingangsbestätigung und später (hoffentlich) einen Bewilligungsbescheid. Entscheidend für die Förderhöhe sind – wenn nicht pauschal pro m^2 Kollektorfläche gefördert wird – am Ende die tatsächlich entstandenen (förderfähigen) Kosten. Es ist also nicht der zunächst eingereichte Kostenvoranschlag, sondern die Endabrechnung des Installationsbetriebes maßgebend. Das heißt aber auch, dass Sie beispielsweise auch nach Beantragung der Fördergelder die Installationsfirma wechseln können oder sich Veränderungen der Anlagengröße (und der Kosten) ergeben dürfen.

Wenn Sie Fördergelder in Anspruch nehmen, sollten Sie die daran geknüpften Bedingungen beachten. Bei einigen Fördertöpfen dürfen Maßnahmen erst begonnen werden, wenn der Bewilligungsbescheid erteilt wurde (worunter auch die Auftragsvergabe fällt!). In einigen Fällen können Anträge auf vorzeitigen Baubeginn bei den entsprechenden Vergabestellen beantragt werden.

7.4 Rechtliche Schritte

7.4.1 Verträge

Wir empfehlen Ihnen, mit Ihrem Handwerker immer schriftliche Kaufverträge abzuschließen. Darin sollten unter anderem die Zahlungsbedingungen, der Vertragszeitpunkt (wegen Gewährleistungsansprüchen) sowie der Ausführungszeitraum für die Installation der Anlage fest vereinbart werden. Um sicherzustellen, dass Sie auch wirklich die Leistungen erhalten, die Sie erwarten, achten Sie auf Übereinstimmung des Leistungsumfangs zwischen Angebot und Auftragsvergabe.

Bitte beachten Sie: Nicht nur schriftliche Verträge, auch mündliche Zusagen sind rechtlich bindende Verträge!

Indirekt schließen Sie durch Unterzeichnen des Kaufvertrages bei Ihrem Installateur auch Verträge mit den Herstellern einzelner Komponenten. Einige Kollektoren beispielsweise besitzen das Gütezeichen »Blauer Umweltengel«. Unter anderem wird damit garantiert, dass der Hersteller das Produkt nach Beendigung der Lebensdauer (mehr als 20 Jahre) zurücknimmt, um es wieder einem Stoffkreislauf zuzuführen. Darüber hinaus gelten natürlich die vom Hersteller gegebenen Garantiebescheinigungen. Diese und deren Bedingungen sollten Ihrem Angebot beigelegt sein.

Um langfristig die Funktion der Solaranlage zu sichern, werden nach erfolgter Installation und Übergabe der Anlage oft Wartungsverträge abgeschlossen (siehe Musterwartungsvertrag im Anhang).

Ihr Handwerksbetrieb ist verpflichtet, beim Bau die jeweils gültigen Normen und Richtlinien zu beachten und einzuhalten.

Für die ausgeführten Arbeiten wird im hoffentlich nicht eintretendem Streit- oder Schadensfall bezogen auf Gewährleistungs- und Garantiebedingungen entweder die Verdingungsverordnung Bau (VOB) oder aber das Bundesgesetzbuch (BGB) herangezogen. Letzteres ist für Sie als Endkunde meist von Vorteil, da eine längere Garantie (5 Jahre) gewährt wird. Um Unklarheiten und Streitereien schon im Vorwege einzugrenzen, sollten alle Absprachen zwischen dem Handwerksbetrieb und Ihnen immer schriftlich erfolgen.

7.4.2 Baurechtliche Aspekte bei der Errichtung von Solaranlagen

Solaranlagen verändern das Erscheinungsbild Ihres Gebäudes und unterliegen daher baurechtlichen Bestimmungen. Vor der Errichtung einer Solaranlage besteht eine Anzeigepflicht beim zuständigen Bauamt. Ihr Handwerksbetrieb sollte bei der meist formlos gehaltenen Bauanzeige behilflich sein und die entsprechenden Richtlinien kennen und beachten.

Solaranlagen sind in der Regel genehmigungsfrei, aber anzeigepflichtig.

Jede Solaranlage muss die festgeschriebenen Anforderungen an Brandschutz, Statik und Standsicherheit, Verkehrssicherheit, Abstandsflächen zu Grundstücksgrenzen bei frei aufgestellten Kollektoren, etc. erfüllen. Die Gebäude dürfen durch Solaranlagen nicht verunstaltet werden. Verantwortlich für die Einhaltung der Vorschriften ist übrigens der Bauherr, der dann erst von sich aus die beauftragten Firmen verantwortlich machen kann.

In den allermeisten Fällen ist **keine Baugenehmigung** erforderlich. In Ausnahmefällen kann die Kommunalverwaltung in Bebauungsplänen Einschränkungen für Solaranlagen festgeschrieben haben, die zu beachten sind, soweit Ihr Grundstück von dem Bebauungsplan erfasst wird. Bei Fragen zu Bebauungsplänen und den Bauordnungen der jeweiligen Länder helfen die örtlichen Bauämter.

Auf denkmalgeschützten Gebäuden und dort, wo Gebäudeensembles insgesamt dem Denkmalschutzgesetz unterstellt wurden, sind Solaranlagen genehmigungspflichtig. In diesem Fall müssen Sie bei der zuständigen Bauverwaltung einen Plan mit einer Beschreibung Ihres Vorhabens einreichen.

Um unnötigen Aufwand zu sparen, sollten Sie in solchen Fällen vorher immer mit dem zuständigen Sachbearbeiter Kontakt aufnehmen. Je ansprechender die Kollektoren in das Gebäude integriert werden, mit um so mehr Verständnis können Sie rechnen, z. B. wenn dachintegrierte Kollektoren eingesetzt werden oder die Solaranlage nicht von öffentlichen Plätzen und Fußgängerbereichen einsehbar ist. In einigen Altstädten ist Letzteres sogar Bedingung für die Genehmigung von Solaranlagen.

7.5 Umsetzung und Bauphase

Ist der Bewilligungsbescheid des Förderantrages erteilt, beziehungsweise ein Antrag auf vorzeitigen Baubeginn genehmigt, kann der Auftrag an den von Ihnen ausgewählten Handwerker erteilt werden. Jetzt können auch der Bautermin/die Bautermine abgesprochen und Detailfragen zum Einbau der Solaranlage geklärt werden.

Die eigentliche Bauphase dauert in der Regel nur wenige Tage und gliedert sich in die in Abb. 7.13 dargestellten fünf Phasen:

Kollektormontage

- Befestigen der Unterkonstruktion
- Montage der Kollektoren
- Kollektoranschlüsse und Dachdurchdringung (z.B. durch Lüfterziegel)
- Fachgerechte Verschließung der Dachhaut

Speichermontage

- Aufstellen des Speichers
- Anschluß Nachheizung
- Anschluß Kaltwasser incl. erforderliche Einbauten
- Anschluß Warmwaser ggf. incl. Brauchwassermischer

Rohrleitung und Solarstation

- Verlegung der Rohrleitung entsprechend den örtlichen Gegebenheiten
- Wärmedämmung der Rohrleitung
- Montage der Solarstation incl. Ausdehnungsgefäß
- Einbauten wie Entlüfter, Befüll-/Entleerhähne, etc.

Regelung und elektrischer Anschluß

- Montage Temperaturfühler (beim Kollektor incl. Schutzdose)
- Verlegung Steuerkabel
- Anschluß der Pumpe
- Reglermontage und elektrischer Anschluß
- Anschluß an Potentialausgleich, ggf. Blitzschutz

Inbetriebnahme und Übergabe

- Druckprobe, Spülen, Befüllen der Anlage
- Inbetriebnahme
- Übergabe und Einweisung

Bild 7.13 Übersicht über die Montagephasen bei der Errichtung Ihrer Solaranlage

Der Handwerker benötigt einen Zugang zum Dach (meist von außen über Leitern) und zum Speicheraufstellraum (meist der Heizungskeller). Je nach Leitungsführung ist auch ein (mehrmaliger) Zugang zum Dachboden und/oder zum Treppenhaus erforderlich. Hier sind Absprachen zwischen Ihnen und dem Handwerker nötig.

Bild 7.14 Frei aufgestellter Kollektor während der Montage

Leider dient uns der Heizungskeller oft auch als Lagerraum für allerlei Dinge. Damit der Speicher zum Heizraum transportiert werden kann, sollten Hindernisse (vorher!) beiseite geräumt und der besprochene Aufstellungsort frei zugänglich sein.

Bild 7.15 Die Speichermontage – Transport zum Keller auf einer Sackkarre

Gute Handwerker bemühen sich, Ihnen so wenig Dreck und Unannehmlichkeiten wie möglich zu bereiten. Ganz vermeiden lässt sich dies auf Baustellen natürlich nicht. Sollten sie Sorge um Ihre Auslegeware oder Ähnliches haben, reden Sie außer über den eigentlichen Bauablauf mit Ihrem Handwerker auch darüber.

Bild 7.16 Solarspeicher (500 l) und Solarstation während der Montage

7.5.1 Was ist bei der Anlieferung zu beachten

Häufig beziehen Installationsfirmen komplette Solaranlagensets, die dann von den Herstellerfirmen über eine Spedition direkt zu Ihnen auf die Baustelle geliefert werden. Da der Spediteur meist Zeitspannen als Liefertermin – beispielsweise Mittwochvormittag – vereinbart, bitten einige Handwerksbetriebe ihre Kunden, die Ware entgegenzunehmen. Nehmen Sie und nicht der Handwerker die Ware entgegen, sollten Sie um Ihre Rechte und Pflichten wissen.

Der Spediteur muss bis zur Grundstücksgrenze liefern. Wenn möglich, kann der Spediteur natürlich bis zum Haus liefern, ansonsten ist für den verbleibenden Weg bis zum Haus der Handwerker verantwortlich. Es ist nicht Ihre Aufgabe, einen 150 kg schweren Speicher ohne geeignete Hilfsmittel zu transportieren. Grundsätzlich muss der Spediteur so lange bleiben, bis Sie alle Teile überprüft haben. Das sollten Sie auch sehr gewissenhaft tun. Lassen Sie sich nicht drängeln, schauen Sie sich alles genau an. Der Lieferschein und die vorab vom Installateur überreichte Stückliste sollten Ihnen bei der Überprüfung auf Vollständigkeit helfen. Einige Hersteller überreichen spezielle Annahmeprotokolle, die ähnlich einer Checkliste das Annehmen und Prüfen der Ware erleichtern.

Von außen sichtbare Transportschäden sollten Sie im Protokoll oder auf dem Lieferschein aufnehmen, Sie dürfen und sollten, wenn Schäden an der Verpackung vorhanden sind, auch die Pakete öffnen und nachschauen, ob etwas offensichtlich kaputt ist (zerbrochene Scheiben, verbogene Bleche, etc.).

Wichtig ist, dass Sie alles protokollieren und vom Fahrer (Namen notieren) durch Unterschrift bestätigen lassen. Im Schadensfalle sollten Sie Ihren Handwerker umgehend informieren, da die Reklamation beim Hersteller an Fristen gebunden ist. Wenn Sie bei der Abschätzung von Schäden unsicher sind, halten sie ggf. Rücksprache mit Ihrem Handwerker. Die meisten Installateure sind heutzutage auch auf Baustellen über Handy zu erreichen.

Wenn z.B. eine Speicherverpackung ramponiert ist, könnte der Speicher beim Transport umgekippt und als Folge Teile der Emaillebeschichtung abgeplatzt sein. Das ist zwar von außen nicht sichtbar, kann aber die Lebensdauer der Opferanode oder des Speichers selbst stark verkürzen. Wird ein Speicher ohne Wärmedämmung geliefert, können an der Außenseite durch den Behandlungsprozess Verzunderungen zu sehen sein. Bekommen Sie keinen Schreck. Dies ist nur hässlich anzusehen, wird die Qualität des Speichers aber nicht mindern (und verschwindet ja auch wieder unter der Wärmedämmung). Es ist also nicht immer ganz leicht, Mängel zu erkennen. Letztlich kann Ihr Installateur am besten prüfen und beurteilen, ob der gelieferte Speicher mängelfrei ist und dafür (schriftlich!) die Freigabe erteilen.

Sind Anlagenteile beim Transport beschädigt worden, müssen diese so schnell als möglich erneut geliefert und ausgetauscht werden. Ihnen entstehen dabei keine Kosten. Wer den Schaden letztlich bezahlt, müssen in erster Linie der Spediteur und Hersteller und deren Versicherungen aushandeln. Es geht bei Reklamationen nicht darum, den Spediteur oder den Handwerker zu schikanieren, aber beide sind im Schadensfalle versichert und es ist Ihr gutes Recht zu kontrollieren. Auch Ihr Installateur kann Ihnen für mögliche Verzögerungen des Baubeginns keine Zusatzkosten in Rechnung stellen.

Wenn der Handwerker erst später Schäden feststellt, sollte er sich direkt mit dem Hersteller in Verbindung setzten. Die meisten Hersteller legen ihren Lieferungen für diese Fälle Schadensprotokolle bei. Eine Reklamation sollte unbedingt innerhalb von drei Arbeitstagen erfolgen, die Rücknahme erfolgt dann nach Rücksprache auf dem vom Hersteller angegebenem Weg.

Der Handwerker hat eine Rücknahmepflicht für die Transportverpakkung und muss diese fachgerecht entsorgen.

7.5.2 Was ist bei der Montage zu beachten

Ihr Handwerker hat natürlich bei der Montage sowohl die gültigen Normen und Richtlinien als auch die Montageanleitungen der Hersteller zu beachten und einzuhalten. Wir wollen mit diesem Kapitel nicht erreichen, dass Sie während der Montage permanent neben dem Handwerker stehen und ihm über die Schulter schauen. Die sorgfältige Auswahl des Handwerkbetriebes sollte auch ein gewisses Vertrauen in dessen Arbeit mitbringen. Ziel ist eher, gut ausgeführte von eher schlampig ausgeführter Arbeit unterscheiden zu lernen und somit eine Grundlage für eine vernünftige Bauabnahme zu schaffen.

Die Kollektormontage

Egal ob Aufdachmontage, Indachmontage oder Freiaufstellung, die Kollektoren sollten möglichst sorgfältig montiert werden. Bei unsachgerechter Montage können Folgeschäden durch Undichtigkeiten in der Dachhaut entstehen. Abbildung 7.17 zeigt Montagefehler, die wohl keines weiteren Kommentars bedürfen.

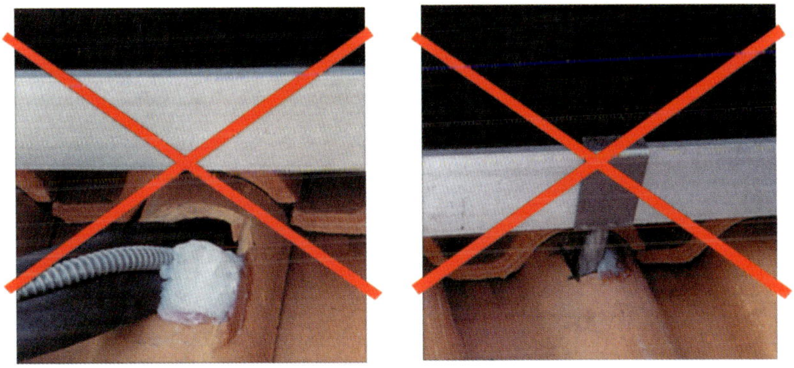

Bild 7.17 Unsachgemäßes Abdichten bei der Kollektormontage mit Silikon. Links Dachdurchführung bei der Aufdachmontagehalterung, rechts Rohrdurchführung ohne Lüfterziegel

Bei der Aufdachmontage werden lediglich für die Befestigung der Kollektorhalterung kurzzeitig einige Ziegel aus der Dachhaut entfernt und später wieder eingesetzt. Die Aufdachmontage ist daher auch meist die schnellste und billigste Art der Kollektormontage.

Bild 7.18 Kollektoren während der Aufdachmontage

In Abbildung 7.19 ist das seitliche Anschlussblech bei einer Indachmontage dargestellt. Für die Dichtheit Ihres Daches ist es unerlässlich, dass die Ziegel später bis an den Kollektor angedeckt werden und das Blech ausreichend überragen. Auch wenn es mehr Aufwand bedeutet, sollte der Handwerker die Ziegel so bearbeiten, dass eine gute Wasserableitung auf dem Dach gewährleistet ist. Dann ist auch alles dauerhaft dicht.

Bild 7.19 Indachmontage eines Kollektors

Ausführung der Rohrleitung und deren Wärmedämmung

Der Kollektorkreis muss durchgehend mit hochtemperaturbeständiger (bis ca. 170 °C) Rohrleitung und Wärmedämmung versehen sein.

Deren Dämmstärke sollte 100% des Außenrohrdurchmessers betragen. Entweder werden vorgefertigte Rohrleitungen verwendet, bei der die Wärmedämmung schon integriert ist, oder aber die Wärmedämmung wird nachträglich ausgeführt.

In beiden Fällen gilt: auf durchgehende, qualitativ hochwertige Wärmedämmung des Kollektorkreises achten, also insbesondere auch auf die Ausführung von Anschlüssen und Stößen.

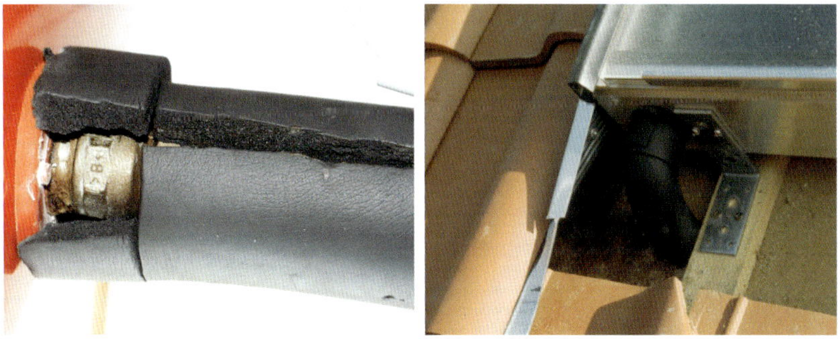

Bild 7.20 Ausführung der Wärmedämmung: links: lückenhafter Speicheranschluss mit Wärmedämmung aus Weichschaum; rechts: sorgfältige Ausführung am Kollektor

Natürlich können nicht alle Armaturen vollständig gedämmt werden. Entlüfter und Einbauten wie Befüllhähne werden oftmals nicht gedämmt, da sie zugänglich bleiben müssen. Die perfekte Wärmedämmung, bei der wirklich die gesamte Rohrleitung und alle Einbauten komplett gedämmt sind, wird es schon aus finanziellem Grund nie geben. Die fachgerechte Montage ist eine aufwendige und zeitintensive Arbeit. Um die Wärmeverluste so gering wie möglich zu halten, sollten Sie bei der Bauabnahme daher ein besonderes Augenmerk auf die sorgfältige Ausführung der Wärmedämmung richten. Eine wie in Bild 7.20 links dargestellte Wärmedämmung (im Außenbereich!) wird mit den Jahren weiter aufreißen. Die Rohrleitung ist Witterungseinflüssen ungeschützt ausgeliefert.

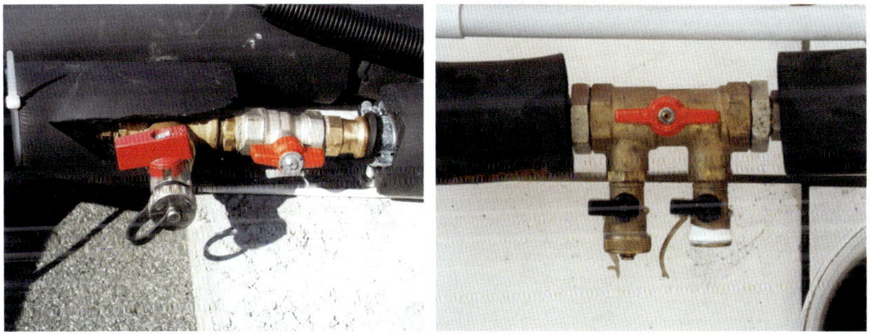

Bild 7.21 lückenhafte Ausführung der Wärmedämmung bei einem Befüll- und Entleerhahn

Der Speicher

Beim Transport und Aufstellen des Speichers sollten Stöße vermieden werden. Stahlspeicher sind innen emailliert und daher empfindlich gegen Stöße. Das Emaille kann abplatzen und die Speicherwand unter Umständen trotz Opferanode anfangen zu rosten, da die Opferanode nur kleinere Fehlstellen schützen kann. Bei Verdacht auf Beschädigung sollte der Handwerker den Speicher prüfen, notfalls aufschrauben und freigeben (Siehe »Was ist bei der Anlieferung zu beachten« auf Seite 169).

Verfügt Ihr bestehender Speicher über einen Anschluss für die Warmwasserentnahme nach oben, sollte eine sogenannte Wärmeschleife eingebaut werden (Bild 7.21 auf Seite 173). Dadurch lassen sich die Wärmeverluste des Speichers enorm verringern. Beim Neukauf des Speichers sollten alle Anschlüsse seitlich oder nach unten aus der Speicherdämmung geführt werden.

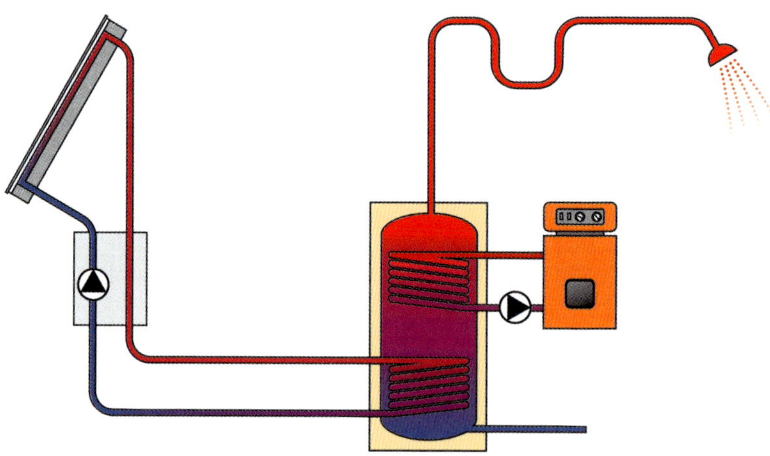

Bild 7.22 Speicher mit Warmwasserentnahme oben und vom Handwerker ausgeführter »Wärmeschleife«

Darauf sollten Sie sonst noch achten

Die Fühler zur Temperaturmessung sollten mit sogenannter Wärmeleitpaste in die Tauchhülsen gesteckt werden. Das macht dem Handwerker kaum Arbeit und kostet wenig Geld, erhöht aber aufgrund der besseren Wärmeübertragung die Genauigkeit der Temperaturmessung spürbar.

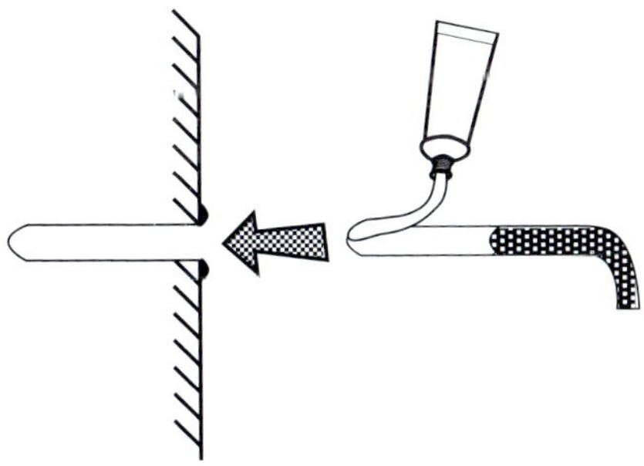

Bild 7.23 Tauchfühler mit Wärmeleitpaste zur Verbesserung der Temperaturmessung

Lotrückstände, Späne und Dreck müssen aus den Leitungen entfernt werden. Deshalb muss der Kollektorkreis vor dem Befüllen mit Frostschutzmittel unbedingt mit klarem Wasser gespült werden (ca. 10 Minuten!).

Um Schäden zu vermeiden, sollten sie sich bei Frostgefahr vergewissern, dass der Handwerker nach dem Spülen und erfolgreicher Druckprobe die Anlage mit Frostschutzmittel befüllt. Es reicht nicht, den Kollektorkreis bei Frostgefahr einfach zu entleeren. Je nach Absorberverrohrung bleiben die Kollektoren beim Ablassen teilweise mit Wasser gefüllt. Wenn dann der Frost kommt, ist der Schaden unvermeidbar.

7.6 Übergabe der Solaranlage und Einweisung

7.6.1 Die Übergabe der neuen Solaranlage

Lassen Sie sich Ihre neue Solaranlage nach Fertigstellung übergeben. Dazu gehört neben der baulichen Abnahme – also dem Überprüfen auf Vollständigkeit und sachgemäße Installation (soweit Sie das beurteilen können) – eine Einweisung und Erläuterung aller wichtigen Funktionen und Merkmale. Meist werden dafür standardisierte Abnahmeprotokolle ausgehändigt. Ein Beispiel hierfür finden Sie im Anhang. Gehen Sie das Protokoll gemeinsam mit dem Installateur Punkt für Punkt durch und notieren Sie die Daten Ihrer Solaranlage. Die Protokolle sind wie gesagt oft Standardprotokolle. Es kann daher vorkommen, dass einige Punkte des Protokolls auf Ihre Anlage nicht zutreffen. Unterschreiben Sie das Protokoll erst, wenn Ihnen alle Punkte wirklich klar sind.

Sollten sie bauliche Mängel wie beispielsweise ungenügend ausgeführte Wärmedämmung des Kollektorkreises feststellen, notieren Sie dies im Protokoll und klären Sie den weiteren Umgang bis zur Beseitigung aller Mängel ab.

Abnahmeprotokoll

Anlagenstandort: ....

Betreiber: ....

Aufdachmontage	o.k.
Wurden die Sparrenanker fest auf den Sparren oder dem Zusatzbrett montiert?	
Wurde für die Sparrenanker ein korrekter Höhenausgleich für die Ziegel gewählt?	
Sind die C-Profilschienen auf den Sparrenankern fest montiert?	
Sitzen die Kollektoren fest auf den Schienen, sind die Quick-Verbinder fest montiert?	
Entspricht die Anzahl der Quick-Verbindungen der Montageanleitung?	
Sind alle Schraubverbindungen fest angezogen?	
Ist die Dacheinführung der Rohrleitung korrekt ausgeführt?	
Ist das Dach dicht und unbeschädigt?	

Kollektorkreis	o.k.
Ist die Wärmedämmung vollständig ausgeführt?	
Ist die Wärmedämmung temperaturbeständig?	
Ist die Wärmedämmung nach WSVO (100%) ausreichend?	
Ist die Wärmedämmung im Aussenbereich UV-beständig?	
Sind die Entlüfter für hohe Temperaturen geeignet und absperrbar?	
Ist der Kreislauf entlüftet?	
Ist alles dicht (verwendetes Rohrmaterial)?	
Wurde der Wärmetauscher zum Speicher korrekt angeschlossen (Gegenstrom)?	
Ist die Solarstation korrekt montiert?	

Ergebnis der Abnahme	o.k.
Die vertragsgemäße Erfüllung der Leistungen wird festgestellt, die Leistungen werden abgenommen.	
Die Abnahme der Leistungen wird verweigert wegen (ggf. weiteres Blatt benutzen)	

Datum	Auftraggeber	Unterschrift/Stempel
Datum	Auftragnehmer	Unterschrift/Stempel

Bild 7.24 Ausschnitte eines Abnahmeprotokolls

Weiterhin sollte Ihnen ein Schaltbild mit Bezeichnung aller Komponenten und deren Funktion ausgehändigt werden. Sinnvoll ist es auch, sich von den wichtigsten Komponenten, also Kollektoren, Speicher, Solarstation die entsprechenden Unterlagen und vor allem vom Regler die Bedienungsanleitung aushändigen zu lassen. Falls Störungen an der Anlage auftreten und der Installateur der Anlage nicht (mehr) verfügbar ist, tappt sein Nachfolger dann nicht völlig im Dunkeln.

Unbedingt festzuhalten ist das Fabrikat und das Mischungsverhältnis des Frostschutzmittels. Sollte im Laufe der Jahre einmal etwas Flüssigkeit nachgefüllt werden müssen, dürfen nicht Mittel verschiedener Hersteller gemischt werden.

7.6.2 Die Einweisung in Ihre neue Solaranlage

Ihre Solaranlage arbeitet automatisch und bedarf keiner Bedienung. Trotzdem sollten Sie je nach persönlichem Interesse Anzeige und Bedienungsmöglichkeiten kennen. Die meisten werden sicherlich das eine oder andere Mal in den Keller laufen, um sich von der Funktion der Solaranlage zu überzeugen und erfreuen zu lassen. Der/die eine schaut »nur« nach, ob der Anlagendruck stimmt, die Regelung arbeitet und vernünftige Werte anzeigt und nach dem ersten Augenschein alles in Ordnung ist. Andere neigen dazu, den Wärmemengenzähler ständig im Auge zu behalten oder am Regler zu »spielen« und ihre Solaranlage mithilfe der Anzeige und Kontrollmöglichkeiten zu optimieren. Je nachdem, wieviel Fähigkeiten und Interesse Sie mitbringen, können Sie auch einige Wartungsarbeiten selbst durchführen (Siehe »Funktions- und Erfolgskontrolle« auf Seite 197, »Wartung« auf Seite 203) . Um keine unnötigen Probleme, wie z.B. ein versehentliches Verstellen von Einstellwerten am Regler zu erzeugen, gilt grundsätzlich:

Bei der Abnahme Ihrer Solaranlage sollten Sie sich von Ihrem Handwerker in Ihre Anlage einweisen lassen. Wie ausführlich dessen Erklärungen ausfallen, hängt von Ihrem eigenen Interesse ab. Am besten machen Sie sich bei der Einweisung entsprechende Notizen.

Die folgenden Fragestellungen bei der Einweisung in Ihre neue Solaranlage können nur beispielhaften Charakter haben. Fragen Sie nach allem, das Ihnen unklar erscheint!

Der Solarregler

Sie sollten eine ausführliche Einweisung in Funktions- und Ablesemöglichkeiten des Solarreglers erhalten. Dazu zählen unter anderem folgende Fragestellungen:

- Welche Parameter sind am Regler eingestellt worden?
- Was passiert, wenn die Parameter verändert werden?
- Wie kann ich am Regler die Temperaturen im Kollektor und im Speicher ablesen?

- Wie funktioniert die Menüführung?
- Kann man dabei versehentlich etwas verstellen?
- Wie können Zusatzfunktionen wie Betriebsstundenzähler der Pumpe, etc. abgelesen werden?
- Wie sind die Schnittstellen zwischen Heizungsregler und Solarregler (beispielsweise in Bezug auf die Regelung der Zirkulation) gestaltet?
- Was bedeutet das Leuchten/Blinken einzelnen Leuchtdioden?
- Welche Fehlermeldungen können auftreten, wie werden diese angezeigt und wie verhalte ich mich dann?

Da die Anlage automatisch arbeitet, wird gerade dem letzten Punkt zu wenig Aufmerksamkeit geschenkt. Tritt dann nach Wochen tatsächlich ein Fehler auf, kann man sich kaum noch an die umfangreiche und damit auch verwirrende Einführung des Installateurs erinnern.

Gehen sie bei der Einweisung anhand von Beispielen gemeinsam mit dem Handwerker die wichtigsten Störmeldungen durch und notieren Sie sich (z.B. direkt in der Bedienungsanleitung des Reglers), wie Sie sich zu verhalten haben.

Manche Fehlermeldungen haben eher den Charakter von Warnmeldungen, bei denen die Solaranlage regulär weiter arbeitet (z.B. dass der Kollektor über 100 °C heiß wurde). Bei anderen Fehlern dagegen ist es erforderlich, den Handwerker zu rufen. Wichtig bei der Einweisung ist, dass Sie ein Gefühl für die Anlage bekommen und Sicherheit erlangen, wie Sie sich im Falle von Störmeldungen zu verhalten haben. Meist können sie Ihren Handwerker natürlich auch bei später auftauchenden Fragen anrufen.

Ist ein Wärmemengenzähler installiert oder schon im Regler integriert, muss auch dieser natürlich im Zuge der Einweisung der Solaranlage auf Funktion und Ablesemöglichkeiten erläutert werden.

Heizkessel, Warmwasser und Zirkulation

Auch wenn Ihr Handwerker Ihnen soeben nur die Solar- und nicht die Heizungsanlage montiert hat, arbeiten die beiden Systeme doch zusammen. Sie beliefern den Solarspeicher mit Wärme. Sie sollten wissen, wie Sie

- die Nachheizung im Sommer außer und bei Bedarf wieder in Betrieb nehmen und was Sie dabei ggf. zu beachten haben.
- die Regelung der Zirkulation einstellen können (Siehe »Systeme mit Zirkulationsleitung« auf Seite 88, »Möglichkeiten zur Verringerung von Zirkulationsverlusten« auf Seite 205) .
- die gewünschte Warmwassertemperatur einstellen können; und zwar sowohl am Regler als auch am Brauchwassermischer, wenn ein solcher zur Begrenzung der Trinkwarmwassertemperatur auf beispielsweise 45 °C eingebaut wurde (Siehe »Brauchwassermischer« auf Seite 68).

Solarstation, Kollektorkreis und Speicher

- Welche Temperaturen zeigen die Thermometer an und was bedeutet das für den Betrieb der Anlage?
- Welche Temperaturen sind »normal«?
- Welcher Druck wird am Manometer angezeigt? In welchem Bereich sollte sich der Zeiger bewegen?
- Wo im Kollektorkreis sitzen die Entlüfter und wie sperren Sie diese ab (Siehe »Entlüfter« auf Seite 69)?
- Wie kontrollieren Sie (falls vorhanden) die Funktion der Fremdstromanode zum Schutz des Speichers vor Korrosion?

8. Betrieb der Anlage

In diesem Kapitel wollen wir Ihnen zeigen, wie Ihre Solaranlage im »normalen« Betrieb sowie unter ausgewählten Betriebsbedingungen arbeitet. Wenn Sie die Arbeitsweise Ihrer Anlage verstehen, werden Sie am meisten Freude daran haben. Sie können selbst einschätzen, wie gut Ihre Anlage arbeitet und wann und wie viel Sonne Sie »geerntet« haben.

Solaranlagen zur Trinkwarmwassererwärmung sind meist der konventionellen Heizung vorgeschaltet. In der Regel ist das auch gut und richtig, denn liefert die Sonne zu wenig Energie, müssen wir nicht auf warmes Wasser verzichten. Die Tücke liegt darin, dass es auf diese Weise erst spät oder gar nicht auffällt, wenn die Solaranlage schlecht arbeitet, das Wasser zum Duschen wird ja durch die Heizungsanlage erwärmt und ist wohltemperiert. Den Möglichkeiten der Erfolgskontrolle Ihrer Anlage ist deshalb ebenfalls ein Kapitel gewidmet.

8.1 Welche Erträge kann ich von meiner Solaranlage erwarten?

8.1.1 Anlagen zur Trinkwarmwassererwärmung

Für Ein- und Zweifamilienhäuser gilt aus Erfahrung:

»*Warm spürt der Kunde mehr als wirtschaftlich*« (Zitat Josef Jenni, Schweizer Solarpionier). Gemeint ist damit, dass Solaranlagenbesitzer meist bei eher großzügig dimensionierten Solaranlagen mit Deckungsgraden um 60% zufrieden und stolz sind. Die Brennstoffeinsparung ist hoch und der Heizkessel kann über lange Zeiträume ganz abgestaltet werden. Abb. 8.1 zeigt, welche Erträge Sie typischerweise, übers Jahr gesehen, im Einfamilienhausbereich mit einer Solaranlage zur Trinkwassererwärmung erwarten können.

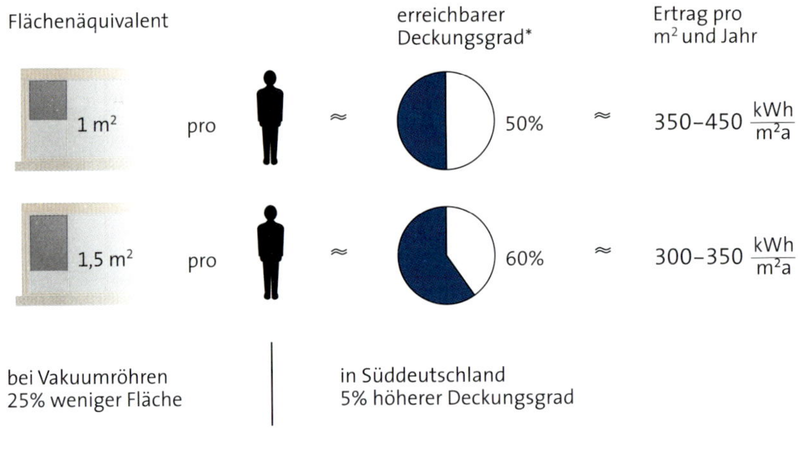

*Wasser 45°C, 50l pro Tag pro Person

Bild 8.1 Welche Erträge kann ich typischerweise mit meiner Solaranlage jährlich »ernten«?

Diese Energie bekommen Sie Jahr für Jahr und die Sonne wird Ihnen dafür keine Rechnung stellen. Egal, wie sich die Preise für Öl oder Gas in den nächsten 25 Jahren entwickeln. Wir haben an dieser Stelle ganz bewusst relativ große Ertragsspannen gewählt. Der Ertrag Ihrer Solaranlage hängt von mehreren Faktoren ab:

- dem Warmwasserverbrauch und den Nutzergewohnheiten,
- dem Anlagenstandort und den Aufstellungsbedingungen,
- den Witterungsbedingungen,
- dem gewünschten solaren Deckungsgrad
- der Größe und Güte des Solarsystems

Bitte beachten Sie: Die tatsächlich von Ihrer Solaranlage zu erwartenden jährlichen Erträge liegen meist deutlich unterhalb des vom Hersteller angegebenen Kollektormindestertrags. Zur Erreichung der beim Mindestertragsnachweis geforderten 525 kWh pro m^2 Kollektorfläche und Jahr (kWh/m^2a) wird u.a. lediglich ein solarer Deckungsgrad von 40% angenommen. Mit steigendem Deckungsgrad aber sinkt der spezifische Ertrag pro m^2 Kollektorfläche. Ertragsangaben müssen immer in Bezug zu den Rahmenbedingungen gesehen werden. (Siehe »Planung und Dimensionierung von Solaranlagen« auf Seite 97)

Im Folgenden soll näher auf die Abhängigkeit des Ertrages vom Standort und der Kollektorgröße eingegangen werden. Grundlage ist die in Abb. 8.2 dargestellte Solaranlage zur Trinkwarmwasserbereitung für ein Einfamilienhaus mit folgenden Randbedingungen:

- 4 Personen mit gemeinsam 160 l täglichem Warmwasserbedarf
- Gasbrennwerttherme als Nachheizung, Zirkulation 8 h pro Tag, wobei eine Wärmeverlustleistung um 200 W in der Leitung angenommen wird
- 6 bzw. 4 m^2 Kollektorfläche, Südausrichtung der Kollektoren bei 45° Dachneigung
- 300 l Solarspeicher
- Standort Berlin

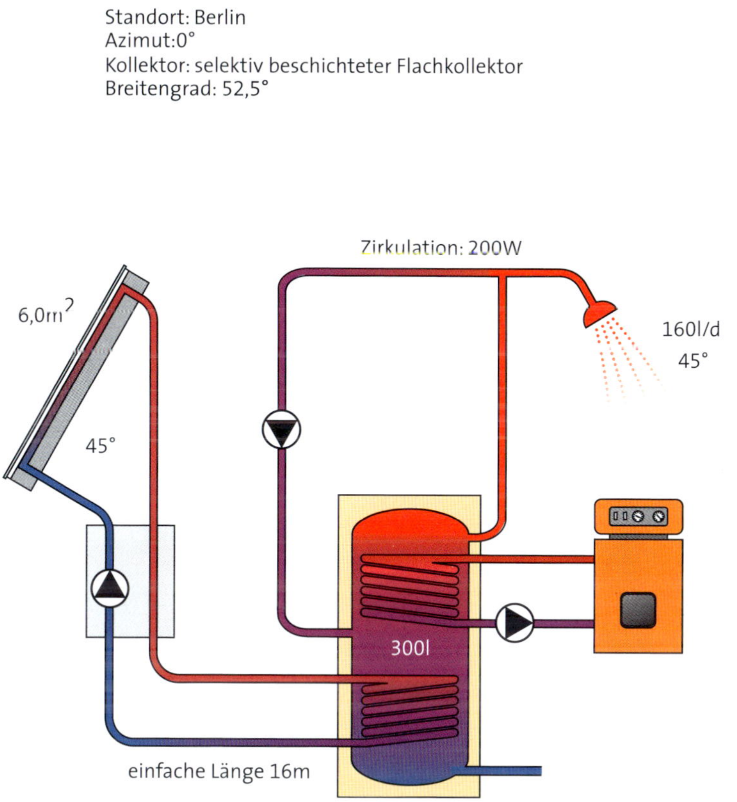

Bild 8.2 Beispiel einer typischen Solaranlage für ein Einfamilienhaus am Standort Berlin

Im Jahresdurchschnitt können bei drei Kollektoren (6 m^2 Fläche) und den genannten Bedingungen ca. 63 % des gesamten Wärmebedarfs für die Trinkwarmwasserbereitung gedeckt werden. Wärmebedarf bedeutet in diesem Fall neben der Energie zur Erwärmung des Trinkwassers auf eine Solltemperatur von 45 °C auch diejenige für die Dekkung der Wärmeverluste sowie der Zirkulationsverluste (8 h tägliche Laufzeit der Zirkulationspumpe).

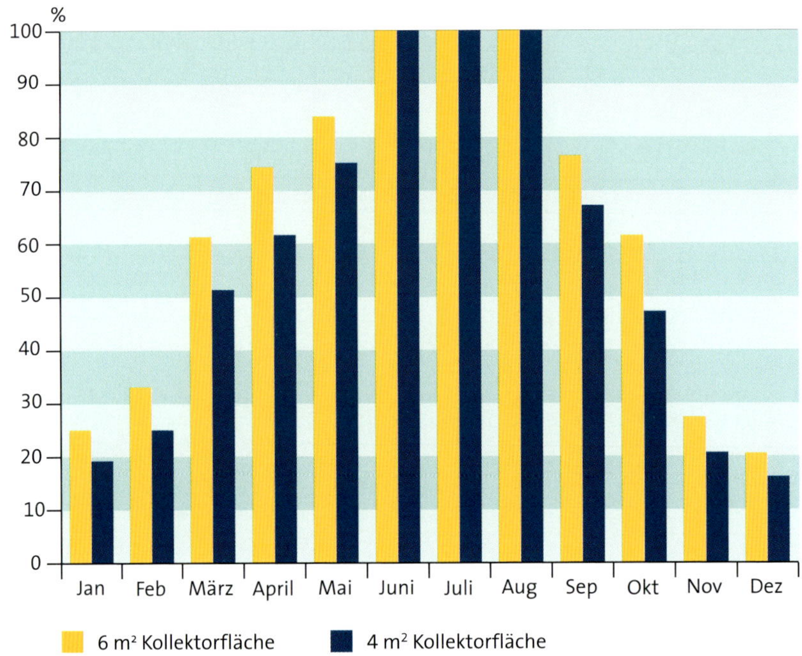

Bild 8.3 Monatliche Deckungsgrade der Beispielanlage bei 6 bzw. 4 m² Kollektorfläche

Der Bedarf an warmem Wasser ist, übers Jahr gesehen, fast konstant, weshalb auch das große solare Angebot in den Sommermonaten effizient und ohne große Verluste genutzt werden kann. Der Heizkessel kann in den Monaten Juni, Juli und August vollständig abgeschaltet werden, da die Solaranlage den Wärmebedarf jederzeit abdecken kann. In den übrigen Monaten fällt der solare Deckungsgrad entsprechend der verminderten Sonneneinstrahlung auf die Kollektoren geringer aus.

Bei ansonsten gleichen Aufstell- und Verbrauchsbedingungen würde eine Solaranlage mit 4 m² Kollektorfläche am Standort Berlin ca. 54 % des Wärmebedarfs decken und eine wesentlich kürzere Phase mit Volldeckung erreichen. Anders am Standort Freiburg, einer der sonnenreichsten Gegenden Deutschlands. Hier kann bereits die »kleine« Solaranlage mit 4 m² Kollektorfläche ca. 63,3 % des Wärmebedarfs decken (Bild 8.4 auf Seite 185). Die Erträge können also regional durchaus schwanken.

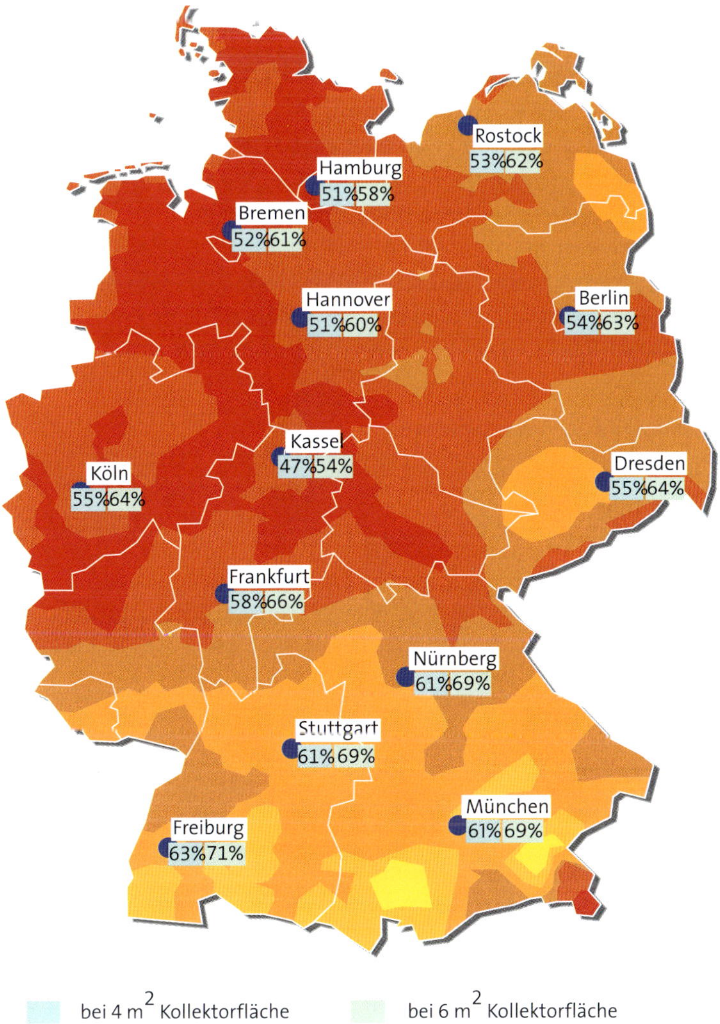

Bild 8.4 Erzielbare Deckungsgrade an verschiedenen Anlagenstandorten bei 2 Kollektoren (ca. 4 m²), bzw. 3 Kollektoren (ca. 6 m²). Anlagenbedingungen gemäß Beispielanlage (Abb. 8.2)

Ist ihre Dachfläche nicht ganz nach Süden ausgerichtet oder der Neigungswinkel des Daches nicht optimal, lässt sich meist durch eine entsprechend vergrößerte Kollektorfläche der gewünschte Deckungsgrad erzielen. Ihr Installateur sollte dies mit Ihnen abklären

Am Standort Ihres Hauses können Sie nichts ändern. Sie wohnen, wo Sie wohnen, und Ihre Dachfläche können Sie meist auch nicht beeinflussen. Wohl aber haben sie Einfluss auf Ihren Warmwasserverbrauch und den Zeitpunkt, zu dem Sie duschen, baden oder die Waschmaschine anschalten. Der Warmwasserbedarf wirkt sich entscheidend auf die zu erwartenden solaren Erträge und den erreichbaren solaren Deckungsgrad aus .

8.1.2 Anlagen zur solaren Heizungsunterstützung und Trinkwarmwassererwärmung

Warum nicht gleich eine Solaranlage zur Heizungsunterstützung?

Der technische und finanzielle Mehraufwand für eine Solaranlage zur Unterstützung der Raumheizung ist gegenüber Solaranlagen zur alleinigen Trinkwassererwärmung verhältnismäßig klein. Bei Verwendung von Kombispeichern wird lediglich der Speicher und die Kollektorfläche vergrößert, die restlichen Komponenten bleiben unverändert. Einer Studie zufolge realisieren bereits 30% aller Eigenheimbesitzer mit Solaranlage im Gebiet des Energieversorgers RWE eine Solaranlage zur Heizungsunterstützung.

Solarertrag und Sonneneinstrahlung

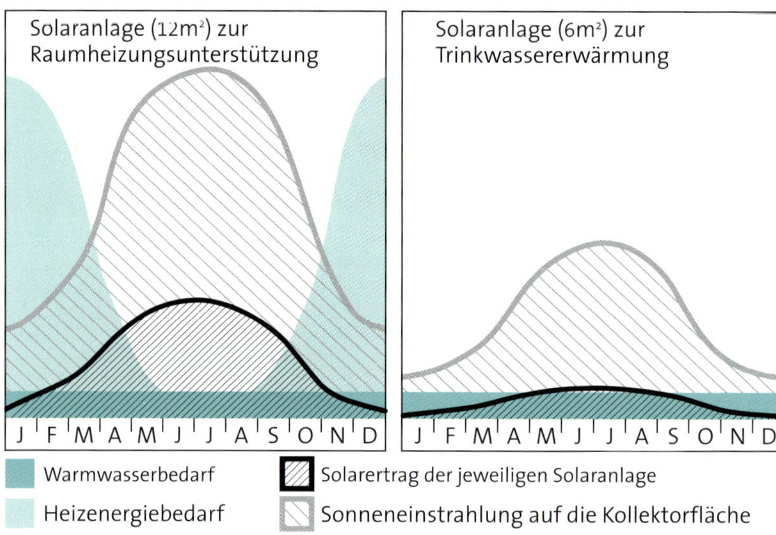

Bild 8.5 Vergleich von Jahreserträgen, Wärmebedarf und Sonnenenergieangebot einer Solaranlage zur Trinkwarmwasserbereitung und einer Solaranlage zur Unterstützung der Raumheizung

Der Beitrag der Solaranlage zur Deckung des Heizwärmebedarfs ist vor allem in der Übergangszeit hoch. In diesen Zeiten ist die konventionelle Erwärmung seltener erforderlich. Das verbessert neben der Brennstoffeinsparung auch die Jahresnutzungsgrade und Emissionswerte des Heizkessels, weil dieser seltener im Teillastbereich arbeiten oder takten muss.

Je besser das Gebäude gedämmt ist, desto höher würde mit der gleichen Solaranlage der solare Deckungsgrad ausfallen (Bild 8.6 auf Seite 187). Der spezifische Wärmebedarf von Neubauten hat in den letzten Jahren durch verbesserte Dämmstandards deutlich abgenommen. Da aber der Anteil der Neubauten am Gebäudebestand jährlich nur um ca. 1% zunimmt, sind die meisten Häuser der linken Säule zuzuordnen. Voraussetzung zur Erreichung der dargestellten Deckungsgrade ist eine gute Abstimmung von Solaranlage und Heizsystem.

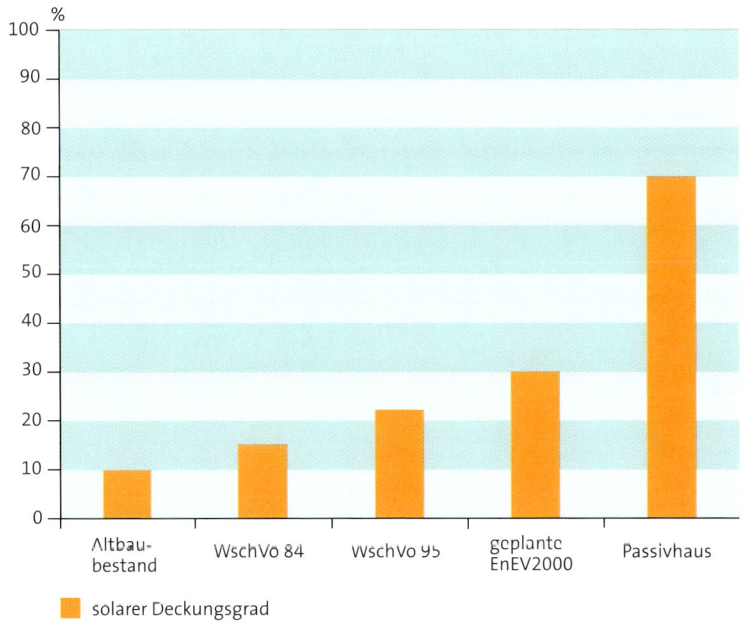

Bild 8.6 Erreichbarer solarer Deckungsgrad (Trinkwarmwasser + Heizwärme) einer Solaranlage mit 12 m² Fläche bei unterschiedlichen Dämmstandards des zu beheizenden Gebäudes (120 m² Wohnfläche)

Solaranlagen zur Unterstützung der Raumheizung können je nach Gebäude und Größe der Anlage meist 10-30 % des gesamten Wärmebedarfs (Warmwasser + Heizung) decken. Dabei wird meist ein spezifischer Ertrag pro m^2 Kollektorfläche von 300-400 kWh/m^2a erreicht.

Ideal wäre es, den in Abb. 8.5 deutlich zu sehenden Wärmeüberschuss im Sommer entweder durch einen zusätzlichen Verbraucher wie beispielsweise ein Schwimmbad direkt zu nutzen oder per Wärmespeicherung in den Winter zu »retten« (Siehe »Anlagen mit saisonaler Speicherung« auf Seite 94). Der Wärmebedarf eines Wohngebäudes und die für die Beheizung benötigte Speichergröße werden jedoch häufig unterschätzt.

In einem 1000 Liter (1 m^3) Speicher können bei einer Temperaturdifferenz von 60 K (90 °C-30 °C) lediglich ca. 70 kWh nutzbare Wärme gespeichert werden. Damit kann ein Niedrigenergiehaus mit 120 m^2 Wohnfläche und einem spezifischen Energiebedarf < 50 kWh/m^2a gerade mal ein paar Tage geheizt werden. Danach ist der Speicher aber auch leer! Soll eine saisonale Wärmespeicherung erfolgen, sind also schnell Speicher in der Größenordnung von 10 bis 20 m^3 erforderlich.

8.2 Wie verhält sich meine Solaranlage im normalen Betrieb?

Für diejenigen unter Ihnen, die die Funktionsweise Ihrer Solaranlage besser verstehen wollen, haben wir nachfolgend Temperaturverläufe im Kollektor und im Speicher detailliert für einzelne Tage beschrieben. Grundlage ist die in Abb. 8.2 dargestellte Solaranlage zur Trinkwarmwasserbereitung für ein Einfamilienhaus. Die Temperaturverläufe wurden mit dem Simulationsprogramm T*Sol für den Standort Berlin erstellt.

Ein schöner Sommertag (Beispiel: 7.Juni)

Die Solaranlage wird den ganzen Tag über 45 °C warmes Wasser im oberen Speicherbereich zur Verfügung stellen können und damit einen solaren Deckungsanteil von 100 Prozent am Warmwasserbedarf erfüllen.

Die Temperatur im Speicher liegt zu Tagesbeginn im oberen Speicherbereich bei ca. 55 °C, im unteren Bereich wird eine Temperatur von knapp 30 °C angezeigt.

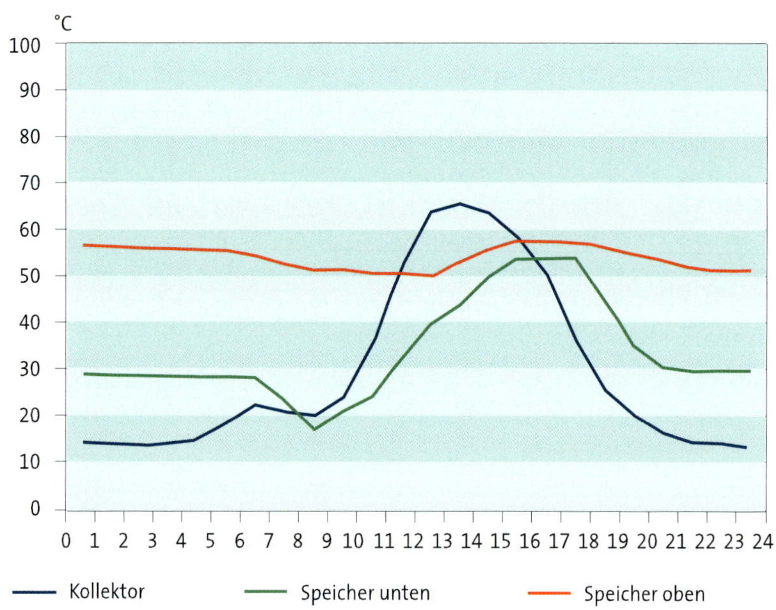

*Bild 8.7 Temperaturverlauf im Kollektor sowie im oberen und unteren Speicherbereich an einem typischen Sommertag (7.Juni), Simulation mit T*Sol*

Etwa ab 6.30 Uhr kommt Leben in das Haus. Die Bewohner duschen oder waschen sich und die untere Speichertemperatur sinkt durch das während der Warmwasserentnahme in den Speicher nachströmende Kaltwasser (ca. 12 °C) auf unter 20 °C ab. Gleichzeitig sinkt auch die obere Speichertemperatur leicht ab, da ja das wärmste Wasser dem Speicher entnommen wurde und darüber hinaus durch die Lade-/Entladevorgänge und die Zirkulation die Speicherschichtung beeinträchtigt wird.

Zur gleichen Zeit lässt sich auf dem Dach langsam die Sonne blicken, die Temperatur im Kollektor steigt an. Ab ca. 8.30 Uhr schaltet der Regler die Pumpe an. Den ganzen Tag über kann die Solaranlage nun den Speicher aufwärmen, bis gegen 17.30 Uhr der gesamte Speicher ein Temperaturniveau über 50 °C erreicht hat.

Ein weiteres Erwärmen des Speicherwassers ist an diesem Tag nicht mehr möglich, da die Einstrahlung nicht mehr ausreicht, um Wasser auf so hohem Temperaturniveau weiter zu erwärmen.

In den folgenden Abendstunden sinkt die Temperatur durch die Warmwasserentnahme insbesondere im unteren Speicherbereich wieder ab.

Am nächsten Tag kann dann der gleiche Zyklus in ähnlicher Weise durchlaufen werden. In Abb. 8.8 ist der Temperaturverlauf im Speicher für die Woche vom 7.6. bis 14.6. dargestellt. Deutlich wird, dass der Heizkessel im betrachteten Zeitraum nicht benötigt wird. Lediglich in den frühen Morgenstunden von Freitag auf Samstag und von Sonntag auf Montag fällt die obere Speichertemperatur auf ca. 39 °C bzw. 38 °C ab. Auch damit lässt sich noch ohne Komforteinbuße duschen. Ein Erwärmen des oberen Speicherbereiches auf 45 °C durch die Nachheizung hätte nicht nur einen erhöhten Gasverbrauch zur Folge (die Nachheizung arbeitet in den Sommermonaten aufgrund der höheren Abwärmeverluste bei schlechterem Wirkungsgrad), die Nachheizung hätte auch die Solaranlage behindert, da ja kurze Zeit später eine solare Erwärmung des Trinkwassers möglich gewesen wäre.

Auch an eher bewölkten Tagen – in unserem Beispiel die Tage Donnerstag, Freitag und Montag – kann die Solaranlage die Warmwasserversorgung vollständig übernehmen. Der Heizkessel bleibt aus.

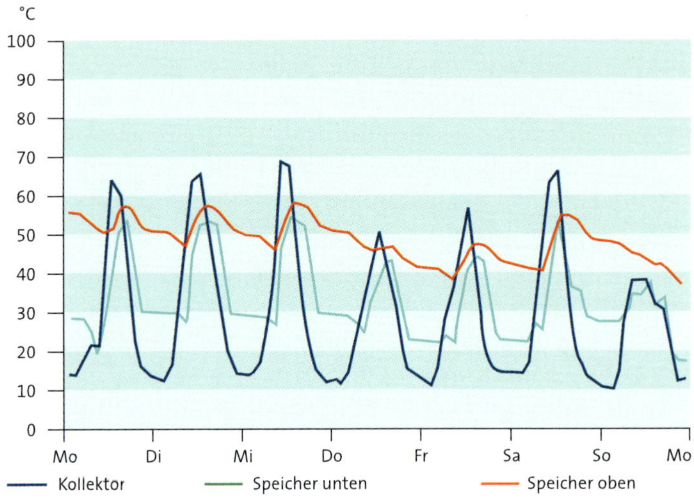

*Bild 8.8 Temperaturverlauf in Kollektor & Speicher, Zeitraum: 7.6-14.6. (Simulation mit T*Sol)*

Winter (Beispiel: Februarwoche vom 05.02-11.02.)

Im Winter liegen die solaren Deckungsgrade nur im Bereich von unter 10% (Dezember/Januar) bis 40% (März). Die restliche für die Warmwasserbereitung benötigte Energie muss von der konventionellen Nachheizung bereitgestellt werden.

Während der ersten beiden in Abb. 8.9 dargestellten sehr trüben Tage ist von der Solaranlage kaum Ertrag zu erwarten. Lediglich an wenigen Stunden kann das Speicherwasser um einige Grad Celsius erwärmt werden. Die Nachheizung hält das obere Speichervolumen auf Solltemperatur, der untere Speicherbereich liegt im Bereich der Kaltwassertemperatur.

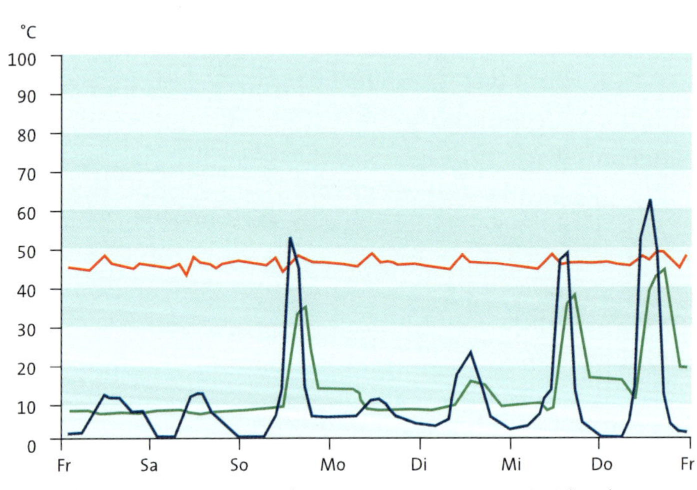

*Bild 8.9 Temperaturverlauf in Kollektor & Speicher, Zeitraum: 5.2.-11.2 (Simulation mit T*Sol)*

Der Dritte und die letzten beiden dargestellten Tage sind demgegenüber sonnige Wintertage. Gegen 9.30 Uhr reicht die Sonneneinstrahlung auf die Kollektoren aus, um eine Speicherladung zu beginnen. Der Regler schaltet die Pumpe an und im Laufe des Tages erwärmt sich der gesamte Speicher auf Temperaturen bis zu 45 °C. Die Nachheizung schaltet sich nur kurzzeitig in den Morgenstunden und in den frühen Mittagsstunden zur Bedarfsdeckung ein.

Die Solaranlage kann also auch an sonnigen Wintertagen durchaus ihren Beitrag zur Warmwasserbereitung liefern.

Frühling/Herbst (Übergangszeit)

Im Frühling werden die Tage mit mehr Solarertrag häufiger. Die solare Deckung des Warmwasserbedarfs steigt im Monatsmittel deutlich an (Bild 8.3 auf Seite 184). An ausgesprochen schönen Tagen kann eine 100%ige Deckung erreicht werden.

8.3 Wie verhält sich meine Anlage unter besonderen Bedingungen?

Kann meine Solaranlage auch bei Frost arbeiten?

Klare Antwort: Ja.

Bild 8.10 Auch bei Frost kann eine Solaranlage Erträge liefern!

Gerade die klaren sonnigen Wintertage sind es, an denen in unseren Breitengraden Außentemperaturen weit unterhalb des Gefrierpunktes auftreten. Durch das Mischungsverhältnis von z.B. 40% Glykol und

60 % Wasser im Kollektorkreis wird ein Frostschutz bis unter -21 °C erreicht. Die Rohrleitungen und der Kollektor sind vor Frostschäden optimal geschützt. Bei ausreichender Einstrahlung wird die Pumpe anlaufen und die Solaranlage Erträge erzielen. Zwar reicht die Energie oftmals nicht aus, um die Speichertemperatur auf 45 °C anzuheben. Aber jedes Grad Celsius, um welches das Speicherwasser solar erwärmt wurde (z.B. von 12 °C auf 20 °C) vermindert die Heizenergie, die dem Speicher durch die Nachheizung zugeführt werden muss.

Kann meine Solaranlage »zu heiß« werden, bzw. was passiert, wenn die Anlage »kocht«?

Die Strahlungsenergie der Sonne wird im Kollektor in Wärmeenergie umgewandelt. Dafür ist der Kollektor auch optimal geeignet. Die Energie wird vom Wärmeträger aufgenommen und zum Speicher transportiert. Dies ist nicht möglich, wenn:

- der Solarspeicher »voll« ist (seine eingestellte Maximaltemperatur von z.B. 65 °C erreicht hat), der Regler also trotz höherer Kollektortemperatur die Pumpe nicht anschaltet.
- die Pumpe, der Regler oder ein Temperaturfühler ausfällt (z.B. bei Pumpendefekt oder Kabelbruch).
- der Strom ausfällt.

Der Kollektor wird wegen des fehlenden Wärmeabtransportes jetzt nicht mehr gekühlt. Die Sonne liefert andererseits weiterhin Energie, so dass die Temperatur im Kollektor sehr schnell ansteigt, bis am Ende der Kette der Absorber nur noch mit Dampf gefüllt ist.

Bild 8.11 Beim »Kochen« wird der Wärmeträger aus dem Kollektor gedrückt und vom Ausdehnungsgefäß vollständig aufgenommen

Wie verhalten sich die Temperaturen beim »Kochen«?

Im Kollektor entstehen dabei Temperaturen im Bereich bis zu 200 °C bei Flachkollektoren und bis 300 °C bei Röhrenkollektoren. Die Hersteller geben diese als Stillstandstemperatur bezeichneten Werte an, die letztlich ein stabiles Gleichgewicht aus Temperaturerhöhung durch die Sonneneinstrahlung und Wärmeverlusten an die Umgebung darstellen. Höhere Temperaturen können also nicht entstehen, die Kollektoren sind für diese Temperaturen ausgelegt.
(Siehe »Kollektorkenngrößen« auf Seite 47)

Erst wenn die Sonneneinstrahlung beispielsweise durch eine Wolke gemindert wird, kühlt sich der Kollektor langsam wieder ab. Wenn die Pumpe wieder anläuft, können im gesamten Kollektorkreis durchaus kurzzeitig Temperaturen bis 130 °C auftreten. Darauf ist bei der Bauausführung, insbesondere z.B. bei der Verwendung hochtemperaturbeständiger Wärmedämmung, zu achten.

Gefahren durch Verbrühen am Warmwasserhahn gehen von den hohen Temperaturen jedoch zu keiner Zeit aus, da sich im Speicher eine Mischtemperatur mit dem deutlich kälteren Speicherwasser einstellt. Üblicherweise wird die Speichertemperatur auf einen Maximalwert von 60 °C oder 65 °C begrenzt. Außerdem sollte auch ein Brauchwassermischer als »Verbrühungsschutz« nachgeschaltet werden, der die Temperatur an den Entnahmestellen durch Beimengen von Kaltwasser auf beispielsweise 45 °C begrenzt. (Siehe »Brauchwassermischer« auf Seite 68)

Wie verhält sich der Anlagendruck beim »Kochen«?

Bei Temperaturerhöhung dehnt sich der Wärmeträger aus. Das Ausdehnungsgefäß nimmt durch Nachgeben der Membran das zusätzliche Volumen auf, so dass im Kollektorkreis bei der Temperaturerhöhung keine übermäßige Druckerhöhung erfolgt. Um das Ansprechen des Sicherheitsventils zu vermeiden, muss das zusätzlich beim »Kochen« entstandene Dampfvolumen vollständig vom Ausdehnungsgefäß aufgenommen werden. Ist die Größe des Ausdehnungsgefäßes dieser Situation angepasst, sprechen wir von eigensicheren Solaranlagen. Der Wärmeträger bleibt innerhalb des Kreislaufes und wird bei Abkühlung des Kollektors auch selbstständig aus dem Ausdehnungsgefäß wieder in die Rohrleitung zurückgedrückt. Die Solaranlage kann ohne Bedienungsaufwand wieder arbeiten.

Bei zu klein dimensioniertem Ausdehnungsgefäß entweicht ein Teil des Wärmeträgers über das Sicherheitsventil. Die Anlage muss u.U. erneut befüllt werden. Die Eigensicherheit Ihrer Anlage sollte Ihnen Ihr Handwerker bestätigen.

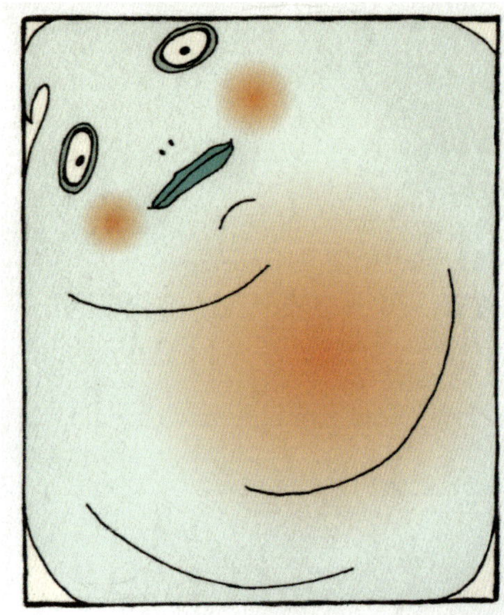

Bild 8.12 Eigensichere Solaranlagen sind den Temperatur- und Druckanforderungen gewachsen.

Wie oft dieser Zustand des »Kochens« eintritt, hängt von mehreren Faktoren ab:

- Der Auslegung: Mit steigendem Deckungsgrad wächst auch die für den Wärmebedarf erforderliche Kollektorfläche und damit insbesondere im Frühjahr und Sommer die Möglichkeit, ein Überangebot an Wärme bereitzustellen. (besonders in den Sommermonaten)
- Dem Wärmebedarf: Sie verbrauchen beispielsweise insgesamt weniger Warmwasser, als bei der Planung vorgesehen, oder am Wochenende wird weniger geduscht als werktags (»Wochenendloch«), so dass der Kollektor ebenfalls einen Überschuss an Wärme liefert.

Auch bei »richtig« dimensionierten Anlagen ist an einigen Tagen im Jahr (besonders im Mai und Anfang Juni) das Überangebot an Wärme einfach zu groß. Eine auf 60% Deckung ausgelegte Solaranlage zur Trinkwarmwasserbereitung kocht unter Umständen mehrmals die Woche. Einige Solarregler erfassen und protokollieren die Anlagenstillstände, z.B. durch Setzen eines Datums und Zeitstempels für die Erreichung der maximal gemessenen Temperatur. Achten Sie ruhig einmal darauf, ob Sie an diesem Tag zu Hause waren. Die folgende Frage beantwortet sich dann fast schon von selbst:

Muss ich etwas beachten, wenn ich in den Sommerurlaub fahre?

Anders als Ihre konventionelle Heizungsanlage können Sie Ihre Solaranlage nicht einfach abschalten. Die Sonne scheint auf Ihre Kollektoren, egal ob Sie zu Hause sind und warmes Wasser verbrauchen oder im Urlaub. Infolge der fehlenden Wärmeabnahme kommt es gerade in Urlaubszeiten häufiger zu oben beschriebenen Anlagenstillständen (»kochen«).

Früher wurde Ihnen von Seiten einiger Kollektorhersteller empfohlen, während des Sommerurlaubes die Kollektoren abzudecken und damit das häufige »kochen« zu vermeiden. Dieser Aufwand ist nicht nötig. Alle Komponenten Ihrer Solaranlage sind für den Anlagenstillstand ausgelegt. Fahren Sie beruhigt in den Urlaub und lassen Sie Ihre Solaranlage einfach laufen. Schalten Sie auf keinen Fall die Regelung aus.

Verfüge ich stets über ausreichend warmes Wasser, auch bei größerem Bedarf (z. B. bei Besuch)?
Ja. Reicht die Sonne nicht aus, um Ihren Warmwasserbedarf zu decken, wird im oberen Speicherbereich das Wasser durch die Nachheizung konventionell erwärmt. Auch bei einem höheren Warmwasserbedarf als bei der Planung der Solaranlage angenommen. Ist Ihre Heizungsanlage im Sommer abgeschaltet, kann es allerdings nötig werden, bei diesem kurzzeitig erhöhtem Wärmebedarf die Nachheizung wieder in Betrieb zu nehmen.

Bild 8.13 Auch bei Besuch haben Sie genug warmes Wasser

Was passiert eigentlich, wenn meine Anlage über- bzw. unterdimensioniert ist?

Das kann z.B. dann der Fall sein, wenn der Trinkwarmwasserbedarf falsch eingeschätzt wurde oder beispielsweise die Kinder aus dem Haus gehen.

- zu große Anlage: Da die solar bereitgestellte Wärme nicht »verbraucht« wird, steigt die Temperatur im Speicher öfter bis zur eingestellten Maximaltemperatur an. Die Folge ist ein häufigeres »Kochen« im Kollektor. Diese Wärme kann nicht genutzt werden.
- zu kleine Anlage: Der Kessel muss auch in den Sommermonaten eingeschaltet bleiben, weil an eher trüben Tagen der Ertrag der Solaranlage nicht ausreicht, um den Trinkwarmwasserbedarf zu decken. Die Heizungsanlage arbeitet im Sommer mit schlechtem Wirkungsgrad, was die Schadstoffemissionen und den Bedarf an fossiler Energie deutlich erhöht.

Wie Kapitel 5 gezeigt hat, sollte Ihre Solaranlage auf Ihre Bedürfnisse und Standortbedingungen maßgeschneidert werden.

Frühjahrsputz oder lohnt es sich, die Kollektoren auf dem Dach zu reinigen?

Bild 8.14 Auf den »Frühjahrsputz« können Sie verzichten!

Selbst wenn die Glasflächen der Kollektoren vom Boden aus »dreckig« erscheinen, mindert das erfahrungsgemäß den Energiedurchlass durch die Scheibe nur minimal. Meist wäscht der Regen ähnlich wie bei einem Dachfenster Staub und Schmutz von der Glasscheibe des Kollektors, so dass der »jährliche Frühjahrsputz« des Kollektors nicht nötig ist. Das bestätigt auch eine Untersuchung in (Peuser/Croy/Weiß/Schumacher, »Langzeiterfahrungen mit thermischen Solaranlagen«, ZFS Hilden), bei der die untersuchten Kollektoren nach 16 Betriebsjahren ohne Putzen der Glasscheibe nur ca. 1% schlechtere Strahlungsdurchlasswerte aufwiesen.

In Lagen mit sehr hoher Luftverschmutzung, beispielsweise in der Nähe von Autobahnen oder bei Bahnstrecken mit Diesellokverkehr, sind regelmäßige Reinigungen dann zu empfehlen, wenn Ihre Kollektoren ohne größere Mühe zugänglich sind.

Ihre eigene Sicherheit muss vor der erhofften Ertragssteigerung der Solaranlage stehen. Sind die Kollektoren auf dem Dach nur schwer zugänglich, sollten Sie Putzaktionen ebenso wie das Schneeräumen im Winter unterlassen.

Was ist, wenn meine Kollektoren von innen mit Wasserdampf beschlagen sind?

Das sieht auf jeden Fall nicht schön aus und lässt bei manch einem Zweifel aufkommen, sollte Sie aber nur bei länger andauernden Fällen wirklich beunruhigen. Nach der Inbetriebnahme kann es an manchen Tagen schon einmal vorkommen, dass in den frühen Morgenstunden insbesondere im unteren Drittel des Kollektors ein leichter Dunstfilm an der Innenseite der Glasscheibe zu beobachten ist. Ursache ist das unterschiedliche Klima auf der Innenseite und außerhalb des Kollektors. Der Wassergehalt, den die Luft aufnehmen kann, ist abhängig von der Temperatur und diese ist eben beiderseits der Glasscheibe unterschiedlich. Diejenigen, die noch Räume in Gebäuden mit einfachverglasten Fenstern kennen, werden auch die von innen beschlagenen Scheiben in Erinnerung haben.

Die Kollektoren haben meist kleine Luftschlitze, um eine gewisse Belüftung des Innenraumes zu gewährleisten. Zu groß dürfen die Schlitze andererseits auch nicht sein, weil sich durch den Luftaustausch die Wärmeverluste des Kollektors erhöhen.

Wenn der Dunstfilm im Laufe des Vormittags bei Sonneneinstrahlung nicht verschwindet oder fast jeden Tag festzustellen ist, sollten Sie Ihren Handwerker verständigen. Dann kann es sein, dass die Belüftung des Kollektors nicht ausreichend oder der Kollektor undicht ist. Dagegen sollte etwas unternommen werden.

8.4 Funktions- und Erfolgskontrolle

Grundsätzlich gilt, dass Solaranlagen rund ums Jahr völlig eigenständig arbeiten und keiner ständigen Überwachung bedürfen. Trotzdem raten wir, ab und an eine Funktionskontrolle durchzuführen und die in 8.4.2 beschriebenen Möglichkeiten der Erfolgskontrolle zu nutzen. Keine Angst, das ist nicht schwer und bedeutet kaum Aufwand.

Unter Funktionskontrolle verstehen wir das Überprüfen der wichtigsten Anlagenparameter unter dem Gesichtspunkt, ob die Solaranlage überhaupt arbeitet und einen Ertrag liefert. Die Erfolgskontrolle geht einen Schritt weiter. Hier wird die von der Sonne »geerntete Energie« mit geeigneten Mitteln gemessen und das Ergebnis anhand von Vergleichsdaten bewertet. Beide ersetzen keine regelmäßigen Wartungsarbeiten. (Siehe »Wartung« auf Seite 203)

Warum überhaupt Funktions- und Erfolgskontrolle?
Thermische Solaranlagen sind in der Regel bivalente Systeme, das heißt, ein zweites System – meist der Heizkessel oder ein Elektroheizstab – sorgt bei mangelnder Sonneneinstrahlung für die gewünschte Energiezufuhr im oberen Speicherbereich. Ein Ausfall der Solaranlage wird daher oft nicht oder erst viel zu spät bemerkt, es steht ja ohne Einschränkung warmes Wasser zur Verfügung. Auch aus diesem Grund muss bei der Installation von Solaranlagen mit besonderer Sorgfalt gearbeitet werden, um Ausfälle von vornherein zu vermeiden. Aber wie bei jedem Heizungssystem ist es trotzdem nicht auszuschließen, dass einmal eine Pumpe festsitzt oder ein Regler versagt.

8.4.1 Funktionskontrolle

Ein kurzer Gang in den Keller genügt meist, um sich von der ordnungsgemäßen Funktion Ihrer Solaranlage zu überzeugen. Am besten unternehmen Sie Ihren Kontrollgang dann, wenn draußen schönes Wetter ist und die Anlage laufen sollte. Die Funktionskontrolle beinhaltet das Überprüfen der wesentlichen Funktionsparameter wie Fülldruck und Temperaturen, Funktion des Reglers und der Pumpe.

	ja	nein
Anlage in Betrieb	O	O
Druck am Manometer im grünen Bereich	O	O
Regler steht in Stellung »Automatik«, Kontrolleuchte grün	O	O
Display des Reglers zeigt vertraute Werte (keine Fehlermeldung)	O	O
Ablesen der Temperaturen am Regler	T-Kollektor ________ °C T-Speicher unten________ °C T-Speicher oben________ °C	
Erscheinen die angezeigten Temperaturen realistisch?	O	O
Temperaturanzeige Solarstation	rotes Thermometer (Vorlauf)________°C blaues Thermometer (Rücklauf)________°C Differenz (Soll 8-18 K)________K	
Wärmemengenzähler (falls vorhanden)		
Datum:________ Uhrzeit________	Uhr Zählerstand________kWh	

Tabelle 8.1 Übersicht Anlagencheck durch Sichtkontrolle

Woran erkenne ich, dass die Pumpe arbeitet?

Die Pumpe ist wichtigstes Indiz dafür, ob die Solaranlage uberhaupt arbeitet. Die meisten Regler haben eine kleine Leuchtanzeige, die leuchtet, wenn die Pumpe an ist. Ansonsten spüren Sie es, wenn sie die Pumpe berühren. Es sind leichte Vibrationen zu spüren, zum Teil hört man die Pumpe auch. Wenn Sie allerdings sehr laute Umwälzgeräusche hören, ist vermutlich Luft in der Anlage. Dann sollten Sie die Anlage entlüften (lassen). Ist in der Solarstation eine Durchflussanzeige integriert, so sollte in dessen Schauglas beim Laufen der Pumpe ein Durchfluss angezeigt werden.

Ablesen der Temperaturen an der Solarstation

Sie können die Temperaturen des Kollektorkreislaufes an den meist vorhandenen Thermometern der Solarstation ablesen. Das Thermometer mit der roten Anzeige zeigt die Temperatur des Wärmeträgers an, der sich auf dem Weg vom Kollektor zum Speicher befindet (Vorlauf). Das Thermometer mit der meist schwarzen oder blauen Anzeige zeigt die Temperatur des Wärmeträgers auf dem Weg vom Speicher zum Kollektor (Rücklauf). Arbeitet die Solaranlage, muss die Temperatur beim roten Thermometer ca. 8K bis 18K über der des schwarzen Thermometers liegen. Bei den im Einfamilienhausbereich selten installierten Low-flow-Anlagen stellt sich eine Temperaturdifferenz von 25K-40K ein. (Siehe »Die Anlage mit niedrigem Durchfluss (Low-Flow System)« auf Seite 77)

Bild 8.15 Manometer und Thermometer im Kollektorkreislauf (rote Anzeige: Vorlauf, blaue Anzeige: Rücklauf)

Ablesen des Fülldrucks Ihrer Solaranlage

Damit die Pumpe den Wärmeträger durch die Kollektoren, die Rohrleitung und den Speicher pumpen kann, muss im Kollektorkreis ein Mindestdruck vorhanden sein. Die meisten Druckanzeiger (Manometer) sehen aus wie in Bild 8.15 dargestellt. Vergewissern Sie sich, dass der Anlagendruck (schwarzer Zeiger) sich im meist grün hinterlegtem Sollbereich befindet.

Kontrolle des Reglers

Überprüfen Sie, ob der Regler angeschaltet ist, im Modus »Automatik« steht und realistische Werte anzeigt. Bei der Einweisung der Anlage sollte der Handwerker Ihnen die Anzeige- und Bedienungsmöglichkeiten Ihres Reglers erläutert haben. Mittlerweile können praktisch alle gängigen Regler mindestens folgende Daten anzeigen:

- die Temperatur im Kollektor
- die Temperatur im Speicher (teilweise Speicher oben und unten)
- die Anzeige des Pumpenstatus (an oder aus)

Meist wird die Anlage regulär arbeiten. Tritt ein Fehler auf, so gibt es in einigen Fällen aussagekräftige Störmeldungen des Reglers. Dann blinkt ein rotes Lämpchen oder auf dem Anzeigendisplay wird ein Fehler angezeigt. In der Bedienungsanleitung des Reglers können Sie dann nachsehen, was für ein Fehler angezeigt wird, und im Fall eines Falles Ihren Handwerker informieren und um Rat fragen. Die Fehleranzeigen (und die Bedienungsanleitungen der Reglerhersteller) sind leider oftmals nur schwerlich zu deuten.

Fernanzeigen und Datenschnittstellen zum PC

Eine gute Möglichkeit der Funktionskontrolle sind Fernanzeigen (z.B. ein im Wohnzimmer fest installiertes Anzeigegerät) oder eine Datenschnittstelle zu Ihrem PC mit entsprechender Software. Dann lassen sich quasi im Vorbeigehen die aktuellen Daten Ihrer Solaranlage ablesen. Da Sie die Solaranlage ständig im Auge haben, erhöht sich meist auch die Freude an der solar gewonnenen Wärme.

8.4.2 Möglichkeiten der Erfolgskontrolle

Die einfachste Form der Erfolgskontrolle: Schalten Sie in den Sommermonaten die Nachheizung ab. Ist das Wasser zum Duschen, Baden, etc. warm, arbeitet die Solaranlage. Wie gut sie arbeitet, ist damit natürlich noch nicht festgestellt. Manch ein Nutzer, der sich mit seiner Solaranlage auskennt, kann anhand der Speichertemperaturen und der Pumpenlaufzeiten abschätzen, ob die Anlage vernünftig arbeitet, genaue Ergebnisse kennt aber auch er nicht.

Es ist daher sinnvoll, in der Anlage einen Wärmemengenzähler vorzusehen, der die Wärmemenge, also die Energie zählt, die von der Solaranlage geliefert wird. In manchen Förderprogrammen ist ein solcher Zähler vorgeschrieben. Auf diese Weise kann der Ertrag der Anlage jederzeit mit einer Genauigkeit von ca. +/- 10% erfasst und bewertet werden. (Siehe »Wärmemengenzähler« auf Seite 67)

Es empfiehlt sich, den Wärmemengenzähler zu Anfang wöchentlich und später dann monatlich abzulesen. Die Ergebnisse können dann mit den Einstrahlungswerten, die aus langjährigen Messungen vorliegen, verglichen werden. (Im Anhang sind zu diesem Zweck Tabellen mit langjährigen monatlichen Tagesmittelwerten angefügt).

Natürlich hält sich das aktuelle Wetter nicht an den Mittelwert und ein »schöner« Juli wird mehr, ein »verregneter« entsprechend weniger Ertrag bringen als das langjährige Mittel verspricht. Für eine erste Erfolgskontrolle und um abzuschätzen, ob die Anlage vernünftig arbeitet, reicht der Vergleich mit den Mittelwerten aber meist aus.

Wer ganz genaue Wetterdaten haben möchte, findet die aktuellen Einstrahlungswerte des Jahres für exemplarische Standorte in Fachzeitschriften (z.B. »Sonnenenergie«) oder kann diese beim Wetterdienst (teuer) erwerben. Manche regionale Tageszeitungen veröffentlichen als Service ebenfalls monatlichen Wetterdaten.

Typische Nutzungsgrade von Solaranlagen liegen je nach erzieltem Deckungsgrad bei 30–50%, d.h. ein Drittel bis zur Hälfte der eingestrahlten Sonnenenergie darf als Ertrag erwartet werden. Dabei ist zu beachten, dass der Nutzungsgrad sehr stark von den Rahmenbedingungen (insbesondere vom Wärmebedarf und vom erzielten Deckungsgrad) abhängt. Ein geringer Ertrag bedeutet nicht gleich eine schlechte Anlagenfunktion, die Ursache kann auch sein, dass wenig verbraucht wurde und die Anlage daher gar nicht mehr Energie liefern konnte. (Siehe »Welche Erträge kann ich von meiner Solaranlage erwarten?« auf Seite 181, »Die Dimensionierung einer Solaranlage« auf Seite 111)

Am Wärmemengenzähler einer Anlage wurden folgende Werte abgelesen:
7. Juli: 2726 kWh
14. Juli: 2782 kWh
In diesen 7 Tagen wurden also 56 kWh von der Solaranlage erbracht. Bei einer Anlage mit $4\,m^2$ wirksamer Kollektorfläche sind das also :

$56\,kWh / 4\,m^2$ und 7 Tage $= 2\,kWh/m^2$ und Tag.

Die durchschnittliche Einstrahlung an einem Julitag beträgt laut Tabelle für Berlin $5{,}26\,kWh/m^2$ und Tag. Gegenüber diesem Mittelwert hat die Anlage – jeweils pro Quadratmeter und Tag - 2 kWh/5,26 kWh = 0,38 oder 38 % der eingestrahlten Energie geliefert, ein Ergebnis mit dem man durchaus zufrieden sein kann.

Je länger der Beobachtungszeitraum gewählt wird, um so besser gleichen sich natürlich Schön- und Schlechtwetterperioden aus. Ist also das Ergebnis »schlecht«, heißt es zunächst erst einmal weiter beobachten, es kann ja auch daran gelegen haben, dass die Einstrahlung in diesem Zeitraum unter dem Durchschnitt lag.

Bleibt das Ergebnis auch bei schönem Wetter schlecht, muss nach möglichen Ursachen gesucht werden.

Wann besteht Grund zur Sorge?

Es ist schwer eine Schwelle zu definieren, ab wann ein Ergebnis wirklich »schlecht« ist, weil der Ertrag eben nicht nur vom Wetter, sondern auch von der Auslegung der Anlage und ganz entscheidend vom Verbrauch abhängt.

Eindeutig ist der Fall natürlich, wenn der Ertrag der Solaranlage trotz Trinkwarmwasserbedarfs »null« ist.

Ein Nutzungsgrad deutlich unter 30%, über einen längeren Zeitraum hinweg gemessen, sollte Sie alarmieren. Urlaubszeiten sollten dabei aus der Messperiode ausgeklammert werden, denn wenn kein Verbrauch erfolgt, kann die Anlage auch keine Energie liefern, sondern allenfalls die Speicherverluste decken.

Hilfreich ist, wenn bei der Anlagenplanung Simulationsrechnungen durchgeführt wurden, an deren Ergebnissen man sich orientieren kann.

Liegt der Nutzungsgrad tatsächlich unter 30%, kann es dafür zwei Gründe geben:

1. Die Anlage wurde sehr groß (vielleicht auch zu groß) dimensioniert.
   Eine Anlage, die für die Heizungsunterstützung ausgelegt ist, kann im Sommer keine hohen Nutzungsgrade erreichen; es entstehen große Überschüsse. Der Nutzungsgrad sollte während der Heizperiode überprüft werden.
2. Es liegt tatsächlich ein Fehler vor, der korrigiert werden muss.
   Es kommen defekte Pumpen, Regler oder Fühler, verstopfte Schmutzfänger, Undichtigkeiten, Luft im System, Unterdruck und vieles mehr in Frage. In diesem Falle sollte der Installateur zurate gezogen werden.

Ist der Wärmemengenzähler im mit Frostschutz gefüllten Kollektorkreis angeordnet, muss das Gerät für das verwendete Frostschutzmittel geeicht sein. Andernfalls werden falsche Werte abgelesen oder diese müssen aufwendig umgerechnet werden!

8.5 Fehlerquellen

In der Regel sollte ihre Solaranlage fehlerfrei und zu ihrer Zufriedenheit arbeiten. Es können aber wie bei jedem technischen Gerät auch Störungen und Fehler auftreten. Dank der modernen, meist mikroprozessorgesteuerten Regler und deren Anzeigedisplays wurde die Ausgabe von Fehlermeldungen in den letzten Jahren deutlich komfortabler. Diese Meldungen und die Erläuterungen im Bedienungsheft des Reglers sollten Ihnen Hilfestellung geben bei der Beurteilung, was als Nachstes zu tun ist. Nicht jede Fehlermeldung oder Störungsanzeige am Regler bedeutet, dass ihre Anlage kaputt ist oder dass Sie sofort Ihren Handwerker verständigen müssen.

Die Sonne scheint schon länger und der Speicher ist bis auf die eingestellte Speichermaximaltemperatur von 65 °C beladen. Die Pumpe schaltet ordnungsgemäß aus. Dieser Zustand ist kein Fehler, der Speicher ist »voll« und darf nicht weiter beladen werden. Aber bei manchen Reglern blinkt zur Information trotzdem die Fehleranzeige oder dieser Zustand wird am Display dargestellt. Oft werden auch nur Warnmeldungen angezeigt. Am Display erscheint dann beispielsweise die Meldung »Fehler Nr. 23«. Schauen Sie in Ihrer Reglerbeschreibung nach, steht unter Fehler 23: »Überschreiten der Temperatur im Kollektor von 120 °C«, was letztlich auf ein »Kochen« im Kollektor hinweisen würde. (Siehe »Wie verhält sich meine Solaranlage im normalen Betrieb?« auf Seite 188)

Sinkt die Temperatur z.B. in den Abendstunden wieder ab, läuft die Anlage problemlos weiter. Es handelte sich also tatsächlich nur um eine Warnmeldung.

Leider tun sich die meisten Reglerhersteller schwer damit, eine für Nichttechniker verständliche Sprache zu finden und einfache Handlungsanweisungen zu geben. Oft bleibt Unsicherheit und Ihnen letztlich nichts anderes übrig als Ihren Handwerker zu fragen, um Unklarheiten zu beseitigen. Auch an dieser Stelle sei noch einmal darauf verwiesen, wie wichtig eine vernünftige Anlagenübergabe ist, bei der Ihr Handwerker gemeinsam mit Ihnen schon im Vorwege potenzielle Störmeldungen und deren Behebung bespricht.

Wirkliche Fehler treten, wie gesagt, sehr selten auf. Die Solartechnik stellt insgesamt eine moderne, ausgereifte und robuste Technik dar.

8.6 Wartung

Ihre Solaranlage arbeitet selbstständig und verlangt keine Bedienung durch den Benutzer. Die Lebensdauer kann mit mindestens 20 Jahren angenommen werden. Um einen sicherer Betrieb zu gewährleisten empfehlen wir Ihnen, einen Wartungsvertrag abzuschließen. Dann kommt Ihr Handwerker einmal im Jahr (oder alle 2 Jahre) und kontrolliert die Anlage von oben bis unten durch. Die Kosten liegen bei ca. 60 bis 100 DM. Im Anhang haben wir für Sie einen beispielhaften Wartungsvertrag sowie ein Wartungsprotokoll beigefügt.

Neben dem allgemeinen Anlagenzustand prüft der Handwerker dann unter anderem auch, ob Ihre Opferanode im Speicher noch genügend Schutz gegen Korrosion bietet, ob sich Luft im System befindet, ob der Wärmeträger noch intakt ist und genügend Frostsicherheit aufweist und ob die Wärmetauscherflächen ggf. verkalkt sind.

Unabhängig von der regelmäßigen Wartung ist es sinnvoll, wenn Sie gelegentlich selbst nach dem Rechten sehen (Siehe »Fehlerquellen« auf Seite 202), um Störungen zu bemerken und umgehend beheben (lassen) zu können. Je nachdem, wie viel Interesse und Können Sie mitbringen, lassen sich die Wartungsintervalle dann auch deutlich verlängern.

Nehmen Sie ohne Rücksprache mit Ihrem Fachbetrieb bitte keine Änderungen an Regler oder Ventilen vor, füllen oder entleeren Sie die Anlage nicht und schalten Sie sie nicht aus, das könnte zu Störungen, Fehlfunktionen oder sogar Schäden an Ihrer Anlage führen.

8.7 Tipps für die optimale Nutzung rund um die Solaranlage

Es ist soweit. Die Kollektoren sind auf dem Dach, der Speicher im Keller und alle Kabel und Rohrleitungen sind verlegt. Jetzt muss nur noch die Sonne scheinen, und wir können duschen, baden und spülen, wann immer wir wollen. Im Prinzip stimmt das schon, da die Nachheizung auch bei Schlechtwetterperioden für warmes Wasser sorgt. Ob das Wasser von der Sonne oder vom Heizkessel erwärmt wurde, merkt man unter der Dusche natürlich nicht. Wenn man allerdings ein paar Dinge beachtet, kann man den Ertrag der Anlage noch etwas steigern.

8.7.1 Warmwassertemperatur und Nachheizung

Eine Warmwassertemperatur von 45 °C ist meist völlig ausreichend (haben Sie einmal versucht, die Hand in 50 °C heißes Wasser zu halten? – Tun Sie´s nicht). Je niedriger die gewünschte Warmwassertemperatur ist, desto öfter kann die Solaranlage diese ohne Zusatz der Nachheizung erreichen und desto mehr fossile Energie kann durch Sonnenenergie ersetzt werden. Prüfen oder fragen Sie ihren Handwerker, auf welche Temperatur die Nachheizung das Warmwasser erwärmt. Wenn möglich, ist auch der Zeitpunkt zu kontrollieren und zu optimieren, an dem die Nachheizung einspringt. Einige Heizungsregler sind in der Lage, Sperrzeiten für das Einschalten der Nachheizung zuzulassen.

Es wäre unnötig, wenn der Heizkessel an einem sonnigen Tag die Speichertemperatur morgens um 9 Uhr von 38 °C auf 45 °C erwärmt. Die morgendliche Verbrauchsspitze, welche die Temperatur des Speicherwassers so weit abgekühlt hat, ist vorbei und bis zum Mittag wird in den meisten Haushalten kaum Warmwasser benötigt. Wenn wir es schaffen, an dieser Stelle die Nachheizung ausgeschaltet zu lassen, bieten wir der Solaranlage die besten Chancen, die Sonnenenergie optimal zu nutzen.

Den Heizkessel können sie in den Sommermonaten ganz ausschalten. Dies ist die einfachste Form der Erfolgskontrolle für die Solaranlage. War der Bedarf z.B. durch mehrmaliges Baden sehr hoch oder gab es eine langandauernde Schlechtwetterperiode, kann der Heizkessel gegebenenfalls einfach wieder angeschaltet werden.

Dieses Beispiel zeigt auch: Das Zapfen von großen Mengen in kurzer Zeit sollte vermieden werden. Wenn aber der Speicher noch vom Vortag voll geladen ist und ein heißer Sommertag bevorsteht, dann ist es zum Beispiel besser am Vormittag statt am Nachmittag Wäsche zu waschen (wenn die Waschmaschine mit Warmwasser gespeist werden kann (Siehe »Warmwasseranschluss von Waschmaschine und Spülmaschine« auf Seite 209)). Andernfalls wird der Speicher schon bald soweit aufgeheizt sein, dass die Speichertemperaturbegrenzung die Anlage abschaltet und die Sonne ihre wertvollen Strahlen ungenutzt auf die Kollektoren scheinen lässt.

Trinkwasser und insbesondere erwärmtes Trinkwasser ist ein wertvolles Gut und es lohnt sich durchaus, über seine persönlichen Nutzungsgewohnheiten nachzudenken und diese ggf. zu ändern.

8.7.2 Möglichkeiten zur Verringerung von Zirkulationsverlusten

Die Zirkulationsleitung der Trinkwarmwasserversorgung besteht unabhängig davon, ob eine Solaranlage installiert ist oder nicht (Siehe »Systeme mit Zirkulationsleitung« auf Seite 88). Trotzdem wollen wir den Umgang mit Zirkulationsleitungen an dieser Stelle ausführlich diskutieren, da hier erhebliche Energieeinsparpotenziale vorhanden sind.

Die Energieverluste der Zirkulation setzen sich aus dem Einsatz elektrischer Energie für die Zirkulationspumpe und den thermischen Verlusten in der Zirkulationsleitung zusammen. Die folgende Rechnung soll das Problem der Energieverluste durch Zirkulationsleitungen verdeutlichen.

Wärmeverluste der Zirkulation

Bei einem zweistöckigen Haus sind für die Zirkulation schnell 20 Meter Rohrleitung zusammen. Das entspricht bei durchschnittlich gedämmten Rohrleitungen einer Verlustleistung von:
10 W/m x 20 m = 200 Watt.
Ist die Zirkulationspumpe im Extremfall dann 24 h am Tag und das ganze Jahr über eingeschaltet, summiert sich das zu 1752 kWh thermischer Energieverluste. Das entspricht dem Jahresertrag von ca. 5 m^2 Kollektorfläche. Ihre Solaranlage wäre also gerade in der Lage, die Zirkulationsverluste zu decken!

Elektrische Verluste der Zirkulation

Läuft eine Zirkulationspumpe mit 50 Watt Leistungsaufnahme 24 Stunden am Tag, so verbraucht sie eine elektrische Energie von 1,2 kWh (0,05 kW x 24 h). Über das Jahr gesehen erhält man so die stolze Zahl von 438 kWh!

Zum Vergleich: Ein durchschnittlicher 4-Personen-Haushalt hat einen jährlichen Energieverbrauch von ca. 3500 kWh.

Resumee

Werden Zirkulationsleitungen eingesetzt, sollten diese möglichst gut gedämmt sein und die Pumpenlaufzeiten auf ein Minimum reduziert werden. Das erhöht den Ertrag der Solaranlage und schont den Geldbeutel sowie die Umwelt. Im Extremfall läuft die Zirkulationspumpe 24 Stunden am Tag. Im Idealfall eben nur dann, wenn an einer Zapfstelle tatsächlich warmes Wasser benötigt wird. Dafür ist eine vernünftige Steuerung der Pumpe erforderlich.

Im Folgenden werden einige erprobte Möglichkeiten der Zirkulationssteuerung vorgestellt. Viele davon lassen sich bei Altbauten auch nachträglich in bestehende Leitungen integrieren.

Bedarfsorientiertes Einschalten der Zirkulation vom Badezimmer/ von der Küche aus

Neben die Zapfstellen sind Schalter installiert, mit denen die Zirkulationspumpe per Hand ein- und ausgeschaltet wird. Bei einer verbesserten Variante läuft die Pumpe durch Einbau eines Relais ähnlich der Beleuchtung im Treppenhaus nur eine gewisse Zeit nach der Betätigung des Tasters. Möglich ist auch, die Zirkulationspumpe mit dem Lichtschalter des jeweiligen Raums zu kombinieren. Wird das Badezimmer betreten und das Licht eingeschaltet, läuft die Zirkulationspumpe an und binnen kurzer Zeit steht Warmwasser zur Verfügung. Für fensterlose Bäder, in denen immer das Licht eingeschaltet werden muss, eine ganz praktikable Lösung.

Vorteil:

Die Zirkulationspumpe läuft dann und nur dann, wenn warmes Wasser benötigt wird. Die Energieverluste der Zirkulation werden auf ein Minimum beschränkt.

Nachteil:

Aufwendige, teure und gewöhnungsbedürftige Installation. Zudem meist nur im Neubau zu realisieren, da eine nachträgliche Montage der Elektroleitung im gefliesten Badezimmer nur Aufputz möglich ist und Stromkabel von den Tastern zum Heizraum geführt werden müssen.

Zentrales Steuern der Zirkulationspumpe

Über Zeitschaltuhr

Der gängigste Kompromiss zwischen dem Komfortgewinn durch die Zirkulation und dem Eingrenzen deren Verluste ist das Ansteuern der Zirkulationspumpe mit einer Zeitschaltuhr. Man ermittelt möglichst genau die Zeiten, in denen am meisten Wasser gebraucht wird und lässt die Zirkulationspumpe eben nur zu dieser Zeit laufen. Die Wochenenden sollten unabhängig vom Rest der Woche programmiert werden können, da hier das Verbrauchsprofil abweicht. Die obige Beispielrechnung sollte verdeutlicht haben, wie nachteilig sich lange Pumpenlaufzeiten auswirken. Mehr als 8 Stunden Laufzeit pro Tag sollten im Einfamilienhaus nicht eingestellt werden.

Oft ist die Steuerung der Zirkulationspumpe bereits über den Regler der Heizung oder der Solaranlage möglich. Bei nachträglichem Einbau werden idealerweise externe Zeitschaltuhren mit programmierbarem Wochenplan verwendet.

Vorteil:

einfache, billige und in jedem Gebäude zu realisierende Maßnahme

Nachteil:

deutlich höhere Laufzeiten und damit höhere Energieverluste als beim bedarfsorientierten Einschalten

Außerhalb der eingestellten Zeiten ist u.U. erst mit Verzögerung warmes Wasser an der Zapfstelle verfügbar.

Verbesserte Varianten

Über Zeitschaltuhr und Temperaturerfassung

Wird zusätzlich zur Zeitschaltuhr noch ein Temperaturfühler im Rücklauf installiert, können die Zirkulationsverluste weiter gesenkt werden. Der Fühler misst die Wassertemperatur im Rücklauf der Zirkulationsleitung, also bevor diese wieder in den Speicher geführt wird. Ist die Temperatur an dieser Stelle z.B. größer 35 °C, ist gewährleistet, dass an allen Zapfstellen warmes Wasser gezapft werden kann. Wenn die Zeitschaltuhr die Pumpe einschalten will, wird überprüft, ob die Temperatur im Rücklauf noch groß genug ist. Ist dies der Fall, lässt der Regler die Pumpe ausgeschaltet. Mittlerweile gibt es Solarregler auf dem Markt, die die Zeit-Temperatur-Steuerung der Zirkulationspumpe mitübernehmen können.

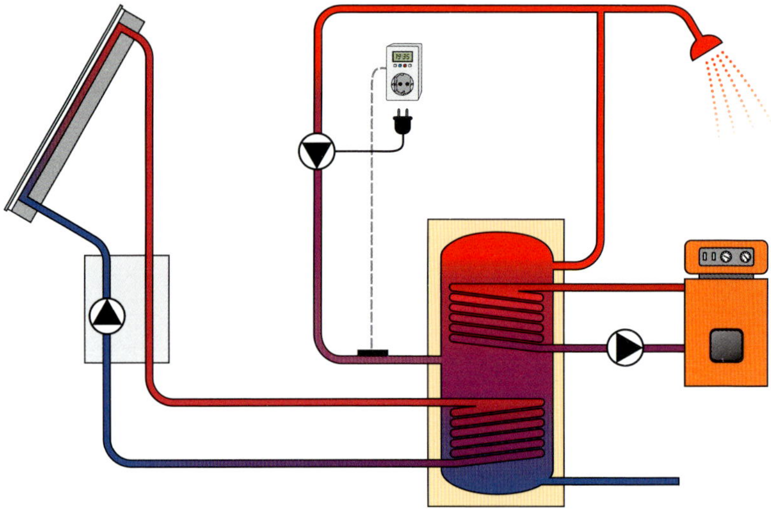

Bild 8.16 Schalten der Zirkulation über Zeitschaltuhr und Temperaturerfassung im Rücklauf zum Solarspeicher

Mit Hilfe eines Strömungswächters im Leitungssystem

Eine weitere Möglichkeit der Zirkulationsansteuerung ist der Einbau eines Strömungswächters in den Vorlauf der Zirkulation. Wird warmes Wasser benötigt, dreht man kurz den Wasserhahn auf und gleich wieder zu. Der Strömungswächter registriert dies und schaltet die Zirkulationspumpe an. Kurze Zeit später kann dann Warmwasser entnommen werden.

Bild 8.17 Schalten der Zirkulation über einen Ströhmungswächter im Rohrnetz (Foto Umweltzentrum für Haustechnik VWL GbR)

Beide letztgenannten Systeme kombinieren die Vorteile der zentralen und der bedarfsorientierten Steuerung. Sie können relativ einfach auch nachträglich in jedes Warmwassersystem installiert werden. Überprüfen Sie, wie Ihre Zirkulation bisher geregelt ist und ob Einsparpotenziale vorhanden sind. Lassen Sie sich von Ihrem Handwerker beraten und ggf. ein Angebot machen.
Planen Sie in Ihrem Neubau eine Zirkulationsleitung, sollte diese unbedingt vernünftig gedämmt und geregelt sein. Die umgewälzte Wassermenge sollte so gering wie möglich sein. Dann wird die Schichtung des Speichers nicht mehr als nötig beeinträchtigt.

8.7.3 Warmwasseranschluss von Waschmaschine und Spülmaschine

Das für Wäschewaschen und Geschirrspülen benötigte warme Wasser wird üblicherweise innerhalb der Geräte elektrisch erhitzt. Es ist also besonders energiesparend und ökologisch, wenn ein möglichst hoher Anteil des benötigten Warmwassers von der Solaranlage bereitgestellt werden kann.

Bei einem 4-Personen-Haushalt kommen schnell 300 kWh, die pro Jahr für die Wassererwärmung für Wasch- und Spülmaschine aufgewendet werden müssen, zusammen. Bezogen auf einen jährlichen Durchschnittsverbrauch von ca. 3500 kWh für die Trinkwarmwassererwärmung sind das fast 10 %.

Ist es denn möglich, die Wasch- oder Geschirrspülmaschine mit dem solar erwärmten Wasser zu betreiben? Ja, bei einigen Geräten geht das ganz einfach: sie verfügen über einen zusätzlichen Warmwasseranschluss und sind so programmiert, das sich die Maschine je nach Bedarf kaltes oder warmes Wasser »holt«.

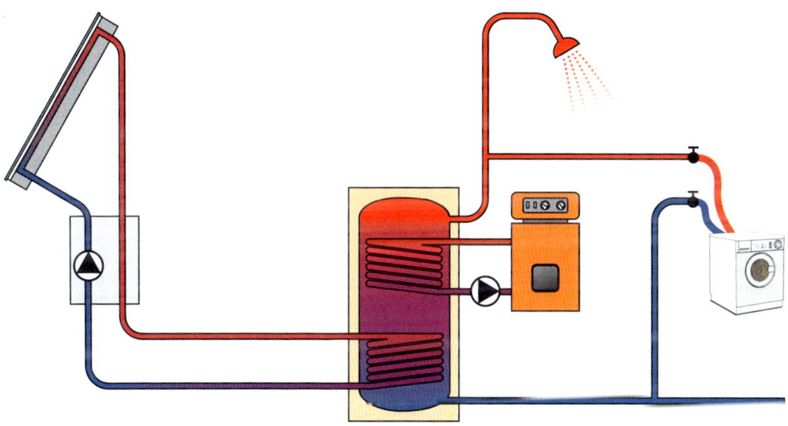

Bild 8.18 Anschluß einer modernen Waschmaschine mit Warmwasseranschluß an die Warmwasserleitung

Achten Sie beim Neukauf von Waschmaschine und Spülmaschine darauf, dass die Geräte einen Warmwasseranschluss besitzen. Sie können dann problemlos direkt an die Warmwasserleitung angeschlossen werden. Sie sparen damit wertvolle Energie.

Warum kann man nun nicht einfach jede Waschmaschine an den Warmwasserhahn anschließen? Zum einen lassen sich bestimmte Verschmutzungen mit Eiweiß oder Blut leichter mit kaltem Wasser lösen. Zum andern wird zum Spülen kein warmes Wasser benötigt. Zum Spülen immer warmes Wasser zu verwenden, ist Energieverschwendung, denn steht nicht genügend solar erwärmtes warmes Wasser zur Verfügung, wird dies von der Nachheizung erwärmt. Auch kann das solar erwärmte Wasser, das von der Maschine unnötigerweise verbraucht wird, nicht mehr zum Duschen verwendet werden.

Bei Geräten, die nicht über einen eigens vorgesehenen Warmwasseranschluss verfügen, kann man sich mit sogenannten Vorschaltgeräten behelfen. Sie enthalten je ein Ventil für Kalt- und Warmwasser. Eine Steuerung stellt je nach Waschgang oder Spülgang warmes oder kaltes Wasser zur Verfügung.

Allerdings eignen sich nicht alle Geräte für den Anschluss an ein Vorschaltgerät. Manche ältere Maschinen steuern die Wassertemperatur über die Aufheizdauer und nicht über ein Thermostat. Der Anschluss an ein Vorschaltgerät führt bei diesen Maschinen nur zu höheren Waschtemperaturen.

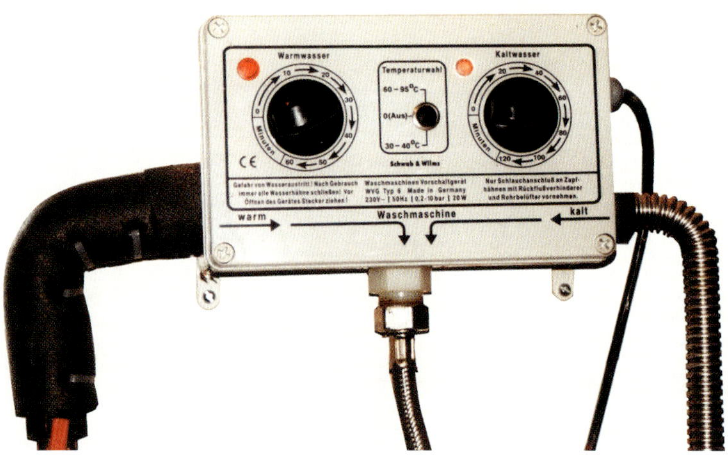

Bild 8.19 Waschmaschinen ohne separaten Warmwasseranschluss werden über ein Vorschaltgerät angeschlossen.

Billiger, aber weniger komfortabel, kann man die Waschmaschine auch über einen Mischer (Duscharmatur) speisen. Dies ist eine Lösung für Bastler und Menschen, die bereit sind in diesem Fall Komforteinbußen in Kauf zu nehmen. Denn vor dem Waschgang stellt man die Armatur auf Warmwasser. (Eiweiß- oder Blutflecke vorher mit kaltem Wasser einweichen!) und muss vor dem Spülgang dann aber wieder auf Kaltwasser umstellen. Vergisst man dies, ist der Nutzen gering. Das Einlaufen des Wassers für die Hauptwäsche dauert meist nur wenige Minuten.

Für Spülmaschinen gilt grundsätzlich das Gleiche wie für Waschmaschinen. Spülmaschinen verwenden für den ersten Spülgang meist kaltes Wasser. Dies ist auch sinnvoll, da bestimmte Speisereste hartnäckig verkleben, wenn sie mit warmem Wasser in Berührung kommen. Der Anschluss »einfach« an die Warmwasserleitung kann also zu einem unbefriedigendem Spülergebnis führen. Da ältere Maschinen auch noch recht viel Wasser verbrauchen, wäre der energetische Nutzen gering, wenn die Spülmaschine nur mit Warmwasser betrieben würde.

Am besten ist es, wenn Sie gleich beim Neukauf auf einen Warmwasseranschluss Ihrer Maschine achten.

9. Wirtschaftlichkeitsbetrachtung

Und sie wird immer wieder gestellt, die Frage: »Rechnet sich eine Solaranlage überhaupt?« Im Vergleich mit der Wärmebereitstellung durch einen Öl- oder Gaskessel schneidet die Solaranlage aufgrund der heutigen (niedrigen!) Energiepreise schlecht ab. Dem Vergleich mit der Wärmebereitstellung durch Fernwärme oder Strom kann die Solaranlage derzeit durchaus schon standhalten. Teilweise ist solare Wärme sogar günstiger.

Wenn eine Solaranlage gegenüber der Trinkwassererwärmung mit dem Ölkessel (zum heutigen Zeitpunkt) nicht »wirtschaftlich« ist, muss das nicht heißen, dass die Solaranlage »teuer« ist. Die Trinkwassererwärmung mit dem elektrischen Durchlauferhitzer wird ja auch nicht als »teuer« empfunden, bzw. wird aus unterschiedlichen Beweggründen realisiert.

Wer ein Niedrigenergie oder gar Passivhaus bauen möchte, wird feststellen, dass die Installation einer Solaranlage bei der Fragestellung: »Was kostet mich die eingesparte kWh bei welcher Energieeinsparmaßnahme« ab einem bestimmten Dämmstandard wirtschaftlicher ist als weitere Investitionen in die Dämmung.

Bild 9.1 Letztlich geht es um die Entscheidung, was einem wichtig ist.

Machen wir uns nichts vor, wir leisten uns viele Dinge, die sich wirtschaftlich betrachtet nicht rechnen. Letztlich geht es um Werte. Rechnet sich ein Auto? Rechnet sich eine edle Einbauküche oder das Eigenheim überhaupt? Man muss sich entscheiden, was einem warum wichtig ist.

Bei allen guten Gründen für eine Solaranlage ist die Frage nach der Wirtschaftlichkeit trotzdem legitim, auch wenn dieser Punkt nicht überstrapaziert werden sollte. Wer weiß, vielleicht belächeln Sie heute noch manche und schon in wenigen Jahren beneiden die Nachbarn Sie um ihre Solaranlage.

Der größte Kostenblock bei einer Solaranlage entsteht durch die Anschaffungskosten. Diese sind exakt kalkulierbar. Dagegen aufzurechnen sind die eingesparten Brennstoffkosten für Gas, Öl oder Strom. Je nachdem, welchen Energieträger Sie einsetzen.

Brennstoffkosten für konventionelle Wärmeerzeuger unterliegen starken Schwankungen und sind über einem Zeitraum von 20 Jahren nicht vorhersehbar. So hat im Jahr 1999 die Ankündigung und Durchführung der Reduktion der geförderten Rohölmenge um 3 Prozent den Rohölpreis ungefähr verdoppelt. In Zukunft wird dies aufgrund der knapper werdenden Ressourcen immer spürbarer.

Je mehr und je länger fossile und atomare Energieträger genutzt werden, um so teurer werden sie. Solarenergie dagegen wird um so billiger, je mehr wir sie nutzen.

Neben den in Zukunft schwer vorhersehbaren Rohstoffkosten sind für Sie als Kunde die Energiekosten den staatlichen Steuern und Abgaben unterworfen. Besitzer einer Solaranlage gehören zu den Profiteuren bei Erhöhung der (Öko)Steuern sowie bei einer weiteren möglichen CO_2- oder Energieabgabe.

Auch wenn Sie bei einem Neubau den Anschlag ihrer Finanzkapazität erreicht haben und es gerade einfach nicht mehr zu einer Solaranlage reicht, investieren sie die 300 bis 500 DM für die Leerrohre! Leerrohre werden die beim Neubau oder Sanierung gelegten Rohrleitungen mit Steuerkabel für den Kollektorkreis genannt. Dadurch wird ein nachträglicher Einbau der Solaranlage erleichtert. Eine nachträgliche Verlegung dieser Rohre ist immer aufwendiger und auch teurer.

Übliche Wirtschaftlichkeitsberechnungen werden mithilfe der sogenannten Annuitätenmethode durchgeführt. Darin gehen unter anderem die Investitionskosten, die Energiekosten, Wartungskosten, die Lebensdauer der Anlage, Zinsen, Preissteigerungsrate und andere Annahmen mit ein und werden auf jährliche Kosten umgerechnet.

Der daraus resultierende Wärmepreis, das heißt die spezifischen Kosten pro kWh solar erzeugter Wärme, wird dann errechnet, indem die jährlichen Kosten durch den Jahresenergieertrag der Solaranlage geteilt werden. Bei realisierten Kleinanlagen können heute solare Wärmepreise zwischen 25 Pf und 40 Pf pro kWh erreicht werden. Bei Großanlagen zur Heizungsunterstützung sind solare Wärmepreise (ohne Einbeziehung von Förderung) von unter 35 Pf/kWh, zur Trinkwassererwärmung von unter 20 Pf/kWh erreichbar.

Je nachdem, welche Annahmen getroffen werden und wie gut eine Anlage geplant wurde, schwanken die realisierten Wärmepreise beträchtlich. Wird eine Förderung und/oder eine Speichergutschrift miteinbezogen oder nicht? Unter Speichergutschrift versteht man, dass nicht die Gesamtkosten des Solarspeichers der Solaranlage angerechnet werden. Auch ohne Solaranlage benötigt die Heizungsanlage zur Bereitstellung und Versorgungssicherheit des Trinkwarmwasserbedarfs (außer bei der Trinkwarmwasserbereitstellung mit einem Durchlauferhitzersystem) einen einfachen kleinen Speicher. Diese Kosten, ca. 1500 DM (bei Neubauten oder Komplettsanierung der Heizungsanlage), können als sogenannte Speichergutschrift von den Kosten der Solaranlage abgezogen werden.

Nutzen Sie die möglichen Förderungen. Bei der Bundesförderung (Siehe »Kosten, Finanzierung und Förderung« auf Seite 161) ist zudem besonders reizvoll, dass Maßnahmen zur Energieeinsparung am Gebäude, die in Kombination mit der Errichtung einer thermischen Solaranlage durchgeführt werden, auch gefördert werden .

Bei einer rein betriebswirtschaftlichen Betrachtung fällt ein Vergleich mit den konventionellen Wärmepreisen meist ernüchternd aus. Die Wärmekosten bei Bereitstellung durch einen Ölkessel lagen in den letzten Jahre bei ca. 7 Pf/kWh (angenommener Ölpreis 50 Pf pro Liter, Nutzungsgrad der Heizanlage von 70%). Im vergangenem Jahr aber stiegen die Ölpreise für den Endkunden um 100 Prozent. Zur Zeit der Endredaktion dieses Buches (Anfang September 2000) kostet ein Liter Öl 1 DM pro Liter. Niemand kann heute die weitere Entwicklung absehen. Trotzdem können Solaranlagen rein wirtschaftlich betrachtet mit diesen Wärmekosten nicht mithalten. Anders sieht es beim Vergleich mit der Warmwasserbereitung mit elektrischen Durchlauferhitzer aus, dieser liegt bei ca. 30 Pf/kWh. Eine Solaranlage kann hier durchaus konkurrieren.

Anhand eines konkreten Beispiels sehen Sie, welche Wärmekosten bei verschiedenen Annahmen erreicht werden. In Tabelle 9.1 wurde eine konventionelle Wirtschaftlichkeitsberechnung für eine Solaranlage zur Trinkwarmwassererwärmung durchgeführt (6 m^2 Kollektorfläche, 45° Neigung, Südausrichtung, 300 Liter Speicher, 2 mal 3 Stunden Zirkulation, Standort Berlin, 200 Liter mit 45 °C pro Tag Warmwasserbedarf).

	Fall A Ölpreis 0,60DM/l	Standardfall	Fall B Ölpreis 1,50 DM/l	Fall C Bundes- statt Berlin- förderung
Ergebnis der Jahressimulation				
vom Solarsystem erbrachte Wärme (kWh)	2318	2318	2318	2318
eingesparter Brennstoff (Liter Heizöl)	332	332	332	332
Angenommene Parameter für die Wirtschaftlichkeitsberechnung				
Lebensdauer der Anlage (Jahre)	20	20	20	20
Kapitalzins (%)	4	4	4	4
Preissteigerungsrate für Energiekosten (%)	3	3	3	3
Preissteigerungsrate für Wartungskosten (%)	1,5	1,5	1,5	1,5
Kosten für die Nachheiz-energie (DM/Liter Öl)	0,6	1	1,5	1
Stromkosten für den Betrieb der Pumpe (DM/kWh)	0,3	0,3	0,3	0,3
Wartungskosten (DM)	60	60	60	60
Finanzierung				
Investitionskosten (DM)	12200	12200	12200	12200
Förderung (% oder pro m^2)	30%	30%	30%	250 DM/ m^2
Förderung Gesamt (DM)	3660 Land Berlin	3660 Land Berlin	3660 Land Berlin	1500 Bundes-programm
Speichergutschrift (DM)	1500	1500	1500	1500
zu finanzierender Betrag (DM)	7040	7040	7040	9200
Ergebnisse (des ersten Jahres)				
Einsparung Heizölkosten (DM)	199	332	499	332
minus Betriebskosten (DM)	23	23	23	23
minus Wartungskosten (DM)	60	60	60	60
Ertrag (DM)	116	249	415	249
resultierender Wärmepreis (DM/kWh)	0,27	0,27	0,27	0,33
Barwert der Investition nach (20 Jahren DM)	-4873	-28536	384	-4696
Amortisationszeit (Jahre)	–	–	18,9	–

Tabelle 9.1 Einfluss verschiedener Annahmen auf die Wirtschaftlichkeit bei einer Solaranlage zur Trinkwarmwassererwärmung

Im Standardfall, bei dem heute gültige Rahmenbedingungen zugrunde gelegt wurden, wird ein Wärmepreis von 0,27 DM/kWh erreicht.

Der Barwert nach 20 Jahren beträgt minus 2.536 DM. Unter Barwert wird die Summe aller abgezinsten Kostenflüsse (Investitionen, Betriebs- und Wartungskosten sowie der Einsparungen durch die Solaranlage) verstanden. Das heißt bei einer reinen wirtschaftlichen Betrachtung »lohnt« sich die Solaranlage im zu Vergleich einer Trinkwassererwärmung nur durch den Ölkessel nicht. Rein »statisch« betrachtet (2 536 DM / 20 Jahre) entstehen durch die Solaranlage 127 DM Mehrausgaben pro Jahr.

Einige Annahmen des Standardfalls wurden anschließend variiert. Noch vor einem Jahr wäre dieselbe Rechnung mit 0,06 DM/kWh statt mit 0,1 DM/kWh als Annahme für die Kosten der Nachheizenergie angenommen worden (Fall A). Im Fall B wurde davon ausgegangen, dass die Kosten für die Nachheizung um 50 % höher liegen als heute. Unter dieser Voraussetzung »lohnt« sich die Solaranlage, nach 18,9 Jahren hat sich die Anlage amortisiert, der Barwert beträgt 384 DM. Wird nur die Bundes – statt der günstigeren Berlinförderung angenommen, steigt der Wärmepreis auf 0,33 DM/kWh und der Barwert nach den angenommenen 20 Jahren sinkt auf minus 4696 DM (Fall C).

Grundsätzlich ist zu beachten, dass in den Energiepreisen bei der fossilen Energiebereitstellung keine Folgekosten, die durch Umweltschäden verursacht werden, enthalten sind. Diese werden totgeschwiegen und der Allgemeinheit, im Extremfall späteren Generationen aufgebürdet.

Diese Umweltkosten entstehen durch Schäden:

- an der menschlichen Gesundheit (z.B. Atemwegserkrankungen durch schlechte Luft, die Leukämieerkrankungsrate bei Kindern in der Nähe von Kernkraftwerken ist deutlich höher und leider gibt es noch viele weiter Beispiele)
- an Pflanzen (z. B. Waldsterben) und Tieren
- an Gebäuden (Stuck und Fresken zersetzen sich durch die Luftverschmutzung)
- und durch die Klimaveränderung bedingt durch den Treibhauseffekt (Stürme, Hochwasser, Überschwemmungen, Trockenheit)

Die Vermeidung dieser Umwelt- und Folgekosten durch den Einsatz von Solaranlagen ist ein volkswirtschaftlicher Vorteil. Bei einer volkswirtschaftlichen Betrachtung kommen noch folgende wichtige Aspekte zum Tragen:

Die Nutzung von Solarenergie schafft Handwerksbetrieben ein zukunftsfähiges und sicheres Standbein; die Abhängigkeit von den Erdöl exportierenden Staaten wird verringert. Anstatt Unsummen für den Import von Öl und Gas auszugeben, werden mit den Aufwendungen für die Energieversorgung Arbeitsplätze geschaffen.

Solarenergie ist der Schlüssel zu einer nachhaltigen Energieversorgung.

10. Ökologische Beurteilung von thermischen Solaranlagen

10.1 Umweltentlastung durch den Betrieb der Solaranlage

Mit Ihrer Solaranlage leisten Sie einen sichtbaren Beitrag zum Umweltschutz und zum sorgfältigeren Umgang mit den fossilen Ressourcen für Sie selbst und für kommende Generationen.

In privaten Haushalten stellen der Heizenergiebedarf und die Trinkwarmwasserbereitung den größten Anteil des Endenergiebedarfs (Siehe »Welche Größen sind für die Auslegung von Solarsystemen wichtig?« auf Seite 98).

Mit einer Solaranlage, die für die Trinkwassererwärmung und gegebenenfalls auch für die Heizungsunterstützung eingesetzt wird, benötigen Sie weniger fossile Brennstoffe. Sie gehen damit nicht nur sinnvoller mit unseren fossilen Ressourcen um, Sie entlasten auch Ihre Umwelt und vermeiden Schadstoffemissionen, die sonst bei der Verbrennung entstanden wären.

Dabei kann der Schadstoffausstoß in Treibhausgase, die die natürliche Zusammensetzung unserer Atmosphäre verändern und Luftschadstoffe, die unmittelbar schädigen können, unterteilt werden.

Treibhausgase

Die Gashülle, die die Erde umgibt, wirkt wie die Glassscheibe in einem Gewächshaus und erhöht die Jahresmitteltemperatur um 33°C. Ohne diese Atmosphäre wären die Temperaturen auf der Erde ähnlich der auf dem Mond: extrem frostig. Den größten Anteil an dieser für uns lebensnotwendigen, »natürlichen« (nicht vom Menschen hervorgerufenen Erwärmung) hat der Wasserdampf in der Atmosphäre (62%), ein weiterer Teil wird von Kohlendioxid CO_2 (22%) und der Rest von sogenannten Spurengasen (16%) hervorgerufen.

Durch die menschlichen Aktivitäten verändert sich die Zusammensetzung der Erdatmosphäre. Die Anteile des Kohlendioxids und der anderen Spurengase wie Methan, diverser Kohlenwasserstoffverbindungen, FCKWs und Lachgas erhöhen sich immer schneller.

Dies verursacht einen Klimawechsel, der sich je nach Region unterschiedlich auswirkt und eine Häufung von Naturkatastrophen wie Überschwemmungen und Stürme zur Folge hat, die neben einer Verschlechterung der Lebensqualität auch wirtschaftliche Schäden verursachen.

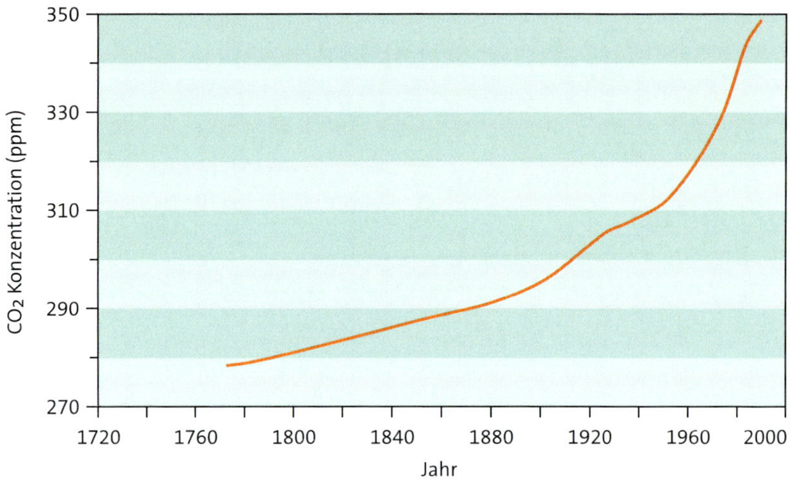

Bild 10.1 Die Erhöhung des CO_2 - Anteils in der Atmosphäre

Kein Wissenschaftler bestreitet heutzutage ernsthaft, dass wir einen vom Menschen verursachten Klimawechsel erleben. Streitpunkt ist höchstens noch die Größenordnung, in der sich dieser auswirkt. Und: wir beobachten es jetzt schon Jahr für Jahr, dass wir in unseren Breitengraden von einem Jahrhundertsommer zum nächsten und von einem milden Winter zum nächsten kommen, während sich auf der anderen Seite Meldungen von Flutkatastrophen, Hurrikanen, etc. häufen.

Daher müssen jetzt alle Anstrengungen unternommen werden einen weiteren Anstieg der Treibhausgase zu verhindern.

Wirtschaft

Münchener Rück fordert schärfere Ökosteuer gegen Naturkatastrophen

Versicherungsgesellschaft beklagt „rabenschwarzes Geschäftsjahr"

VON JÖRG MICHEL

BERLIN/MÜNCHEN, 30. Mai. Angesichts einer Zunahme von Naturkatastophen rund um den Globus plädiert der weltweit größte Rückversicherer, die Münchener Rückversicherungs-AG (Münchner Rück), für eine kontinuierliche Verschärfung der Ökosteuer. „Wenn der Ausstoß an Kohlendioxid nicht radikal verringert wird, gelangen die Schadenspotenziale für uns bald an die Grenze der Versicherbarkeit", sagte der Chef-Forscher der Münchener Rück, Gerhard Benz, in einem Gespräch mit der „Berliner Zeitung". Das Rückversicherungsgeschäft, bei dem sich die individuellen Versicherungsgesellschaften ihrerseits gegen Schäden aus Naturkatastophen absichern, leide im besonderen Maße unter den weltweiten klimatischen Veränderungen, klagte Benz. Der Zusammenhang zwi-

RÜCK-VERSICHERUNGEN

Klimafolgen belasten das Geschäft

Bedeutende Naturkatastrophen 1999
in Klammern versicherter Schaden in Milliarden Dollar

Karte der verheerendsten Naturkatastrophen des Jahres 1999. Der volkswirtschaftliche Schaden belief sich auf schätzungsweise 100 Milliarden Dollar.

Bild 10.2 Ausschnitte aus der Berliner Zeitung vom 31. Mai 2000

Luftschadstoffe

Luftschadstoffe, die bei Verbrennungsprozessen entstehen, haben einen schädlichen Einfluss auf Mensch, Tier und Pflanzen sowie Gebäude. Schwefeloxide (SOx) und Stickoxide (NOx) schädigen Pflanzen (Waldsterben) und reizen die Schleimhäute von Lebewesen. Staub-, Ruß- und Partikelemissionen können das Immunsystem stören, das Blutbild verändern und erbgut- und fruchtschädigend sein. Kohlenmonoxid (CO) bindet sich 240mal stärker an den roten Blutfarbstoff als Sauerstoff und kann zu mangelnder Sauerstoffversorgung führen.

Die durch den Einsatz Ihrer Solaranlage erreichbare Emissionseinsparung hängt nicht nur von der eingesparten Energiemenge ab, sondern auch davon, welcher Brennstoff eingespart und mit welchem Wirkungsgrad der Brennstoff im Heizungskessel beispielsweise für die Trinkwassererwärmung eingesetzt wird.

	Treibhausgasemissionen in g/kWh (CO_2 Äquivalente)		Luftschadstoffemissionen in g/kWh			
	CO_2	CH_4	SO_2	NO_X	Staub	CO
Konventionelle Ölheizung	351,7	0,1	0,47	0,30	0,02	0,25
Gasheizung (mit atmosphärischen Brenner)	251,0	1,3	0,02	0,22	0,01	0,23

Tabelle 10.1 Emissionsfaktoren verschiedener Energieträger (Quelle: GEMIS 3.08)

Wie sieht die Umweltentlastung durch den Betrieb der Solaranlage konkret aus:

Eine typische Solaranlage (6 m^2) für eine vierköpfige Familie liefert am von der Sonne nicht allzu verwöhnten Standort Hannover jährlich ca. 2000 kWh Energie.

Erfolgt die Nachheizung mit Öl, werden jedes Jahr durch die Solaranlage 250 Liter Heizöl eingespart und damit 651 kg CO_2 vermieden (Simulation mit T*SOL). Bei einer Überschlagsrechnung (1 Liter Öl hat einen Energieinhalt von ca. 10 kWh) kann bei 2000 kWh solaren Ertrags die Anlage etwa 200 Liter Öl einsparen. Tatsächlich werden aber rund 250 Liter Öl eingespart. Woran liegt das? Der Kesselwirkungsgrad eines Ölkessels beträgt außer bei sogenannten Brennwertgeräten nie 100 %. Zudem ist im Sommer, wenn der Kessel bei ausgeschalteter Heizung nur kurz läuft, jeweils anheizen muss, danach wieder abkühlt, bevor erneut Wärme benötigt wird, der Wirkungsgrad schlechter als im Winter beim »Volllastbetrieb« und hat einen höheren Schadstoffausstoß zur Folge. Durch Ihre Solaranlage sparen Sie also nicht nur fossile Energie, sondern erhöhen auch die Lebensdauer Ihres Kessels.

Erfolgt die Nachheizung im oben genannten Beispiel mit einem Gas-Brennwertkessel werden durch die Solaranlage 193 m^3 Erdgas weniger benötigt und 366 kg CO_2 eingespart.

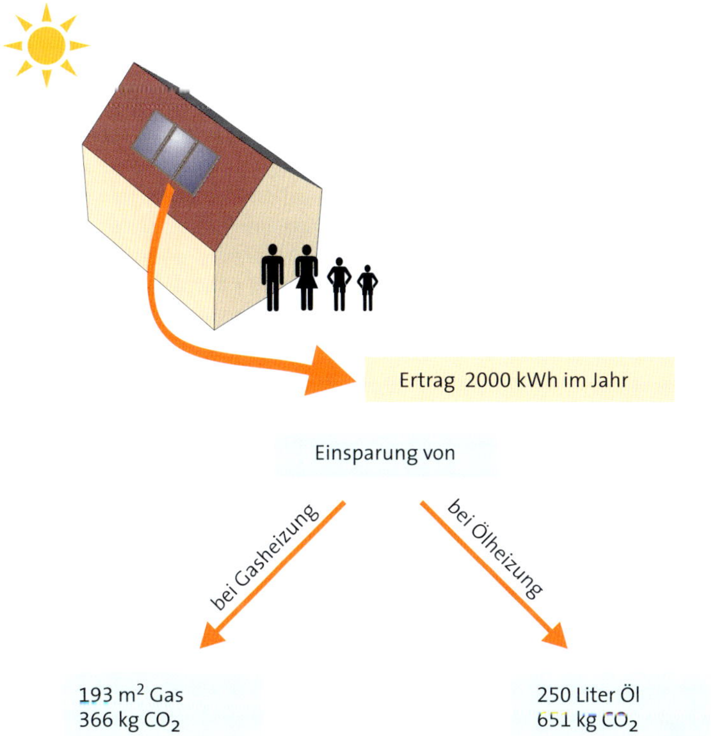

Bild 10.3 Jährliche Einsparung durch eine Solaranlage zur Trinkwarmwassererwarmung

Kaum jemand kann sich allerdings unter der Größenangabe »1kg CO_2« etwas vorstellen. Ein Kilogramm CO_2 verdoppelt den CO_2 Gehalt in der Atmosphäre von 1667 m^3 Luft, das entspricht dem Rauminhalt von fast 30 Wohnzimmern.

Ohne Solaranlage hätte sich also beim Ölkessel pro Jahr der CO_2-Gehalt von 1 Million m^3 Luft verdoppelt, bei Gaseinsatz von 600000 m^3.

10.2 Energetische Amortisation

Die erreichbaren Brennstoffeinsparungen und die damit verbundene Umweltentlastung durch die Solaranlage stehen außer Frage. Aber wie viel Energieaufwand ist denn für Herstellung, Transport und Installation der Solaranlage benötigt worden und in welchem Verhältnis steht dieser Aufwand zum Nutzen der Anlage? In welcher Zeit, energetische Amortisationszeit genannt, hat die Solaranlage die Energiemenge bereitgestellt, die zu ihrer Herstellung benötigt wurde?

Diese zu ermitteln ist nicht ganz einfach, da alle vorhergegangenen Herstellungsschritte, also auch die Energie zur Herstellung der benötigten Materialien wie Aluminium, Kupfer und deren Transport berücksichtigt werden müssen. Es wird eine vollständige Beschreibung aller relevanten Prozesse benötigt. Je nach Betrachtungsweise fallen die Ergebnisse unterschiedlich aus. Bekannte und anerkannte Untersuchungsprogramme sind in Deutschland »GEMIS« vom Ökoinstitut Darmstadt und in der Schweiz »ÖKOINVENTARE« von der ETH Zürich und dem Paul Scherrer Institut in Würelingen.

Material	**kg/m^2**	**kWh/kg**	**kWh/m^2**
Aluminium	2,60	72,5	188,0
Kupfer	3,75	27,0	101,0
PU-Schaum	2,13	19,0	40,5
Steinwolle	1,00	5,0	5,0
GFK	0,20	19,0	3,8
Gummi	0,32	19,0	6,1
Glas	7,60	6,0	45,6
Summe			**390,0**

für Anlagekomponenten			
Kupferrohr mit 18 mm Durchmesser	0,48 kg/m	27,0 kWh/kg	13,0 kWh/m
Isolierung mit 65 mm Durchmesser	0,26 kg/m	19,0 kWh/kg	5,0 kWh/m
400 Liter Speicher	93,00 kg	9,2 kWh/kg	855,0 kWh

Kollektor Kupferrohr Speicher	6,0 m^2 30,0 m 400,0 l	2395,0 kWh 390,0 kWh 855,0 kWh
Zwischensumme + ca. 10 % Verarbeitung und Transport		3995,0 kWh 410,0 kWh
	Summe	**ca. 4050,0 kWh**

Tabelle 10.2 Beispielrechnung für den ungefähren Energieaufwand bei der Herstellung für eine 6 m^2 Solaranlage, Kollektor Typ SOLVIS F60

Geht man von einem Anlagenertrag von 450 kWh pro m^2 und Jahr aus, ergibt sich bei 6 m^2 Kollektorfläche ein Anlagenertrag von 2700 kWh. Die energetische Amortisationszeit (Energierücklaufzeit) beträgt damit 4050/2700 = 1,5 Jahre. Bei einen Anlagenertrag von 300 bis 350 kWh/m^2 pro Jahr, wie sie im Einfamilienhausbereich wegen der hohen angestrebten Deckung üblicher sind, ergeben sich energetische Amortisationszeiten von knapp unter zwei Jahre (bei einem jährlichen Ertrag von 350 kWh pro Quadratmeter) und von 2,4 Jahre (bei einem jährlichen Ertrag von 300 kWh pro Quadratmeter).

Die energetische Amortisationszeit von thermischen Solaranlagen liegt je nach Bauweise und Ertrag also zwischen 1,2 und 2,5 Jahren.

Das heißt, dass relativ schnell die investierte Energie wiedergewonnen werden kann und bereits nach wenigen Jahren ein Überschuss erzielt wird. Ein weiteres gutes Argument für den Einsatz von Solaranlagen.

Bei der Energiebereitstellung mit fossilen Energieträgern stellt sich dagegen nie eine positive Energiebilanz ein. Neben Bereitstellung und Abriss der Anlage muss im Betrieb immerzu noch mehr Energie, nämlich in Form von Brennstoff, investiert werden. Positive Energiebilanzen bei konventionellen Energieerzeugern wie bei Kohle- oder Gaskraftwerken sowie bei Atomkraftwerken, wie sie zum Teil veröffentlicht werden, kommen nur dadurch zu Stande, dass die nicht regenerativen Brennstoffe, ohne die das Kraftwerk keine Energie erzeugen kann, nicht in die Betrachtungen miteinbezogen werden.

Konventionelle Energiebereitstellung hat also **immer** eine negative Energiebilanz.

Anhang

- Adresseinträge von Anbietern
- Adressen
- Literatur
- Förderungsübersicht
- Wetterdaten
- Durchlauferhitzer und Kombigeräte
- Erhebungsbogen zur Datenerfassung bei der Planung einer Solaranlage
- Abnahme- und Übergabeprotokoll
- Wartungsprotokoll
- Wartungsvertrag
- Index

1. Adresseinträge von Anbietern

Braas Dachsysteme GmbH
Frankfurter Landstraße 2-4
D-61440 Oberursel
Tel.: 06171-61 -001
Fax: 06171-61 -2330
Email: mail@braas.de
Internet: www.braas.de
Anbieter von Solar-Systemen

Buschbeck Solartechnik GmbH
Uferstraße 12
D-09573 Augustusburg OT Erdmannsdorf
Tel.: 037291-67 82 -0
Fax: 037291-67 82 -1
Email: info@buso.de
Internet: www.buso.de
Hersteller von Indach-Sonnenkollektoren und dazugehöriger Systemtechnik

DOMA Solartechnik GmbH
Sonnenstraße1
A-6822 Satteins
Tel.: 0043-(0)5524-5353 -0
Fax: 0043-(0)5524-5353 -10
Email: doma@doma.co.at
Internet: www.doma.co.at
Anbieter von Solarkollektoren, Solarsystemen und Energiefassaden, spezialisiert auf Sonderanfertigungen

ELCO Klöckner Heiztechnik GmbH
Hohenzollernstraße 31
D-72379 Hechingen
Tel.: 07471-187 -0
Fax: 07471-187 -111
Internet: www.elco-kloeckner.com
Hersteller und Anbieter von ASTRON Solaranlagen und -systemen

IFF I. Kollmannsberger KG
Regierungsplatz 539
D-84028 Landshut
Tel.: 0871-274 10 -3
Fax: 0871-274 10 -4
Email: info@thermosolar.com
Internet: www.thermosolar.com
Herstellung und Vertrieb des Thermosolar-Vakuumflach-Kollektor

KM Europa Metal AG
Klosterstrasse 29
D-49074 Osnabrück
Tel.: 0541-321 -2044
Fax: 0541-321 -2040
Email: info@kme.com
Internet: www.kme.com und www.cuprotherm.de
Hersteller der cuprotherm-Kupferflächenheizsysteme

Krauss Energie fürs Leben
Robert-Schulz-Straße 1
D-91732 Merkendorf
Tel.: 09826-61 -116
Fax: 09826-61 -118
Email: krauss@t-online.de
Internet: www.krauss-solar.de
Partner des Fachhandwerks, Fachgroßhandel für Solartechnik

Nordwest Handel AG
Berliner Straße 26-35
D-58135 Hagen
Tel.: 02331-461 -0
Fax: 02331-461 -389
Email: delphis-therm@nw-hagen.de
Internet: www.delphis.de/delphis_therm_set.htm
Anbieter von delphis-therm solarthermischen Systemen

Pommerening Armaturenwerk GmbH & Co. KG
Böcklerstraße 11

D-31789 Hameln

Tel.: 05151-98 56 -0

Fax: 05151-98 56 -98

Email: INFO@PAW-ARMATUREN.DE

Internet: www.paw-armaturen.de

Die perfekte Lösung für die moderne Heiz- und Solartechnik!

reflex Winkelmann + Pannhoff GmbH
Gersteinstraße 19

D-59227 Ahlen

Tel.: 02382-70 69 -0

Fax: 02382-70 69 -588

Email: reflex@reflex.de

Internet: www.reflex.de

Hersteller und Anbieter von Reflex Solaranlagenkomponenten und Solarsystemen

RESOL - Elektronische Regelungen GmbH
Heiskampstraße 10

D-45527 Hattingen

Tel.: 02324-96 48 -0

Fax: 02324-96 48 -55

Email: info@resol.de

Internet: www.resol.de

Hersteller und Anbieter von Solarreglern, -stationen und -pumpen

Schüco International KG
Karolinenstraße 1-15

D-33609 Bielefeld

Tel.: 0521-783 -0

Fax: 0521-783 -451

Email: info@schueco.de

Internet: www.schueco.de

Hersteller und Anbieter von integrierbaren SCHÜCO Solar-Systemen

Solar Steiner
Holzmühlenstraße 27

D-91578 Leutershausen

Tel.: 09823-93 05 -0

Fax: 09823-93 05 -1

Email: Solar-Steiner@t-online.de

Internet: www.solar-steiner.de

Partner des Fachhandwerks, Anbieter von Solarsystemen

SOLVIS Energiesysteme GmbH & Co KG
Marienberger Straße 2

D-38122 Braunschweig

Tel.: 01805-70 30 30 (24 Pf./Min.)

Fax: 0531-289 04 -11

Email: info@solvis-solar.de

Internet: www.solvis-solar.de

Komplette Systeme zur Brauchwassererwärmung und Heizungsunterstützung, Solar-Brennwertkessel SolvisMax

SONNNENKRAFT GmbH
Berliner Straße 16a

D-93073 Neutraublingen

Tel.: 09401-92 32 -0

Fax: 09401-92 32 -32

Email: deutschland@sonnenkraft.com

Internet: www.sonnenkraft.com

Kranmontage, Anbieter von kompletten Solarsystemen

Sonnig-Gruppe
Tel.: 01805-sonnig (76 66 44)

Fax: 01805-50 52 53 48 19 58

Email: sonnig-solar@gmx.de

Internet: www.sonnig-solar.de

Partner des Fachhandwerks, Fachgroßhandel für Solartechnik

Sorel GmbH Mikroelektronik
Jahnstraße 36
D-45549 Sprockhövel
Tel.: 02339-602 -4
Fax: 02339-602 -5
Email: info@SOREL.de
Internet: www.sorel.de
Hersteller von Solar- und Heizungsreglern

STEINBERG Ökologische Haustechnik
Poststraße 46
D-34289 Zierenberg
Tel.: 0800-solarinfo (765 27 46)
Fax: 0800-solarfax (765 27 32)
Email: steinberg@steinberg.ch
Internet: www.steinberg.ch (ab März 01)
Anbieter von Solarsystemen, Brennwertkessel und Holzvergaserkessel

Stiebel Eltron GmbH & Co. KG
Dr. Stiebel Straße
D-87601 Holzminden
Tel.: 05531-702 -0
Fax: 05531-702 -480
Email: info@stiebel-eltron.com
Internet: www.stiebel-eltron.com
Markenhersteller für innovative Haus- und Systemtechnik;
Anbieter von Solarsystemen

Wieland-Werke AG
D-89079 Ulm
Beratungsdienst
Tel.: 0731-944 -2744
Fax: 0731-944 -2436
Email: info@wieland.de
Internet: www.wieland.de und www.cuprotherm.de
Hersteller der cuprotherm-Kupferflächenheizsysteme

Adressen

Wichtige Adressen und Internetadressen

BINE – Bürgerinformation Neue Energietechniken
Büro Bonn: Mechenstraße 57, 53129 Bonn
bine.fiz-karlsruhe.de (ohne „www"!)
Buchvorstellungen, Informationen zu Projekten und Foliensätze als Download

Boxer – Informationsdienst Regenerative Energietechniken
www.boxer99.de
Technische Grundlagen zu allen Bereichen der Regenerativen Energietechniken, Firmenverzeichnis, Terminkalender, Aktuelle Nachrichten

Bund der Energieverbraucher e. V. (BdE)
Grabenstraße 17, D-53619 Rheinbreitenbach
www.energieverbraucher.de
Informationen zu Förderungen, Aktuelle Pressetexte, Liste sparsamer Hausgeräte, Liste Energieberater

Bundesverband Erneuerbare Energie e. V. (BEE)
Teichweg 6, D-33100 Paderborn

Bundesverband Solarenergie e. V. (BSE)
Elisabethstraße 34, D-80796 München
www.bse.solarindustrie.com
Informationen zu Solarthermie, PV, Erneuerbare Energien, Förderung, Aktuelles

Deutsche Gesellschaft für Sonnenenergie e.V.
Augustenstraße 79, D 80333 München
www.dgs-solar.org
Buchvorstellungen, Informationen zur Solartechnik, Veranstaltungskalender

Deutscher Fachverband Solarenergie e. V. (DFS)
Bertoldstraße 45, D-79098 Freiburg
www.dfs.solarfirmen.de
News, Solarfirmen, Förderprogramme, Solarinformationen

Europäischen Sonnenenergievereinigung Eurosolar e. V.
Kaiser-Friedrich-Straße 11, D-53113 Bonn
www.eurosolar.org
Argumentationshilfen, Artikel und Memoranden, Veranstaltungen und Konferenzen, Publikationsverzeichnis

Internationales Wirtschaftsforum Regenerative Energien (IWR)
Robert-Koch-Straße 26, D-48149 Münster
www.iwr.de
Internet-Portal rund um die Regenerative Energiewirtschaft, neben Fachinformationen auch Job- /Praktikums- / Diplomarbeiten- und Dissertationsbörse

Ökoinstitut e.V.
Postfach 6226, D-79038 Freiburg
www.oeko.de
Informationen über Energie- und Klimaschutz, Produkte und Stoffströme, Chemie, Gentechnik, Nukleartechnik, Umweltrecht und Verkehr

Solar-Online
www.solar-online.org
Mailingliste, FAQ´s zur Solartechnik

Solarenergie-Förderverein e. V. (SFV)
Herzogstraße 6, D-52070 Aachen
www.sfv.de
Rundmails, Betreibermails (PV), Solarbrief

Solarförderung
www.solarfoerderung.de
Individuelle on-line Berechnung von Fördermöglichkeiten für thermische Solaranlagen und Fotovoltaikanlagen, Förderprogramme und Adressen

Solarinfo
www.solarinfo.de
Branchenbuch, Forschungsinstitute, Experten, Nachrichten, Produkte, Solarkaufhaus, Stellenmarkt und Termine

SOLARkampagne »Solar-na klar!«
Osterstraße 58, D-20259 Hamburg
www.solar-na-klar.de
Hotline: 01805-001 871
Informationen, Auswahl von Partnern und Handwerkern in Ihrer Nähe

Solarpraxis Supernova AG
Torstraße 177, D-10115 Berlin
www.solarpraxis.de
info@solarpraxis.de
Aktuelles, Verbrauchernews, Informationen zum Verlagsprogramm, Brancheninformationen, Sprechstunde

Solarserver
www.solarserver.de
Firmenverzeichnis, Lexikon der Solartechnik, Informationen über Förderprogramme, Terminkalender, Aktuelle Nachrichten, Pinnwand mit Jobbörse, Solar-Magazin

SOLID Solarenergie
Informations- und Demonstrationszentrum
Heinrich-Stranka-Str. 3-5, D-90765 Fürth
www.solid.de
Veranstaltungsprogramm, Adressenlisten, DIN-Normen & ISO-Richtlinien für Solarenergie u. Solare Architektur

Stiftung Warentest
Lützowplatz 11-13, D-10785 Berlin
www.warentest.de/
Aktuelle Meldungen, Untersuchungen, Bestellservice

Umweltdata e.V.
www.umweltdata.de
Informationen zu Firmen und Organisationen, die im Bereich Umwelttechnik tätig sind

Unternehmensvereinigung Solarwirtschaft e. V. UVS
Torstraße 177, D-10115 Berlin
www.solarinfo.de/uvs
Die Unternehmensvereinigung Solarwirtschaft agiert als Aktionsbündnis, Lobby-Zentrale, Informations- und Kooperationsbörse

Verband der Solardachfirmen Nordsolar e. V.
Im Seelenkamp 7, D-32791 Lage
www.nordsolar.de
Verzeichnis von NORDSOLAR-Fachfirmen in Ihrer Nähe

www.top50-solar.de
Hier finden Sie eine Auflistung von deutschsprachigen Homepages rund um das Thema Solarenergie. Die Aufrufe aller hier angezeigten Homepages werden gezählt. Die Sortierung erfolgt nach dem Durchschnitt der Besucher in den letzten fünf Tagen.

ZVW-Online - Surfbrett: Rund um die Solarenergie
www.zvw.de/freizeit/surfbrett/inter-solar.htm
Verweise auf Adressen im Internet nach Themen und kurzer Beschreibung sortiert.

Österreich:

Arbeitsgemeinschaft Erneuerbare Energie (AEE)
Postfach 142, Feldgasse 19, A-8200 Gleisdorf /Österreich
Tel: ++43-(0)3112-58 -86, Fax : -18
www.aee.at

Eurosolar-Austria
(Sonnenenergie-Info-Zenrum)
Faradaygasse 3 (BFPZ, Objekt 230), A-1030 Wien-Arsenal /Österreich
www.eurosolar.at

Schweiz:

Schweiz. Vereinigung für Sonnenenergie (SSES)
Belpstraße 69, Postfach, CH-3000 Bern 14 /Schweiz
www.sses.ch

Sonnenenergie-Fachverband Schweiz (SOFAS)
Thunstrasse 115, CH-3000 Bern 16 /Schweiz
www.sofas.ch

Swissolar
Seefeldstraße 5a, CH-8008 Zürich /Schweiz
www.swissolar.ch

Umweltzentren der Handwerkskammern

Handwerkskammer Leipzig Umweltzentrum Rittergut Trebsen
Thomas Münster Gasse 2, D-04687 Trebsen
Tel.: 034383-6120

Handwerkskammer Düsseldorf Zentrum für Umwelt und Energie
Mühlheimer Straße 6, D-46049 Oberhausen
Tel.: 0208-820 55 55

Handwerkskammer Münster Institut für Umweltschutz
Bildungszentrum
Echelmeyerstraße 1-2, D-48163 Münster
Tel.: 0251-705 13 11

Handwerkskammer Koblenz Umweltzentrum
August-Horch-Straße 6, D-56070 Koblenz
Tel.: 0261-899 62 14

Saar-Lor-Lux Umweltzentrum des Handwerks Saarbrücken
Hohenzollensstraße 47-49, D-66117 Saarbrücken
Tel.: 0681-580 92 09

Saar-Lor-Lux Umweltzentrum des Handwerks Trier
Loebstraße 18, D-54292 Trier
Tel.: 0651-20 72 50

Zentrum für Umweltschutz der Handwerkskammer Hannover
Berliner Allee 17, D-30175 Hannover
Tel.: 0511-348 59 97

Umweltzentrum für Handwerk und Mittelstand e.V.
Bismarckallee 6, D-79098 Freiburg
Tel.: 0761-218 00 58

Umweltzentrum des Handwerks Thüringen
In der Schremsche 3, D-07407 Rudolstadt
Tel.: 03672-37 71 80

Zentrum für Energie-, Wasser- und Umwelttechnik (ZEWU)
Buxtehuder Straße 76, D-21073 Hamburg
Tel.: 040-35 90 51

Behörden

Bundesministerium für Wirtschaft und Technologie (BMWi)
www.bmwi.de

Bundesamt für Wirtschaft, Eschborn (BAW)
Postfach 5171, D-65726 Eschborn
www.bawi.de

Deutsche Ausgleichsbank (DtA)
Ludwig-Erhard-Platz 1-3, D-53179 Bonn
www.dta.de

Kreditanstalt für Wiederaufbau (KfW)
Palmengartenstraße 5-9, D-60325 Frankfurt am Main
www.kfw.de

Weitere Adressen finden Sie auch in der Broschüre »Erneuerbare Energien und Nachhaltige Entwicklung – die Anschriften auf einen Blick« des Bundesumweltministeriums: Alexanderplatz 6, D-10178 Berlin, www.bmu.de

Simulationsprogramme

GetSolar
www.getsolar.de
Kostenloses Download der Demo-Version des Simulationsprogramms Get-Solar

*T*SOL*
www.valentin.de
Kostenloses Download der Demo-Version des Simulationsprogramms T*SOL

Interessante Literatur

Zeitschriften

Energiedepesche
Mitgliederzeitschrift des Bund der Energieverbraucher e.V.,
Josefstraße 24, D-53619 Rheinbreitbach
www.energiedepesche.de

Photon
Solarstrom-Magazin
Solar-Verlag Aachen
www.photon.de

Solarbrief
Mitgliederzeitschrift des Solarenergie-Fördervereins
Solarenergie-Förderverein Aachen
www.sfv.de

Solarthemen
G. Bröer, A. Witt, Der unabhängige Informationsdienst
zu regenerativen Energien,
Freies Redaktionsbüro für Umwelt- und Zukunftsfragen GbR,
Bültestraße 85, D-32545 Bad Oeynhausen
www.solarthemen.de

Solarzeitalter
Mitgliederzeitschrift des Verbandes Eurosolar
mit politischem Schwerpunkt,
EUROSOLAR-Verlag Bonn
www.eurosolar.org

Sonne, Wind & Wärme / Sonne, Wind & Wärme News
Branchenfachzeitschrift - Erste deutsche Zeitschrift für alle regenerativen
Energiequellen und dezentrale Energieerzeugung
Bielefelder Verlagsanstalt, Niederwall 53, D-33602 Bielefeld
www.bva-solar.de

Sonnenenergie
Zeitschrift für regenerative Energiequellen und Energieeinsparung, Mitgliederzeitschrift der Deutschen Gesellschaft für Sonnenenergie (DGS), Solar Promotion GmbH-Verlag, Augustenstraße 79, D-80333 München
www.dgs-solar.org

Österreich

erneuerbare energie
Zeitschrift für Energiealternativen, Mitgliederzeitschrift der Arbeitsgemeinschaft Erneuerbare Energie, Feldgasse 19, A-8200 Gleisdorf
www.aee.at

Sonnenzeitung
Magazin für erneuerbare Energien
Uranus Verlag, Wien
www.sonnenzeitung.at

Schweiz

Sonnen Energie Solaire
Mitgliederzeitschrift der Schweizerischen Vereinigung für Sonnenenergie
SSES Bern
www.sses.ch

Fachliteratur

Graue Energie und Umweltbelastungen von Heizungssystemen, M. May, 1996, Jenni Energietechnik AG, CH-3414 Oberburg bei Burgdorf, ISBN 3-906558-02-9, 15,00 Franken

Große Solaranlagen, Einstieg in Planung und Praxis, mit CD-ROM, K.- H. Remmers, 1999, Uranus Verlag, Wien, ISBN 3-901626-16-6, DM 78,00

Langzeiterfahrungen mit thermischen Solaranlagen, F.A. Peuser, R. Croy, u.a, 1997, ZfS Rationelle Energietechnik GmbH, Verbindungsstraße 19, D-40723 Hilden, kostenlos, Versandspesen DM 7,00

Langzeiterfahrung Solarthermie, K.-H. Remmers, F.A. Peuser, u.a., ab Dez. 2000, Solarpraxis Supernova AG, Berlin, ISBN 3-934595-07-3, DM 39,00

Leitfaden Solarthermische Anlagen – Grundlagen, Planung und Installation im Ein- und Zweifamilienhausbereich für Heizungsbauer, Gas-/ Wasserinstallateure, Elektriker und Dachdecker, 2. Auflage, DGS Landesverband Berlin-Brandenburg e.V., Forum Seestrasse, Seestraße 64, D-13347 Berlin, ISBN 3-9805738-1-8 DM 80,00 zzgl. Versand

Meine Solaranlage – Fotovoltaik: *Strom ohne Ende*, T. Seltmann, 2000, Solarpraxis Supernova AG, Berlin, ISBN 3-934595-02-2, DM 29,80

Regenerative Energiesysteme – Technologie, Berechnung, Simulation (mit CD-ROM), V. Quaschning, 1999, Carl Hanser Fachbuch Verlag, Leipzig, ISBN 3-446213-40-6, DM 79,00

So baue ich eine Solaranlage, Handbuch für Technik, Planung und Montage, überarb. u. erw. Aufl. 1999, Fa. Wagner & Co., ISBN 3-923129-12-2, DM 34,80

Solaranlagen Handbuch der thermischen Solarenergienutzung, H. Ladener, F. Spaete, 1996, Ökobuch Verlag, Staufen; Taschenbuch, ISBN 3-922964-54-0, DM 44,00; Gebundene Ausgabe 1999, ISBN 3-922964-72-9 DM 58,00

SolarDachFibel, T. Delzer und K.- H. Remmers, 1998, Solarpraxis Supernova AG, Berlin, ISBN 3-934595-08-1, DM 58,00

Solare Stromversorgung – Grundlagen, Planung, Anwendung, H. Ladener, 1999, Ökobuch Verlag, ISBN: 3-922964-57-5, DM 48,00

Sonnenenergieanlagen mit hohen solarem Deckungsgrad für Warmwasser und Heizung, J. Jenni, 2. überarbeitete und erweiterte Auflage 1996, Jenni Energietechnik AG, CH-3414 Oberburg bei Burgdorf, ISBN 3-906558-02-9, 15,00 Franken

Thermische Solaranlagen Marktübersicht, R. Schüle, M. Ufheil, C. Neumann, 1997, Ökobuch Verlag, ISBN 3-922964-66-4, DM 29,80

Energiepolitik

Blut für Öl – der Kampf um die Ressourcen, H. Kronberger, 1998, Uranus Verlag, Wien , ISBN 3-901626-08-5, DM 27,00

Der sanfte Weg – Handbuch der erneuerbaren Energie,
H. Kronberger / H. Nagler,
Uranus Verlag, Wien, ISBN 3-900466-56-4, DM 34,00

Die Sonne schickt uns keine Rechnung – die Energiewende ist möglich,
F. Alt, Serie Piper Aktuell, 1994, Piper Verlag, München,
ISBN 3-492219-51-9, DM 14,90

Solare Weltwirtschaft – Strategien für die ökologische Moderne,
H. Scheer, 3. Auflage 1999, Verlag Antje Kunstmann, München,
ISBN 3-888972-28-0, DM 42,00

Sonnen-Strategie – Politik ohne Alternative, H. Scheer,
aktualisierte Neuausgabe 1995,
Piper Verlag, München, ISBN 3-492221-35-1, DM 24,90

Zukunftsenergien – Strategien einer neuen Energiepolitik, H. Lehmann / T. Reetz, Reihe Wuppertal Paperbacks, 1995, Birkhäuser Verlag, Berlin, ISBN 3-764351-44-6, DM 29,80

Förderungsübersicht

	Förderprogramme des Bundes	Informationen / Antragstelle
Bundesprogramm zur Förderung erneuerbarer Energien »solarthermische Anlagen«	Förderprogramm Ern. Energien FK: 250 DM/m² bis 100 m²VRK: 325 DM/m²bis 75 m² Antrag an BAW ab 100 m²bzw. 75 m²: zinsgünstige Darlehen der KfW Förderung von Energiesparmaßnahmen bei Einbau einer Solaranlage	Bundesamt für Wirtschaft, BAW Postfach 51 71, D-65726 Eschborn, Tel.: 0 61 96-40 4-0, Fax : 06196-94 22 6, Internet: www.bawi.de Faxabruf "Richtlinien": 0221-303 121 91 Faxabruf "Antragsformular": 0221-303 121 92 Kreditanstalt für Wiederaufbau, KfW Palmengartenstraße 5-9, D-60325 Frankfurt Tel.: 0180-133 55 77, Fax : 069-7431-3765 Internet: www.kfw.de
Bundesweit innerhalb der Wohneigentumsförderung	Für Neubauten sowie Neuerwerb, soweit selbst genutzt: jährlich 2% max 500 DM über 8 Jahre. Im ersten Jahr ist ein Antrag an das Finanzamt zu stellen. Programm zur Zeit befristet bis zum 31. Dezember 2000	Zuständige Finanzämter In Antrag auf Eigenheimzulage enthalten
Neue Bundesländer	15% Zulage nach §4 Investitionszulagengesetz für Altbauten vor 1991; Antrag ist im Jahr nach dem Bau der Anlage zu stellen. Rechtsanspruch! Investitionskosten max. 40000 DM	Zuständige Finanzämter
Deutsche Ausgleichsbank	Zinsverbilligtes Darlehen für gewerbliche Unternehmen im DTA-Umweltprogramm	Hausbanken oder DtA, D-53170 Bonn, Tel.: 0228-831-3002, Fax: -2444 Internet: www.dta.de

	Förderprogramme der Länder	
Baden-Württemberg	Zinsverbilligtes Darlehen E/ZFH: 10 000 DM, sonst: max. 5000 DM + 1000 DM/m Laufzeit: 10 Jahre, 3 % zinsverb. Das Landesprogramm Baden-Württemberg ist mit dem Bundesprogramm zur Förderung erneuerbarer Energien bis zu einer Größe von 75 m^2 bei Vakuumröhren- oder 100 m^2 bei Flachkollektoren koppelbar. Nach zwei tilgungsfreien Vierteljahren zahlen Sie die Raten vierteljährlich zurück.	L-Bank , Postfach 10 29 43, D-70025 Stuttgart Tel.: 0711-122-2643 Fax: 0711-122-2515 EMail: 34stb@mail.lgabw.de Internet: www.lgabw.de
Bayern	EFH:1 000 DM, über 10000DM Anlagenkosten:1.500DM sonst:250 DM/m^2 FK 350DM/m^2 VRK Keine Neubauten, Erwerb bzw. Fertigstellung vor dem 26. Juni 1998	Informationen: Bayerisches Staatsministerium für Wirtschaft, Verkehr und Technologie Prinzregentenstraße 28 D-80525 München Tel.: 089-21 62 -01 Fax: 089-21 62 -27 60 Email: poststelle@stmwvt.bayern.de Internet: www.stmwvt.bayern.de Anträge an die Bezirksregierungen: Oberbayern: Tel.: 089-2176 -2334 Niederbayern: Tel.: 0871-808 -1333 Oberpfalz: Tel.: 0941-5680 -313 Oberfranken: Tel.: 0921-604 -1511 Mittelfranken: Tel.: 0981-53 -402 Unterfranken: Tel.: 0931-380 -1575 Schwaben: Tel.: 0821-327 -2305, Bearbeitungszeit ca. 2-4 Wochen

	Förderprogramme der Länder	
Berlin	max. 30% Zuschuß der Baukosten der Anlage, Das Haus muß vor Antragstellung fertiggestellt sein	Informationen: Senatsverwaltung für Stadtentwicklung, Umweltschutz und Technologie Brückenstraße 6, D-10179 Berlin Tel.: 030-90 25 -0 Fax: 030-90 25 -25 09 Email: pressestelle@sensut.verwalt-berlin.de Internet: www.sensut.berlin.de Beratungszeiten im Gebäude Bundesalle 210: Mo.-Mi.: 8:00-15:00 h Do.: 8:00 -18:00 h Fr.: 8:00-13:00 h Anträge: Investitionsbank Berlin Bundesallee 210 D-10719 Berlin Tel.: 030-2125 -3620 Fax : 030-2125 -4300
Brandenburg	Die neue Richtlinie 2000 zur Förderung von Solaranlagen liegt gegenwärtig noch nicht vor. Daher zur Zeit Antragsstop bei der Investitionsbank	Investitionsbank des Landes Brandenburg Steinstraße 104-106 D-14480 Potsdam Tel.: 0331-660 -15 18 Fax: 0331 -660 -16 90 E-mail: gatoways.gwia:postbox@ilb.de Internet: www.ilb.de
Bremen	seit 1.4.2000 werden Solarthermieanlagen nur noch über das Bundesprogramm gefördert	Freie Hansestadt Bremen Senat für Bau und Umwelt Ansgaritorstraße 2 D-28195 Bremen Tel.: 0421-361 108 -58 Fax: 0421-361 108 -75 E-mail: scad.b@umwelt.bremen.de Anträge: swb Enordia GmbH Sögestraße 59-61 D-28195 Bremen Tel.: 0421-359 -24 40 Fax: 0421-359 -2925
Hamburg	In Hamburg ist eine Kopplung der Förderprogramme »Programm zur Förderung erneuerbarer Energien« der Bundesregierung und dem Hamburger »Klimaschutzprogramm Heizung + Solar« möglich. Bei der Innung Sanitär Heizung Klempner kann der Installationsbetrieb einen Investitionskostenzuschuss (300 DM/m^{2}FK, 350DM/m^2 VK) für die Solaranlage erhalten, der diesen dann in Form eines Preisnachlasses an den Kunden weitergibt. Für die Installation eines modernen Heizkessels in Kombination mit der Solaranlage wird ein zusätzlicher Zuschuss von1000,- DM gewährt.	Umweltbehörde, Fachamt für Energie- und Immissionsschutz, Billstraße 84 D-20539 Hamburg Tel.: 040-428 45 -2724 Fax: 040-428 45 -2099 Internet: www.hamburg.de/Umwelt/welcome.htm Innung Sanitär Heizung Klempner Barmbeker Markt 19 D-22081 Hamburg Tel.: 040-29 99 49 -0

	Förderprogramme der Länder	
Hessen	Keine Breitenförderung Förderung von Kommunen etc.	Hessisches Umweltministerium Mainzer Straße 80 D-65189 Wiesbaden, Tel.: 0611-815 -1655 (Thermie) -1653(Fotovoltaik) Fax: 0611-815 -1666 Internet: www.hessen.de
	In Mecklenburg-Vorpommern liegt zur Zeit die aktuelle Richtlinie noch nicht vor, die Bearbeitung von Anträge ruht deshalb!	Landesförderinstitut Mecklenburg-Vorpommern Werkstraße 213 D-19061 Schwerin Tel.: 0385-6363 -0 oder -1469 Fax: 0385-1212 Email: info@lfi-mv.de Internet: www.lfi-mv.de
Niedersachsen	Förderung im Wohnungsmodernisierungsprogramm: Eigenheim: 25% Zuschuß, Mietwohnungsbau: Zinsvergünstigte Darlehen	Anträge an Stadt-, Kreis-, Gemeinde- oder Verbandsgemeindeverwaltung. Infos: Finanzministerium, Ref. 4512 Kaiser-Friedrich-Straße 5 D-55116 Mainz Tel.: 06131-16 -4235 oder -4326 Fax: 06131-16 -4115 Email: werner.nikkels@mwvlw.rpl.de Internet:www.mwvlw.rpl.de
Saarland	Keine Breitenförderung Förderung von Kommunen etc.. U.a. im Rahmen der Spotsverbandsförderung wird der Bau von Kollektoranlagen sowie evtl. Neubau von sanitären Einrichtungen vom Innenministerium bezuschußt.	ARGE-Solar e.V. Altenkesseler Straße 17 D-66115 Saarbrücken Tel.: 0681-9762 -470 Fax: 0681-9762 -471 Email: poststelle@mfu.saarland.de Internet:www.argesolar-saar.de (inklusive Liste der Kommunen und Energieversorger, die Solaranlagen fördern) Anträge zur Sportverbandsförderung: Innenministerium Sportplanungskommission Tel.: 06 81-501 -2252
Sachsen	300 DM/m^2 bis 20 m^2 150 DM/m^2 für Fläche > 20 m^2 200 DM bei gesondertem Einbau eines Wärmemengenzählers Einbau eines Wärmemengenzähler sowie die Erfassung der Pumpenenergie (Elektroenergie- oder Betriebstundenzähler) ist Voraussetzung für eine Förderung Nur Neubau von Solaranlagen werden gefördert keine Erweiterung	FZ Rossendorf, PT Umwelt u. Energie Postfach 510119 D-01314 Dresden, Tel.: 0351-260 -3471 Fax: 0351-260 -3486 Email: ptue@fz-rossendorf.de Internet: www.fz-rossendorf.de/ptue-solar

	Förderprogramme der Länder	
Sachsen-Anhalt	30% max. 6000 DM bei EFH/ZFH max. 60000 DM bei MFH oder sonstigen größeren Anlagen	Ministerium für Wirtschaft Wilhelm-Höpfner-Ring 4 D-39116 Magdeburg Tel.: 0391-567 -4773, Fax: -4722 Anträge an die Regierungspräsidien Dessau: Tel.: 0340-650 62 72 Halle: Tel.: 0345-514 15 42 Magdeburg: Tel.: 0391-5672346
Schleswig-Holstein	EFH/ZFH: 1500 DM sonstige Anlagen: 300 DM/m^2	Investitionsbank Schleswig-Holstein Umwelt- und Energieförderung Fleethörn 29-31, 24103 Kiel Tel. 0431/900-3333, Fax –3653 Email: poststelle@fimi.landsh.de
Thüringen	bis 8 m^2: 2000 DM > 8 m^2: 250 DM/m^2	Thüringer Aufbaubank, Postfach 129, D-99003 Erfurt, Tel.: 0361-7447 -378 ,Fax : -231 Email: R125@tmlnu.ef.eunet.de Internet: www.thueringen.de/tmlnu

Abkürzungen:

EFH / ZFH / DH / MFH: Ein-/Zwei-/Doppel-/Mehrfamilienhaus,
Whg: Wohnung, WE: Wohneinheit, kW: KiloWatt (Peak),
VRK: Vakuumröhrenkollektoren, FK, Flachkoll.: Flachkollektoren,
SW: Solarwärme, PV: Photovoltaik, HTDP: 100000 Dächer-Programm

Stand: August 2000

Es sind nur die Förderprogramme von Bund und Ländern aufgeführt. Solaranlagen werden auch von Kommunen und Energieversorgungsunternehmen gefördert, Auskunft erteilen deren Energieberatungsstellen oder Umweltämter. **Alle Angaben ohne Gewähr.**

Quellen:

DFS Deutscher Fachverband Solarenergie e.V. Bertoldstraße 45,

D-79098 Freiburg, Tel.: 0761-296209 -0, Fax: 0761-296209 -9,

Email: dfs.freiburg@t-online.de, Internet: www.dfs.solarfirmen.de

und der *Unternehmenvereinigung Solarwirtschaft e.V. (UVS)*

Torstraße 177, D-10115 Berlin, Tel.: 030-44009 -123,

Fax: 030-44009-124, Internet: www.solarfoerderung.de

sowie *ECONSULT Umwelt Energie Bildung GbR*, Klaus Lambrecht,

Buchenweg 12, D-72108 Rottenburg,

Email: info@3Econsult.de, Internet: www.3Econsult.de

Wetterdaten

Damit Sie den Ertrag Ihrer Anlage überschlägig kontrollieren können haben wir Tabellen mit Wetterdaten beigefügt. Wir haben die Standorte so ausgewählt, das sie möglichst gleichmäßig über Deutschland verteilt sind.

Wenn Sie die Erträge Ihrer Anlage mit den hier dargestellten Einstrahlungswerten vergleichen, beachten Sie bitte folgendes:

- Es handelt sich um langjährige Mittelwerte der Einstrahlung auf eine horizontale und auf eine 45° geneigte, nach Süden gerichtete Fläche
- Das reale Wetter hält sich selten an den Mittelwert. Die augenblicklichen Werte können also deutlich höher, aber auch weit darunter liegen.
- Die Tabelle zeigt Monatserträge, sie können daraus auch Tagesmittelwerte berechnen, indem sie den Monatsertrag durch die Anzahl der Tage des Monats dividieren. Dies wurde Beispielhaft für Berlin durchgeführt. Wochenwerte berechnen Sie aus den Tageswerten durch Multiplikation mit 7.
- Bedenken Sie, dass Ihre Solaranlage nicht alle eingestrahlte Energie nutzen kann, sondern vermutlich einen Nutzungsgrad von 30% bis 50% hat.
- Je länger der Zeitraum ist, den Sie betrachten, um so besser gleichen sich die Schwankungen des Wetters aus.
- Wenn Ihre Anlage über einen Zeitraum von wenigen Wochen einen scheinbar niedrigen Ertrag erbringt, setzen Sie die Überprüfung fort, die Ursache kann ja auch das Wetter sein.

Monat	Berlin Monatsw. horizontal kWh/m^2	Berlin Monatsw. 45° kWh/m^2	Berlin Tagesw. horizontal kWh/m^2	Berlin Tagesw. 45° kWh/m^2	Aachen Monatsw. horizontal kWh/m^2	Aachen Monatsw. 45° kWh/m^2
Januar	18,055	38,724	0,582	1,249	22,805	44,111
Februar	29,475	46,890	1,053	1,513	39,835	60,903
März	76,240	102,997	2,459	3,322	73,600	92,101
April	107,985	118,253	3,600	3,815	110,335	115,378
Mai	144,790	144,750	4,671	4,669	154,290	148,457
Juni	154,390	149,924	5,146	4,836	159,995	146,674
Juli	157,940	156,651	5,095	5,053	147,325	136,558
August	133,845	143,435	4,318	4,627	137,080	141,282
Septem.	90,725	113,988	3,024	3,677	94,325	113,345
Oktober	49,575	77,931	1,599	2,514	59,195	85,775
Novem.	21,225	36,159	0,708	1,166	27,040	45,877
Dezem.	12,905	27,715	0,416	0,894	16,840	29,581
Summe	997,150	1157,417			1042,665	1160,041

Monat	Cottbus Monatsw. horizontal kWh/m_	Cottbus Monatsw. 45° kWh/m^2	Emden Monatsw. horizontal kWh/m^2	Emden Monatsw. 45° kWh/m_	Frankfurt Monatsw. horizontal kWh/m^2	Frankfurt Monatsw. 45° kWh/m^2
Januar	20,145	38,724	17,785	26,563	23,270	42,975
Februar	30,775	46,891	35,430	57,902	38,410	62,895
März	69,580	102,978	72,415	99,811	78,660	101,105
April	101,405	118,254	117,425	133,284	115,225	128,306
Mai	145,555	144,751	153,205	151,745	155,460	152,189
Juni	143,990	149,924	167,695	154,959	156,895	146,699
Juli	159,815	156,651	162,770	155,316	161,370	155,277
August	136,380	143,435	143,825	151,315	144,570	154,904
Septem.	86,470	113,989	90,230	115,721	102,380	134,714
Oktober	52,935	77,932	50,790	79,098	58,265	89,500
Novem.	23,475	36,160	21,600	37,509	27,145	42,410
Dezem.	14,930	27,715	13,400	18,146	16,910	30,251
Summe	985,455	1157,403	1046,570	1181,369	1078,560	1241,223

Monat	Freiburg Monatsw. horizontal kWh/m²	Freiburg Monatsw. 45° kWh/m²	Hamburg Monatsw. horizontal kWh/m²	Hamburg Monatsw. 45° kWh/m_	Hannover Monatsw. horizontal kWh/m²	Hannover Monatsw. 45° kWh/m²
Januar	31,270	60,119	16,255	21,009	17,612	34,839
Februar	48,460	76,697	31,730	46,962	32,655	51,219
März	88,830	111,384	71,325	99,655	69,420	91,167
April	132,000	144,611	108,470	121,893	107,715	115,932
Mai	158,275	151,299	149,745	149,730	138,315	133,662
Juni	161,585	148,231	158,795	146,128	160,530	150,645
Juli	177,225	165,224	153,315	146,468	140,865	132,294
August	150,870	154,303	136,760	143,347	132,390	138,433
Septem.	110,130	136,763	82,960	107,020	85,520	102,663
Oktober	72,420	110,319	45,580	69,091	46,800	66,126
Novem.	35,685	55,581	20,560	31,633	19,820	30,500
Dezem.	27,650	46,633	12,980	16,108	12,600	22,810
Summe	1194,400	1361,164	988,475	1099,044	964,242	1070,290

Monat	Kassel Monatsw. horizontal kWh/m²	Kassel Monatsw. 45° kWh/m²	Konstanz Konstanz horizontal kWh/m²	Konstanz Monatsw. 45° kWh/m²	München Monatsw. horizontal kWh/m²	München Monatsw. 45° kWh/m²
Januar	15,190	11,932	31,270	59,396	32,370	62,535
Februar	37,605	53,041	48,460	75,892	48,360	76,833
März	74,240	94,043	88,830	110,726	90,360	113,403
April	101,740	112,434	132,000	144,101	121,480	131,884
Mai	138,000	140,062	158,275	150,822	152,255	145,470
Juni	146,390	143,339	161,585	147,781	161,865	148,510
Juli	150,050	148,842	177,225	164,652	175,345	163,301
August	127,440	135,493	150,870	153,688	147,060	150,704
Septem.	82,905	98,116	110,130	136,058	112,365	140,488
Oktober	52,955	72,071	72,420	109,830	72,420	110,502
Novem.	21,370	20,358	35,685	55,323	35,090	54,946
Dezem.	7,120	5,168	27,650	45,982	25,395	45,301
Summe	955,005	1034,899	1194,400	1354,251	1174,365	1343,877

Monat	Stuttgart Monatsw. horizontal kWh/m²	Stuttgart Monatsw. 45° kWh/m²	Würzburg Monatsw. horizontal kWh/m²	Würzburg Monatsw. 45° kWh/m²
Januar	29,485	58,393	25,115	46,236
Februar	45,125	71,797	39,590	62,353
März	81,360	100,058	82,190	109,131
April	124,470	136,748	116,795	126,864
Mai	150,865	145,251	157,315	149,460
Juni	156,875	144,688	162,860	146,495
Juli	173,605	163,997	167,845	155,343
August	139,820	143,693	140,165	144,125
Septem.	108,610	137,718	103,005	128,110
Oktober	70,440	107,605	60,445	91,516
Novem.	31,860	50,164	26,870	45,317
Dezem.	24,145	42,741	20,285	37,913
Summe	1136,660	1302,853	1102,480	1242,863

Durchlauferhitzer und Kombigeräte

Liste der einsetzbaren Geräte für eine dem Solarspeicher nachgeschaltete Trinkwassererwärmung gemäß Kapitel 4.3.14 (Abbildung 4.15)

1. Elektro- oder Durchlauferhitzer

Ist bereits ein Durchlauferhitzer vorhanden oder soll ein solcher für die Nachheizung eingesetzt werden, so ist darauf zu achten, dass das verwendete Gerät für diesen Einsatz geeignet ist und vorgewärmtes Wasser am Zulauf verträgt. Hier können nur elektronisch geregelte oder modulierende Gasdurchlauferhitzer verwendet werden. In jedem Fall muss die Temperatur des Solarspeichers auf die maximal zulässige Zulauftemperatur des Durchlauferhitzers begrenzt werden, sonst geht das Gerät auf Störung. Fragen Sie hierzu bitte beim jeweiligen Hersteller nach.

Elektronisch geregelte Durchlauferhitzer		
Firma	**Gerätebezeichnung**	**Max. Zulauf-Temperatur**
AEG	DDLE 18, DDLE 21, DDLE 24, DDLE 27	70°C
Blomberg	DBE 18-1, DBE 21-1, DBE 24-1, DBE 27	50°C
CLAGE	DX 18, DX 21, DX 24, DX 27	50°C
Junkers	ED 18-1E, ED 21 1E, ED 24-1E, ED 27-1E	50°C
Siemens	DE 18100, DE 21100, DE 24100, DE24110	60°C
STIEBEL ELTRON	DHE 18, DHE 21, DHE 24, DHE 27	60°C
Vaillant	VED-E Solar	80°C

Gas-Durchlauferhitzer		
Firma	**Gerätebezeichnung**	**Bemerkung**
Junkers	WRS 250, WRS 325, WRS 400	Nur im Ausland erhältlich, Lieferung auf Anfrage möglich

2. Kombithermen und Kombiwandheizkessel

Ist bereits eine Kombitherme oder ein Kombiwandheizkessel vorhanden oder soll ein solcher für die Nachheizung eingesetzt werden, so ist darauf zu achten, dass das verwendete Gerät für diesen Einsatz geeignet ist und vorgewärmtes Wasser am Zulauf verträgt.

Hier können nur modulierende Gasthermen oder Kessel verwendet werden. In jedem Fall muss die Temperatur des Solarspeichers auf die maximal zulässige Zulauftemperatur des Durchlauferhitzers begrenzt werden, sonst geht das Gerät auf Störung. Fragen Sie hierzu bitte beim jeweiligen Hersteller nach.

Kombi-Thermen und Kombi-Wandheizkessel (modulierend)		
Firma	**Gerätebezeichnung**	**Bemerkung**
Blomberg	GW 18i, GW 23i, GW 23 Fi, GBW 23, GBW 2.23	Keine Begrenzung der Zulauftemperatur
Buderus	Logomat plus GB 112-23K (Linea-Kombi 23) Logomat U104-20/24 WK Logomat U104-24 WKG	Kalkgehalt des Wassers darf 21°dH nicht überschreiten
Elco Klöckner	MIRON MK 8/20	Standgerät, Speicherwassererwärmer mit integriertem Brennwertkessel
EWFE	DOUMAT	Max. Zulauftemperatur: 60 °C
Ferolli	Venus EKN 11,5 – 23,3 kW Venus EVN 11,5 – 23,3 kW Venus BWN 9,7 – 24,2 kW	Max. Zulauftemperatur: 75 °C
HydroTherm	Altus HCA 25 Euro-Akzent HCE 21 AE Euro-Akzent 21 KE	Keine Begrenzung der Zulauftemperatur
Junkers	ZWR 18-5, ZWR 24-5	Thermostat muss separat bestellt werden
Ritter Paradigma	Modula Combi	Austauscher mit temperaturbeständigem Strömungsschalter und Ther-mostat für Speicher
Remeha	W 21 ECO Combi, W 28 ECO Combi	
Sieger Heizsysteme	HG 10 WK 20, HG 10 WK 24, HG 10 WKG 24	
Viessmann	Vitopend (alt: Pendola): PWK, PWL	

Aufnahmebogen

Zur Auslegung von
Delphis-therm Solardächern

(Zutreffendes ausfüllen bzw. ankreuzen)

ausgefüllt von:

Verwendungszweck:

- ☐ Trinkwassererwärmung
- ☐ Trinkwasser / Schwimmbad
- ☐ Trinkwasser / Raumheizung
- ☐ Trinkwasser / Raumheizung / Schwimmbad
- ☐ Sonstiges:

Bauvorhaben:

Name /Vorhaben

Straße:

PLZ / Ort:

Telefon (privat):

Büro:

Objektadresse:

Name/Vorname:

Straße:

PLZ/Ort:

Telefon:

Fax:

Objekt:

- ☐ BestehendesGebäude Baujahr:
- ☐ Neubau
- ☐ Einfamilienhaus
- ☐ Mehrfamilienhaus mit Wohnungen
- ☐ Sonstiges:

Zur Verfügung stehende Dachfläche und Neigung:

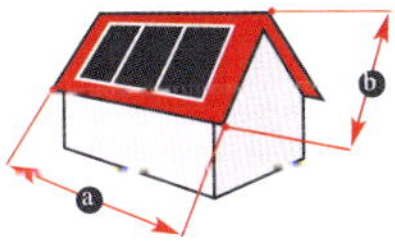

a mx b m= m²

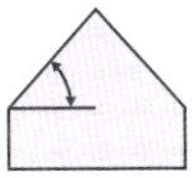

Dachneigung in Grad: °C

Kollektor-Ausrichtung:

Bitte markieren Sie in dieser Grafik die ca.-Abweichung der Kollektorausrichtung von der Südachse mit einem Kreis.

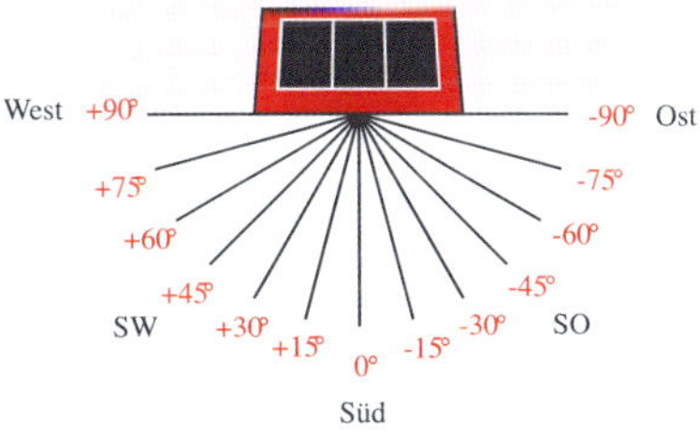

Dacheindeckung:

- ☐ Tonziegel
- ☐ Federzement
- ☐ Biberschwanz
- ☐ Welleternit
- ☐ FrankfurterPfanne
- ☐ Blech
- ☐ Sonstiges:

Gewünschte Montage:

- ☐ Dachintegration
- ☐ Aufdach
- ☐ Freiaufstellung

(Zutreffendes ausfüllen bzw. ankreuzen)

Angaben zur bestehenden Raumheizung:					
Zubeheizende Wohnfläche:		m²			
Dämmstandard:	☐ gut	☐ mittel	☐ schlecht		
Normwärmebedarf (nachDIN4701):		kW			
Fabrikat/Baujahr Heizungsanlage:					
Brennerleistung:		kW			
Vorlauftemperatur:		°C			
Rücklauftemperatur:		°C			
Heizung erfolgt mit:	☐ Öl	☐ Gas	☐ Strom	☐ Holz/Biomasse	☐ Fernwärme
jährlicher Verbrauch:		Liter Öl		m³ Gas	kWh Strom
Heizsaison–Beginn:		Ende:			
Warmwasserspeicher vorhanden:	☐ ja		Liter	☐ soll erhalten bleiben	☐ nein
Raumhöhe im Aufstellraum:		m			

Warmwasserbereitung:			
Trinkwarmwasser für:	Personen		
Verbrauch pro Tag und Person bei 45°C:			
☐ 30 Liter (niedrig)	☐ 50 Liter (mittel)	☐ 70 Liter (hoch)	
Sonstige Verbraucher:			
☐ Waschmaschine	☐ Geschirrspüler	☐ Sonstiges:	
Gewünschte Wassertemperatur:	☐ 45°C	☐ 60°C	
Wasser bedarf proTag:	Liter (50 Liter je Person und Tag)		
Zirkulationsleitung: ☐ ja	Länge:	m	☐ nein
Zirkulationsdauer:	Stunden pro Tag		
Entfernung Solardach zum Speicher:		m	

Schwimmbad:					
☐ Hallenbad	☐ Schwimmbad				
Länge:	m	Breite:	m	Tiefe:	m
☐ mit Abdeckung	☐ ohne Abdeckung				
Artder Abdeckung:					
Gewünschte Wassertemperatur:		°C			
Badesaison Dauer von:		bis:			

Kranmontage:
☐ Kranmontage möglich
☐ Kranmontage erforderlich

Bitte füllen Sie den Aufnahmebogen vollständig aus,
da sonst keine genaue Auslegung erfolgen kann.

Abnahmeprotokoll

Anlagenstandort: ______________________________

Betreiber: ______________________________

Kollektoren:	O.K..
Entspricht Anzahl, Aufstellwinkel und Ausrichtung der Kollektoren den Planungsunterlagen?	___
Sind die Kollektoren und das Montagesystem nach Herstelleranweisung montiert und ist die Verankerung der Kollektoren gegen Windstöße und Schneelasten ausreichend?	___
Sind alle Anschlüsse dicht?	___
Ist die Dacheinführung der Rohrleitung korrekt ausgeführt?	___
Ist der Kollektorfühler richtig montiert und wird nicht verschattet?	___
Ist das Dach dicht und unbeschädigt?	___
Indachmontage:	**O.K.**
Hat das Dach die erforderliche Mindestneigung?	___
Wurde auf ausreichende Hinterlüftung des Daches geachtet?	___
Ist die Bleischürze an die Dachziegel angeformt?	___
Wurden die Ziegel fest und mit ausreichend überlappung (8cm) über die Bleche angedeckt?	___
Freiaufstellung:	**O.K..**
Ist die Unterlage statisch ausreichend?	___
Kann bei entwaigen Verkleidungen das Wasser abfließen?	___
Kollektorkreis:	**O.K.**
Ist die Wärmedämmung der Rohrleitung sorgfältig und vollständig aufgeführt (Armaturen soweit als möglich)?	___
Ist die Wärmedämmung nach WSVO (100%) ausreichend und hochtemperaturbeständig?	___
Ist die Wärmedämmung im Auflenbereich UV- beständig?	___
Sind die Rohrleitungen ausreichend befestigt und unter Berücksichtigung der Wärmedehnung verlegt worden?	___
Sind die Entlüfter für hohe Temperaturen geeignet und absperrbar?	___
Ist die Solarstation korrekt angeschlossen (Pumpe im Rücklauf!)?	___
Ist ein ausreichender Blitzschutz/Erdung für Kollektoren und Kollektorkreis vorhanden?	___
Ist eine Überspannungsschutzdose für den Kollektorfühler installiert?	___
Abblaseleitung mit Auffanggefäß am Sicherheitsventil des Kollektorkreises angeschlossen?	___
Solarspeicher:	**O.K.**
Ist der Speicher / die Emaillierung / die Beschichtung unbeschädigt?	___
Wurde eine Opferanode angebracht und ist diese zum Auswechseln erreichbar?	___
Wurde als Korrosionsschutz eine Fremdstromanode verwandt?	___
Falls ja, korrekt angeschlossen, Funktionsleuchte leuchtet grün?	___
Wurden alle Anschlüsse korrekt angeschlossen (nicht vertauscht!), sind alle An-	

schlüsse dicht?	____
Ist die Wärmedämmung des Speichers vollständig?	____
Ist ein thermostatischer Brauchwassermischer als Verbrühungsschutz installiert worden?	____
Ist eine Abblaseleitung am trinkwasserseitigen Sicherheitsventil installiert?	____
NACHHEIZUNG:	**O.K.**
Falls vorhanden, ist die elektrische Nachheizung zeitlich begrenzt?	____
Befindet sich der Temperaturfühler für die Nachheizung an der richtigen Stelle?	____
Sind Speicherladepumpe oder 3-Wegeventil zur Speichervorrangschaltung richtig montiert?	____
REGELUNG:	**O.K.**
Sind die Fühler an der richtigen Stelle angebrachtt?	____
Sind die Fühler mit korrektem Kabelquerschnitt nach VDE verdrahtet?	____
Sind die Anschlüsse an Pumpen, Ventilen etc. korrekt ausgeführt?	____
Ist die Regelung korrekt befestigt?	____
INBETRIEBNAHME:	**O.K.**
Ist die Anlage abgedrückt (Dichtigkeitsprüfung mit einem Prüfdruck von ________ bar)?	____
Ist die Anlage gespült (mindestens 5 Minuten)?	____
Ist Frostschutz aufgefüllt? Hersteller: _______ , Einfüllmenge: _______l, Gemisch: _______ %, geprüft bis _______ °C?	
Ist der Vordruck des Ausdehnungsgefäßes = statischer Höhe der Anlage?	____
Vordruck: ______ bar	
Anlagendruck (Statischer Druck + 0,5 bar) = ________ .bar bei ________ °C?	
Pumpe, Speicherwärmetauscher, Kollektoren entlüftet?	
Solarspeicher trinkwasserseitig entlüftet?	____
Absperrhähne vor Automatentlüfter (falls verwendet) geschlossen?	____
Ist korrekter Durchfluß im Kollektorkreis vorhanden?	____
Volumenstrom: _______ l/min	
Arbeiten alle Pumpen und Ventile korrekt (manuelle Probe)?	
Schwerkraftbremsen in Betrieb?	____
Ist die Regelung korrekt eingestellt und werden realistische Werte angezeigt?	____
Temperaturdifferenz des Kollektorkreisreglers auf_____K (einschalten) bzw. _____K ausschalten) eingestellt	____
Temperatur für die Nachheizung auf ______°C eingestellt?	____
Maximaltemperaturbegrenzung der Speichertemperatur auf ________°C eingestellt?	____
Ist die Funktion der Nachheizung geprüft (speicher- und kesselseitig, Einstellung der Regelung)?	____
(Falls Zirkulation vorhanden) Ist die Schaltuhr der Zirkulation richtig eingestellt?	____
Ist ein zusätzliches Abschaltthermostat für die Zirkulation vorhanden?	____
Sind alle sonstigen Leitungen auf Dichtigkeit geprüft?	____
EINWEISUNG:	**O.K..**
Der Anlagenbetreiber wurde wie folgt eingewiesen:	
Grundfunktionen und Bedienung des Solarreglers,	____
Ablesen von Temperaturen und Anlagendruck (falls vorhanden),	____
Ablesen des Wärmemengenzählers (falls vorhanden)	____
Schaltung der ZirkulationspumpeFunktion und Bedienung der Nachheizung Ggf. Einstellung der gewünschten Solltemperatur am Brauchwassermischer	____

Bedienung der Entlüfter, Funktion der Schutzanode für den SpeicherWartungstätigkeiten und Wartungsintervalle,	___
Aushändigung der Unterlagen inklusive Schaltschema,	___
Ausfüllen der Betriebsanweisung.	___
Ergebnis der Abnahme:	o.k.
Die vertragsgemäße Erfüllung der Leistungen wird festgestellt, die Leistungen werden abgenommen.	___
Die Abnahme wird verweigert wegen:	
(ggf. weiteres Blatt benutzen)	

Datum Auftraggeber Unterschrift/Stempel

Datum Auftragnehmer Unterschrift/Stempel

Wartungsprotokoll

Für die Solaranlage von:

Neuinstallation am: installiert von:

Letzte Wartung am:

Kollektorkreis	O.K.	Maßnahme bei Mangel	behoben am
Sichtprüfung der Rohrleitungen und der Wärmedämmungen auf Beschädigung, Undichtigkeiten, Veränderungen			
Anlagendruck .... bar bei Kollektorkreistemperatur ....°C, Anlagendruck im Toleranzbereich			
Sicherheitsventil hat nicht abgeblasen/Auffangbehälter trocken			
Volumenstrom geprüft: ......l/min			
pH-Wert der Solarflüssigkeit: ....(mindestens 6,5)			
Frostschutzwirkung der Solarflüssigkeit bis -.........°C			
Rückschlagklappe in Funktion			
Schmutzfänger gereinigt (falls vorhanden)			
Kollektorkreislauf entlüftet, Absperrhähne geschlossen			
Sichtprüfung der Rohrleitung und der Wärmedämmung auf Beschädigung, Undichtigkeiten, Veränderungen durchgeführt			
Kollektoren			
Sichtprüfung Kollektoren durchgeführt			
Sichtprüfung Kollektorhalterung durchgeführt			
Sichtprüfung Dachdichtheit durchgeführt falls zugänglich			
Vakuumkontrolle bei Vakuumröhren (Bei Sonnen-einstrahlung muß die Ober-fläche spürbar kühl bleiben)			
Solarspeicher (emailliert)			
Schutzstrom der Magnesiumanode .... mA (mindestens 0,5 mA)			
Bei Fremdstromanode: Kontrollampe leuchtet grün			
Wärmedämmung enganliegend und geschlossen, Anschlüsse gedämmt,			
Ggf. Wärmetauscher entlüftet			

Kontrolle des Wärmetauschers auf Verkalkung (alle 5 Jahre) Differenz zwischen Vor und Rücklauftemperatur liegt unter den Werten von vor 5 Jahren.			
Brauchwassermischer liefert gewünschte Temperatur von ....°C			
Solarregler			
Display zeigt regulären Betrieb			
Kontrolle der eingestellten Reglerparameter, ggf. Korrektur			
Temperaturanzeige aller Fühler kontrolliert. Tkol ....°C, TSp.unten........°C, TSp oben ... ...°C			
Die Kollektortemperatur entspricht in etwa der Vorlauftemperatur der Solarstation?			
Pumpenfunktion in den Stellungen AN/ AUS/ AUTOMATIK geprüft, Pumpe bei starkem Sonnenschein in Betrieb?			
(falls vorhanden) Betriebsstundenzähler zeigt ...... Stunden im Zeitraum von .... bis...........			
Zusatzfunktion ....(falls vor-handen) auf Anzeige und Funktion geprüft			
Wärmemengenzähler			
Wärmemengenzähler: Volumenmeßteil läuft einwandfrei mit ....l/h bei delta t =...........K			
WMZ zeigt ....kWh in der Zeit von .... bis			
gemessener jährlicher Ertrag pro m^2 Kollektorfläche: ....kWh/m^2			
Nachheizung			
Gewünschte Solltemperatur von ....°C wird eingehalten			
Zirkulation			
Zirkulationspumpe funktioniert			
Zeitschaltuhr richtig eingestellt			

Firmenzeichen

Wartungsvertrag

für thermische Solaranlagen

Zwischen der Firma: und:

Stempel

wird folgender Wartungsvertrag geschlossen:

1. Standort und Beschreibung der Anlage

2. Umfang der Wartungsarbeiten[1]

a) Sichtkontrolle des Kollektorfeldes und der Rohrleitung (Befestigung, der Wärmedämmung)

b) Kontrolle des Anlagendrucks, ggf. Anpassung

c) Kontrolle der Frostsicherheit. Nach 5 Jahren Kontrolle des pH-Wertes der Solarflüssigkeit

d) Kontrolle des Ausdehnungsgefässes, der Umwälzpumpe, des Sicherheitsventils, der Schwerkraftbremsen, der Entlüfter

e) Funktionskontrolle des Reglers

f) ggf. Überprüfen der Speicheranode

g) ggf. Überprüfen des Brauchwassermischers

h) ggf. Überprüfen der Zirkulationspumpe und deren Regelung

3. Turnus der Wartung[2]

jährlich alle zwei Jahre

4. Wartungskosten

Die Wartungskosten betragen inklusive Anfahrt pauschal

DM inkl. 16 % MwSt.

5. Kündigung

Dieser Wartungsvertrag kann jederzeit gekündigt werden.

Ort, Datum:

Stempel/Unterschrift Installateur Unterschrift Kunde

1) nicht zutreffendes Streichen

2) Zutreffendes ankreuzen

Index

Z

Aus unserem Verlagsprogramm

Die **Solarpraxis Supernova AG** vereint Fachleute verschiedener Spezialgebiete, die mit umfassenden Dienstleistungen im gesamten Solarbereich wirken. Das mittlerweile 15-köpfige Team der Solarpraxis Supernova AG besteht aus erfahrenen Maschinenbau- und Energietechnikingenieuren sowie einer Gruppe Grafikern und Designer aus dem Bereich der technischen Dokumentation und der Werbung.
Abgerundet wird die Nutzung dieser vielfältigen Synergien mit einem eigenen Fachverlag, in dem wir das vorhandene Know-how aus allen Bereichen in aktuelle Fachpublikationen und informative digitale Produktionen verarbeiten.
Wir legen großen Wert auf Praxisnähe und den konkreten Anwendernutzen. Mit der Kontrolle über die Produktion unserer Publikationen können wir diesem Anspruch gerecht werden und gleichzeitig unsere hochwertigen Informationen kostengünstig anbieten. Unser Auszug aus dem Verlagsprogramm stellt Ihnen einige der bisher erschienen Bücher und CD ROM vor.

www.solarpraxis.de

Meine Solaranlage

Fotovoltaik: Strom ohne Ende

Netzgekoppelte Solarstromanlagen optimal bauen und nutzen

Thomas Seltmann

200 Seiten durchgehend vierfarbig
mit vielen Grafiken, Fotos und Tabellen
Taschenbuch mit laminiertem Einband
Format: 16 cm x 24 cm
DM 29,80
ISBN 3-934595-02-2

Wie kann ich Strom zu Hause gewinnen und nutzen? Ist diese Technik ausgereift? Was muss ich beim Kauf und nach der Installation von Solarstromanlagen beachten?
»Fotovoltaik: Strom ohne Ende« beleuchtet erstmals alle wichtigen Aspekte rund um das eigene Solarkraftwerk. Nicht nur technische Aspekte werden beleuchtet, sondern auch kompetente Antworten auf rechtliche und finanzielle Fragen gegeben. Dabei richtet sich dieses Handbuch sowohl an interessierte Laien, als auch an Anwender und Planer. Es stellt konkrete Beispiele vor, gibt Praxiserfahrungen weiter und bietet Entscheidungshilfen bei Planung, Auswahl und Kauf der eigenen Solarstromanlage. Übersichtlich gegliedert, illustriert mit zahlreichen Fotos und Grafiken, erleichtert es dem Anwender mit Checklisten konkrete Entscheidungen.
Die neue Publikation schließt eine große Lücke im Bereich der Solartechnik, da es bislang kein ansprechendes, preiswertes Buch gab, das so anschaulich wichtige Fragen rund um die netzgekoppelte Solarstromanlage beantwortet.
Komplettiert mit Informationen über die angebotenen Förderprogramme des Bundes, wird diese Publikation mit einem Adressanhang abgerundet, der sowohl den Kauf als auch die Förderung einer Solarstromanlage sofort realisierbar macht.

Große Solaranlagen

Einstieg in Planung und Praxis

Karl-Heinz Remmers

Herausgegeben in Vertriebskooperation mit dem URANUS Verlag, Wien
460 Seiten vierfarbig mit zahlreichen, Grafiken, Tabellen und Fotos und beigelegter CD-ROM
Taschenbuch
Format: 16 cm x 24 cm
DM 78,00
ISBN 3-901626-16-6

»Große Solaranlagen« beantwortet Fragen der Bauherren, Fachplaner und der ausführenden Betriebe ausführlich und schafft eine solide Basis für die Details der Planung und Ausführung von Solaranlagen über 20 m^2. Bei den Herstellern entsteht eine deutliche Entlastung in der Projektbetreuung, da viele Fragen im Vorfeld durch das Buch beantwortet werden. So steht auch für die Ausbildung erstmalig ein Lehrbuch zu diesem Thema zur Verfügung.
Von der Vorstellung der einzelnen Komponenten, über einfache Methoden der Kostenschätzung bis hin zur Montage und Betriebshinweisen bietet sie schnell und genau Informationen für Solarpraktiker, Fachplaner, Handwerker und Architekten.

CD ROM Solarenergie

Alles über Technik, Kosten, Förderung

Bezug über die Solarpraxis SUPERNOVA AG
DM 10,00

Mit dieser CD ROM wird erstmalig eine hochaktuelle Informationssammlung für den Solarbereich publiziert. Diese Bilddatenbank ist mit Produkten und Informationen aus dem Solarbereich bestückt und speziell auf den Laien ausgerichtet. Vielfältige Animationen vermitteln spielerisch technisches Know-how. Simulationsprogramme zeigen eindrucksvoll die Ertragsstärke von thermischen und fotovoltaischen Solarsystemen. Auch die Benutzeroberfläche ist so gestaltet, dass Computerlaien mit der Navigation auf der CD ROM zurechtkommen.
Die Abbildungen sind mit Schlagworten verknüpft und so fachlich sinnvoll strukturiert.

SolarDachFibel

Thomas Delzer / Karl-Heinz Remmers

140 Seiten mit zahlreichen Illustrationen und ca. 70 CAD-Zeichnungen
Lose Blattsammlung in stabilem Ringordner
Format: DIN A4
DM 58,00
ISBN 3-934595-08-1

Die SolarDachFibel zeigt dem Praktiker und Planer kompetent und gewerkeübergreifend Lösungen für die Verbindung von Solarkollektoren mit den verschiedenen Dachkonstruktionen. Von der Planung bis hin zur Ausführung werden Lösungen auch außerhalb der üblichen Pfannendächer geboten. Die (Solar-) Dachaufbauten für die Frankfurter Pfanne über Blech- bis zur Schieferdeckung und die wichtigsten Flachdachkonstruktionen sowie die Grundlagen der Kollektorstatik werden beschrieben. Ausgeführte Beispiele, Dachmontagen namhafter Hersteller, Angaben zum Arbeits- und Blitzschutz sowie umfangreiche Produktinformationen und Bezugsquellen runden das Werk ab.